JN051965

電験三種

法規の
過去問題集

オーム社［編］

Ohmsha

読者の皆様へ

　第三種電気主任技術者試験（通称「**電験三種**」）は，**電気技術者の登竜門**ともいわれる国家試験です。2021 年度までは年 1 回 9 月頃に実施されていましたが，2022 年度からは年 2 回の筆記試験，2023 年度からは年 2 回の筆記試験に加え CBT 方式（Computer-Based Testing，コンピュータを用いた試験）による実施が検討されているようです。筆記試験では，理論，電力，機械，法規の 4 科目の試験が 1 日で行われます。また，解答方式は五肢択一方式です。受験者は，すべての科目（認定校卒業者は，不足単位の科目）に 3 年以内に合格すると，免状の交付を受けることができます。

　電験三種は，出題範囲が広いうえに，計算問題では答えを導く確かな計算力と応用力が，文章問題ではその内容に関する深い理解力が要求されます。ここ 5 年間の**合格率は 8.3～11.5%** 程度と低い状態にあり，電気・電子工学の素養のない受験者にとっては，非常に難易度の高い試験といえるでしょう。したがって，ただ闇雲に学習を進めるのではなく，**過去問題の内容と出題傾向を把握し，学習計画を立てる**ことから始めなければ，合格は覚束ないと心得ましょう。

　本書は，電験三種「法規」科目の 2022 年度（令和 4 年度）上期から 2008 年度（平成 20 年度）までの**過去 15 ヵ年**のすべての試験問題と解答・解説を収録した過去問題集です。より多くの受験者のニーズに応えられるよう，解答では正解までの考え方を詳しく説明し，さらに解説，別解，問題を解くポイントなども充実させています。また，効率的に学習を進められるよう，**出題傾向**を掲載するほか，個々の問題には**難易度と重要度**を表示しています。

　必ずしもすべての収録問題を学習する必要はありません。目標とする得点（合格基準は，60 点以上が目安）や，確保できる学習時間に応じて，取り組むべき問題を取捨選択し，**戦略的に学習**を進めながら合格を目指しましょう。

　本書を試験直前まで有効にご活用いただき，読者の皆様が見事に合格されることを心より祈念いたします。

オーム社　編集部

目　　次

※本書は，2016〜2019年版を発行した『電験三種過去問題集』及び2020〜2022年版を発行した『電験三種過去問詳解』を再構成したものです。

第三種電気主任技術者試験について

■1 電気主任技術者試験の種類

　電気保安の観点から，事業用電気工作物の設置者(所有者)には，電気工作物の工事，維持及び運用に関する保安の監督をさせるため，**電気主任技術者**を選任しなくてはならないことが，電気事業法で義務付けられています。

　電気主任技術者試験は，電気事業法に基づく国家試験で，この試験に合格すると経済産業大臣より**電気主任技術者免状**が交付されます。電気主任技術者試験には，次の①～③の3種類があります。

　① 第一種電気主任技術者試験
　② 第二種電気主任技術者試験
　③ **第三種電気主任技術者試験**(以下，「**電験三種試験**」と略して記します。)

■2 免状の種類と保安監督できる範囲

　第三種電気主任技術者免状の取得者は，電気主任技術者として選任される電気施設の範囲が**電圧5万V未満の電気施設(出力5千kW以上の発電所を除く)**の保安監督にあたることができます。

　なお，第一種電気主任技術者免状取得者は，電気主任技術者として選任される電気施設の範囲に制限がなく，いかなる電気施設の保安監督にもあたることができます。また，第二種電気主任技術者免状取得者は，電気主任技術者として選任される電気施設の範囲が電圧17万V未満の電気施設の保安監督にあたることができます。

　＊事業用電気工作物のうち，電気的設備以外の水力発電所，火力(内燃力を除く)発電所及び原子力発電所(例えば，ダム，ボイラ，タービン，原子炉等)並びに燃料電池設備の改質器(最高使用圧力が98kPa以上のもの)については，電気主任技術者の保安監督の対象外となります。

■3 受験資格

　電気主任技術者試験は，国籍，年齢，学歴，経験に関係なく，**誰でも受験できます**。

■4 試験実施日等

　電験三種の筆記試験は，2022年度(令和4年度)以降は年2回，全国47都道府県(約50試験地)で実施される予定です。試験日程の目安は，上期試験が8月下旬，下期試験が翌年3月下旬です。

　なお，受験申込の方法には，インターネットによるものと郵便(書面)によるものの二通りがあります。令和4年度の受験手数料(非課税)は，インターネットによる申込みは7,700円，郵便による申込みは8,100円でした。

⑤ 試験科目，時間割等

　電験三種試験は，電圧 5 万ボルト未満の事業用電気工作物の電気主任技術者として必要な知識について，**筆記試験**を行うものです。「**理論**」「**電力**」「**機械**」「**法規**」の **4 科目**について実施され，出題範囲は主に**表1**のとおりです。

表1　4科目の出題範囲

科目	試験範囲
理論	電気理論，電子理論，電気計測及び電子計測に関するもの
電力	発電所及び変電所の設計及び運転，送電線路及び配電線路(屋内配線を含む)の設計及び運用並びに電気材料に関するもの
機械	電気機器，パワーエレクトロニクス，電動機応用，照明，電熱，電気化学，電気加工，自動制御，メカトロニクス並びに電力システムに関する情報伝送及び処理に関するもの
法規	電気法規(保安に関するものに限る)及び電気施設管理に関するもの

　試験は**表2**のような時間割で科目別に実施されます。解答方式は，マークシートに記入する**五肢択一方式**で，A 問題(一つの問に解答する問題)と B 問題(一つの問に小問二つを設けた問題)を解答します。

　配点として，「理論」「電力」「機械」科目は，A 問題 14 題は 1 題当たり 5 点，B 問題 3 題は 1 題当たり小問(a)(b)が各 5 点。「法規」科目は，A 問題 10 題は 1 題当たり 6 点，B 問題は 3 題のうち 1 題は小問(a)(b)が各 7 点，2 題は小問(a)が 6 点で(b)が 7 点となります。

　合格基準は，各科目とも 100 点満点の **60 点以上**(年度によってマイナス調整)が目安となります。

表2　科目別の時間割

時限	1 時限目	2 時限目	昼の休憩	3 時限目	4 時限目
科目名	理論	電力		機械	法規
所要時間	90 分	90 分	80 分	90 分	65 分
出題数	A 問題 14 題 B 問題 3 題※	A 問題 14 題 B 問題 3 題		A 問題 14 題 B 問題 3 題※	A 問題 10 題 B 問題 3 題

備考：1　※印は，選択問題を含む必要解答数です。
　　　2　法規科目には「電気設備の技術基準の解釈について」(経済産業省の審査基準)に関するものを含みます。

　なお，試験では，**四則演算，開平計算(√)を行うための電卓**を使用することができます。ただし，**数式が記憶できる電卓や関数電卓などは使用できません**。電卓の使用に際しては，電卓から音を発することはできませんし，スマートフォンや携帯電話等を電卓として使用することはできません。

６ 科目別合格制度

　試験は科目ごとに**合否が決定**され，4科目すべてに合格すれば電験三種試験が合格となります。また，4科目中の一部の科目だけに合格した場合は，「**科目合格**」となって，翌年度及び翌々年度の試験では申請によりその科目の試験が免除されます。つまり，**3年間**で4科目に合格すれば，電験三種試験に合格となります。

７ 学歴と実務経験による免状交付申請

　電気主任技術者免状を取得するには，主任技術者試験に合格する以外に，認定校を所定の単位を修得して卒業し，所定の実務経験を有して申請する方法があります。

　この申請方法において，認定校卒業者であっても所定の単位を修得できていない方は，その不足単位の試験科目に合格し，実務経験等の資格要件を満たせば，免状交付の申請をすることができます。ただし，この単位修得とみなせる試験科目は，「理論」を除き，「電力と法規」または「機械と法規」の2科目か，「電力」「機械」「法規」のいずれか1科目に限られます。

８ 試験実施機関

　一般財団法人　電気技術者試験センターが，国の指定を受けて経済産業大臣が実施する電気主任技術者試験の実施に関する事務を行っています。

一般財団法人　電気技術者試験センター

〒104-8584　東京都中央区八丁堀2-9-1（RBM東八重洲ビル8階）

TEL：03-3552-7691/FAX：03-3552-7847

　＊電話による問い合わせは，土・日・祝日を除く午前9時から午後5時15分まで

URL　https://www.shiken.or.jp/

　以上の内容は，令和4年10月現在の情報に基づくものです。

　試験に関する情報は今後，変更される可能性がありますので，受験する場合は必ず，試験実施機関である電気技術者試験センター等の公表する最新情報をご確認ください。

過去 10 年間の合格率，合格基準等

■1 全 4 科目の合格率

電験三種試験の過去 10 年間の合格率は，**表3** のとおりです。ここ数年の合格率は微増傾向にあるように見えますが，それでも 12% 未満です。したがって，電験三種試験は十分な**難関資格試験**であるといえるでしょう。

表3　全 4 科目の合格率

年度	申込者数(A)	受験者数(B)	受験率(B/A)	合格者数(C)	合格率(C/B)
令和 4 年度（上期）	45,695	33,786	73.9%	2,793	8.3%
令和 3 年度	53,685	37,765	70.3%	4,357	11.5%
令和 2 年度	55,408	39,010	70.4%	3,836	9.8%
令和元年度	59,234	41,543	70.1%	3,879	9.3%
平成 30 年度	61,941	42,976	69.4%	3,918	9.1%
平成 29 年度	64,974	45,720	70.4%	3,698	8.1%
平成 28 年度	66,896	46,552	69.6%	3,980	8.5%
平成 27 年度	63,694	45,311	71.1%	3,502	7.7%
平成 26 年度	68,756	48,681	70.8%	4,102	8.4%
平成 25 年度	69,128	49,575	71.7%	4,311	8.7%

備考：1　率は，小数点以下第 2 位を四捨五入
　　　2　受験者数は，1 科目以上出席した者の人数

なお，電気技術者試験センターによる「令和 3 年度電気技術者試験受験者実態調査」によれば，令和 3 年度の電験三種試験受験者について，次の①・②のことがわかっています。

① 受験者の半数近くが複数回（2 回以上）の受験
② 受験者の属性は，就業者数が学生数の 8.5 倍以上
＊なお，②の就業者の勤務先は，「ビル管理・メンテナンス・商業施設保守会社」が最も多く（15.4%），次いで「電気工事会社」（12.8%），「電気機器製造会社」（9.8%），「電力会社」（8.9%）の順です。

この①・②から，多くの受験者が仕事をしながら長期間にわたって試験勉強をすることになるため，**効率よく持続して勉強をする工夫**が必要になることがわかるでしょう。

☑ 科目別の合格率

　過去10年間の科目別の合格率は，**表4〜7**のとおりです（いずれも，率は小数点以下第2位を四捨五入。合格者数は，4科目合格者を含む）。

　各科目とも合格基準は100点満点の60点以上が目安とされていますが，ほとんどの年度でマイナス調整がされており，受験者にとって，**実際よりもやや難しく感じられる**試験となっています。

　かつては，電力科目と法規科目には合格しやすく，理論科目と機械科目に合格するのは難しいと言われていました。しかし，近年は少し傾向が変わってきているようです。ただし，各科目の試験の難易度には，一概には言えない要因があることに注意が必要です。

表4　理論科目の合格率

年度	受験者数(B)	合格者数(C)	合格率(C/B)	合格基準点
令和4年度(上期)	28,427	6,554	23.1%	60点
令和3年度	29,263	3,030	10.4%	60点
令和2年度	31,936	7,867	24.6%	60点
令和元年度	33,939	6,239	18.4%	55点
平成30年度	33,749	4,998	14.8%	55点
平成29年度	36,608	7,085	19.4%	55点
平成28年度	37,622	6,956	18.5%	55点
平成27年度	37,007	6,707	18.1%	55点
平成26年度	39,977	6,948	17.4%	54.38点
平成25年度	39,982	5,718	14.3%	57.73点

表5　電力科目の合格率

年度	受験者数(B)	合格者数(C)	合格率(C/B)	合格基準点
令和4年度(上期)	23,215	5,610	24.2%	60点
令和3年度	29,295	9,561	32.6%	60点
令和2年度	29,424	5,200	17.7%	60点
令和元年度	30,920	5,646	18.3%	60点
平成30年度	35,351	8,876	25.1%	55点
平成29年度	36,721	4,987	13.6%	55点
平成28年度	35,352	4,381	12.4%	55点
平成27年度	35,260	6,873	19.5%	55点
平成26年度	37,953	8,045	21.2%	58.00点
平成25年度	36,486	4,534	12.4%	56.32点

　試験問題の難しさには，いくつもの要因が絡んでいます。例えば，次の①〜③のようなものがあります。

① 複雑で難しい内容を扱っている
② 過去に類似問題が出題された頻度
③ 試験対策の難しさ（出題が予測できない等）

　多少難しい内容でも，過去に類似問題が頻出していれば対策は簡単です。逆に，ごく易しい問題でも，新出したばかりであれば，受験者にとっては難しく感じられるでしょう。

表6　機械科目の合格率

年度	受験者数(B)	合格者数(C)	合格率(C/B)	合格基準点
令和4年度（上期）	24,184	2,727	11.3%	55点
令和3年度	27,923	6,365	22.8%	60点
令和2年度	26,636	3,039	11.4%	60点
令和元年度	29,975	7,989	26.7%	60点
平成30年度	30,656	5,991	19.5%	55点
平成29年度	32,850	5,354	16.3%	55点
平成28年度	36,612	8,898	24.3%	55点
平成27年度	34,126	3,653	10.7%	55点
平成26年度	37,424	6,086	16.3%	54.39点
平成25年度	38,583	6,600	17.1%	54.57点

表7　法規科目の合格率

年度	受験者数(B)	合格者数(C)	合格率(C/B)	合格基準点
令和4年度（上期）	23,752	3,499	14.7%	54点
令和3年度	28,045	6,761	24.1%	60点
令和2年度	30,828	6,573	21.3%	60点
令和元年度	33,079	5,858	17.7%	49点
平成30年度	33,594	4,495	13.4%	51点
平成29年度	35,825	5,798	16.2%	55点
平成28年度	35,198	4,985	14.2%	54点
平成27年度	35,047	7,006	20.0%	55点
平成26年度	38,753	6,763	17.5%	58.00点
平成25年度	41,303	8,015	19.4%	58.00点

MEMO

法規科目の出題傾向

出題分野・項目		R4	R3	R2	R1	H30	H29
電気事業法		28条の44(A9) 42条(A1) 57条(A1) 57条の2(A1) 106条(A1)	57条(A1) 57条の2(A1)	39条(B11a) 43条(A1)	2条(A1) 2条の2(A1) 2条の12(A1) 3条(A1) 28条(A10) 51条(A2)	38条(A1) 43条(A2) 48条(A1) 53条(A1, A2)	38条(A10) 39条(A1) 40条(A1) 43条(A10) 46条の2(A10) 48〜49条(A10)
電気事業法施行規則		—	—	56条(A1)	65条(A2)	52条(A2)	—
電気工事士法		—	—	—	—	—	1条(A2) 3条(A2)
電気工事士法施行規則		—	—	—	—	—	—
電気工事業の業務の適正化に関する法律(電気工事業法)		—	2〜3条(A2) 24〜26条(A2)	—	—	—	—
電気関係報告規則		—	—	3条(A2, B11a)	—	—	—
発電用風力設備に関する技術基準を定める省令(風力電技)		4条(A8)	—	—	—	—	5条(A5)
電気用品安全法		—	—	—	—	—	—
電気設備に関する技術基準を定める省令(電技)		15条の2(A2) 22条(B11a) 67条(A6)	27条の2(A3)	1条(A7) 5条(A3) 27条(A4)	4〜5条(A3) 8条(A3) 16条(A3) 18条(A3) 32条(A4)	30条(A3) 47条(A3) 63〜66条(A4)	19条(A3) 33条(A4) 56〜57条(B11a) 62条(B11a)
電気設備の技術基準の解釈(電技解釈)		1条(A4) 17条(A3) 28〜29条(A3) 37条(A5) 49条(A5) 111条(A4) 187条(A7)	1条(B12a) 14条(A1) 15条(B12a) 37条(A4) 42条(A5) 68〜69条(A7) 70条(A6) 143条(A8) 226条(A9) 228条(A9)	1条(A7, B12b) 15条(A3) 16条(B12) 120条(A5) 150条(A9) 156条(A6) 189条(A8) 198条(A6) 199条の2(A8) 229条(A10)	17条(A6, B13a) 18条(A6) 47条(A7) 68条(A8) 74条(A8) 148条(B11) 167〜168条(A5) 220条(A9) 225〜227条(A9)	17条(A5) 38条(A6) 53条(A7) 58条(B11) 153条(A8) 229条(A9)	1条(A6) 52条(A8) 146条(B11b) 148条(A7, B11b) 227条(A9)
電気施設管理	水力発電	B13					B13
	系統連系					B13	B13
	広域運営	A9			A10		
	デマンドレスポンス					A10	
	需要率・不等率	B12	B13				
	電圧降下					B12	
	進相コンデンサ				B12		
	変圧器					B13	
	変流器						
	短絡電流						B12
	地絡電流						
	保護協調		A10	B11b			
	受電設備	B10					
	たるみ(弛度)						
	電線張力・最少条数		B11				
	接地抵抗電流				B13b		
	絶縁試験電源容量		B12b				
	絶縁抵抗	B11b					
	高調波			B13			

備考：1 「A」はA問題，「B」はB問題における出題を示す。また，番号は問題番号を示す。
　　　2 「a」「b」は，B問題の小問(a)(b)のいずれか一方でのみ出題されたことを示す。

H28	H27	H26	H25	H24	H23	H22	H21	H20
—	38条(A1)	26条(A5)	43条(A1)	1条(A3) 34条(A1) 107条(A2)	40条(A2) 43条(A1)	42条(A1)	1条(A1) 26条(A10) 38条(A2)	39条(A5) 42条(A4)
50条(A10) 52条(A1)	—	1条(A1)	65条(A2)	—	52条(A1)	48条(A1) 52条(A1) 62条(A1)	38条(A10) 48条(A2) 50条(A3)	—
—	—	3条(A3)	—	—	—	2条(A2)	—	3条(A3)
—	—	38条(A5)	—	—	—	1条の2(A2)	—	2条の2(A3)
—	—	2条(A4) 17条の2(A4)	—	—	—	—	—	—
—	—	5条(A2)	—	—	—	3条(A3)	4条の2(A4)	3条(A2) 4条の2(A8)
—	—	—	—	7条(A4)	—	—	—	4条(A6)
—	2条(A2) 8条(A2) 28条(A2)	—	—	—	—	—	—	1〜2条(A1) 10条(A1)
56条(A4) 66条(A4) 74条(A9)	27条の2(A3) 49条(A4)	2条(A5) 58条(A6)	57条(A3)	5条(A5) 19条(A3)	7条(A4) 10〜11条(A3) 46条(A5)	—	19条(A4)	19条(A8)
1条(B12a) 15条(B12a) 16条(A6) 19条(A2) 21条(A3) 24条(A2) 28条(A2) 36条(B11) 44条(A5) 46条(A6) 117条(A7) 125条(A8) 171条(A4) 191条(A4) 192条(A9)	24条(A5) 47条(A6) 68条(A7) 71条(A7) 79条(A7) 146条(B12) 176条(A8) 220条(A9)	1条(A7) 58条(B11) 111条(A9) 148条(A10)	17条(B13) 23条(A5) 29条(A4) 34条(A6) 120条(A7) 143条(A8) 218条(A9)	13条(A5) 15条(B11a) 17条(A6, A10) 18条(A6) 28条(A6) 53条(A7) 70条(A8) 148条(A9)	12条(A4) 116条(A7) 143条(A4) 150条(A4) 158〜159条(A4) 165条(A9) 187条(A8) 189〜190条(A8) 220条(A6)	15条(A8) 17条(B12) 37条(A5) 58条(B13) 120条(A7) 148条(A6) 159条(A9) 171条(A4)	21条(A6) 33条(A5) 49条(A7) 200条(A8)	15条(A7) 24条(A9) 42条(A10)
				B13				B13
			B12					B13
		B12			B12		A9	B12
							A9	
		B13	B11	B12			A9	
	B13							
B13	A8				B11			
A10								
B13					B13	B11	B13	
					B13			
					B13b			
			A10		A10			
	B11b							B11b
	B11a						B12	B11a
							B11	
B12				B11b				
		B13b			A10			

法規科目の学習ポイント

　ここでは，「**電気施設管理**」分野を中心に学習ポイントを解説します。この分野の出題は，B問題における計算問題が主体となります。A問題（空白箇所補充問題，文章正誤判定問題が主体）と比べると出題内容も限定されているので，得点源として合否のカギを握る分野といえるでしょう。また，電力科目とも共通するテーマが多いので，同時受験する場合は併せて学習すると効率的です。

　＊　＊　＊　＊　＊　＊　＊　＊　＊　＊　＊　＊　＊

　「**水力発電**」では，R4-問13（p.44）のように，調整池式水力発電所の1日の使用水量曲線から有効貯水量や発電機出力を求めたり，H24-問13（p.272）のように，有効貯水量から1日の出力曲線の未知時刻を求めることができます。なお，貯水池式や調整池式の場合，貯水後に放水する流量に河川流量を加えた値が出力に関係するので注意しましょう。

　「**系統連系**」では，H30-問13（p.148），H29-問13（p.174），H25-問12（p.254），H20-問13（p.338）のように，日負荷曲線（消費電力）と自家用発電電力の推移曲線の差から，送電電力量や受電電力量を求めることができます（電力が余ったら系統へ電力を送電し，電力が不足したら系統から電力を受電します）。また，H23-問6（p.280）に出題されたような用語の理解も重要です。

　「**需要率・不等率**」では，複数の負荷曲線から需要率・負荷率・不等率を求める問題（H26-問12（p.234），H23-問12（p.288）），複数の需要家の需要率・負荷率・需要家間の不等率から全体の総合負荷率を求める問題（R3-問13（p.74）），複数の需要家間の不等率から合成最大需要電力を求める問題（H20-問12（p.336）），負荷設備の需要率に対し必要な変圧器の台数を求める問題（R4-問12（p.42））など，多面的な出題ができることを把握しておきましょう。需要率，不等率，負荷率の定義は押さえておき，活用できるようにすること。

$$需要率 = \frac{最大需要電力}{設備容量}（ふつう，\leqq 1），\quad 負荷率 = \frac{平均需要電力}{最大需要電力}（ふつう，\leqq 1）$$

$$不等率 = \frac{最大需要電力の総和}{合成最大需要電力}（\geqq 1）$$

　「**進相コンデンサ**」では，R1-問12（p.124），H26-問13（p.236）のように，直列リアクトル付進相コンデンサのコンデンサ自体の端子電圧は，電路の電圧よりも高くなることを理解しておきましょう。R1-問12（p.124）のように，6％リアクタンスを有する進相コンデンサを接続したときのコンデンサ両端の電圧値は，$\frac{線路電圧}{0.94}$ となります。なお，機械科目（H21-問8）でも6％リアクタンスの内容が過去に出題されており，その値が4％以上になればコンデンサ全体として誘導性になり，p.16の「**高調波**」で述べる高調波抑制効果が現れます。

　「**変圧器**」では，H30-問13（p.148）のように，需要家の日負荷曲線と太陽光発電出力曲線の差より，（不足分は系統より変圧器を介して受電するが，）この変圧器の損失や全日効率を求めることができます。また，H23-問11（p.286）のように，変圧器の銅損は $\left(\dfrac{負荷}{定格容量}\right)^2$ に比例し，鉄損は負荷によらず一定であることに注意すること。さらに，H27-問13（p.214）のような，Δ結線に対するV結線の出力を求める問題などは，電力科目（R4-問12，H22-問13，H21-問12）や機械科目（R4-問9）とも共通するテーマであるので，併せて学習しておきたいところです。V結線，Δ結線とも出力は $\sqrt{3}\,VI$ で表されますが，Δ結線

の線電流 I は変圧器電流の $\sqrt{3}$ 倍なのに対し，V 結線の線電流 I は変圧器電流に等しいため，同じ定格の変圧器を使用した場合，V 結線の出力は Δ 結線の $\frac{1}{\sqrt{3}}$ 倍になります。

「**短絡電流**」では，H29-問 12 (p. 172)，H21-問 13 (p. 322) のように，百分率 (パーセント) インピーダンスを用いて三相短絡電流を計算する方法に慣れておきましょう。百分率インピーダンスや単位法 (pu 法；基準量に対する倍率 (小数) で表す方法) は，基準電圧 (相電圧) に対し基準電流 (定格電流など) を流したときのインピーダンス降下の割合を示すものです。百分率インピーダンスは基準容量に比例するので，百分率インピーダンスを合成する際には，基準容量を合わせる必要があります。

「**地絡電流**」では，H28-問 13 (p. 196)，H23-問 13 (p. 290) のように，中性点非接地の三相系統で 1 線地絡時の地絡電流を「テブナンの定理」を用いて求めることができます。また，(電力科目の H26-問 16 のように，消弧リアクトル接地系での 1 線地絡電流や，) H21-問 11 (p. 318) のように，絶縁劣化した 1 相の電流をテブナンの定理を用いて計算することができます。ここで，テブナンの定理を用いて劣化相電流 (地絡電流) $\dot{I}_G$ を求める際，事故前の健全相電圧を $\dot{E}$，劣化相の絶縁抵抗を R_G，中性点接地抵抗を R_B，電線路対地静電容量を C として，次式で計算することができます。

$$\dot{I}_G = \cfrac{\dot{E}}{R_G + \cfrac{R_B \cdot \cfrac{1}{\mathrm{j}3\omega C}}{R_B + \cfrac{1}{\mathrm{j}3\omega C}}}$$

消弧リアクトル接地系統での 1 線地絡電流も，同様の考え方で求めることができます。

「**保護協調**」とは，故障箇所を早期に検出し，健全回路の不要遮断は避け，故障箇所を切り離すことで，故障の波及や拡大を防ぐことをいいます (R3-問 10 (p. 64)，R2-問 11 (p. 94) などで出題)。そのため，ある程度以上の故障電流が流れた場合，故障箇所から電源側直近の遮断器を一番早く動作させるなど，遮断器の動作に時間差を設けています。この時間差は，R2-問 11 (p. 94) や電力科目の R4-問 7 のように，過電流継電器の動作特性で与えることができ，反限時特性，定限時特性，瞬時特性などの種類があります。

「**たるみ (弛度)**」では，H27-問 11 (p. 210)，H20-問 11 (p. 334) のように，たるみ $D = \dfrac{wS^2}{8T}$ [m] の公式を用いて，張力 T を許容値以内にする D や，風圧荷重を考慮した場合の D を求めることができます。「たるみ」は電力科目でも出題されるので (H24-問 13 など)，共通するテーマとして併せて学習しておきたいところです。

「**電線張力・最少条数**」では，R3-問 11 (p. 68)，H21-問 12 (p. 320) のように，電線の張力を支持物と支線で支えますが，支持物を倒そうとする電線の張力のモーメントに対し，支持物を倒すまいとする支線の張力のモーメントが釣り合っています。モーメントは物体の回転運動を引き起こす効果を表す量で，「力 × 距離」で求められます (「距離」は支持物の地表面の根元からの電線の高さや支線の最短距離を用いること)。なお，電線の最少条数や電線の最小断面積は安全率を考慮する必要があり，実用上重要です。

「**接地抵抗電流**」では，R1-問 13 (p. 126) のように，変圧器の低圧側回路に義務付けられている接地工事の接地抵抗に常時流れる電流を求める際，「テブナンの定理」を用いることができます。

「**絶縁試験電源容量**」では，R3-問 12 (p. 70) は，ケーブル 3 本を一括して絶縁試験を行うときに必要な電源容量，H28-問 12 (p. 194) と H24-問 11 (p. 268) は，電源容量を小さく抑えるために高圧補償リアクトルを併用する場合の電源容量を求める問題ですが，実務的にも重要であり，十分に慣れておきたい内容で

す。

「**高調波**」では，R2-問 13（p. 100），H26-問 13（p. 236），H22-問 10（p. 300）（加えて，機械科目の H21-問 8）のように，高調波発生機器からの高調波電流の増加によりコンデンサ設備の焼損などの問題が発生します。この対応策として，コンデンサに前述の「**進相コンデンサ**」に示す直列リアクトル（6 ％ リアクタンス）を接続して第 5 高調波電流（第 3 高調波は，三相の各相に同相で流れるので，変圧器内部で還流し，高圧側にあまり現れない）の抑制を行うことができます。

以上のほか，「風圧荷重」（H30-問 11（p. 144），H26-問 11（p. 232）），絶縁電線を金属管内に収納する場合の「許容電流減少（補正）係数」（H29-問 11（p. 170），H27-問 12（p. 212）），電路の「絶縁試験電圧値」（R3-問 12（p. 70），H28-問 12（p. 194））などのテーマも重要です。

＊　　＊　　＊　　＊　　＊　　＊　　＊　　＊　　＊　　＊　　＊　　＊　　＊　　＊

なお，A 問題に関しては，以下のテーマに今後も注意しましょう。

出題テーマ	出題例
自家用電気工作物	R4-問 1（p. 20），H30-問 1（p. 128），H28-問 1（p. 176），H27-問 1（p. 198）
主任技術者	R2-問 1（p. 76），H25-問 1（p. 238）
広域運用	R4-問 9（p. 36），R1-問 10（p. 118）
分散型電源	R3-問 9（p. 62），R2-問 10（p. 92），R1-問 9（p. 116），H30-問 9（p. 140），H29-問 9（p. 166），H27-問 9（p. 208），H23-問 6（p. 280）
静電誘導障害・電磁誘導障害	R3-問 3（p. 50），R2-問 4（p. 82），H27-問 3（p. 202）
接地工事	R4-問 3（p. 26），R1-問 6（p. 110），H30-問 5（p. 134），H24-問 6（p. 262）
接近状態	R4-問 5（p. 30），H21-問 7（p. 314）
電気用品安全法	H27-問 2（p. 200）

凡例

　個々の問題の $\boxed{\text{難易度}}$ と $\boxed{\text{重要度}}$ の目安を次のように表示しています。ただし，重要度は出題分野どうしを比べたものではなく，**出題分野内で出題項目どうしを比べたもの**です（p. 12〜13 参照）。また，重要度は**出題予想を一部反映**したものです。

$\boxed{\text{難易度}}$

　易　★☆☆：易しい問題
　↓　★★☆：標準的な問題
　難　★★★：難しい問題（奇をてらった問題を一部含む）

　粘り強く学習することも大切ですが，難問や奇問に固執するのは賢明ではありません。ときには，「解けなくても構わない」と割り切ることが必要です。

　逆に，易しい問題は得点のチャンスです。苦手な出題分野であっても，必ず解けるようにしておきましょう。

$\boxed{\text{重要度}}$

　稀　★☆☆：あまり出題されない，稀な内容
　↓　★★☆：それなりに出題されている内容
　頻　★★★：頻繁に出題されている内容

　出題が稀な内容であれば，学習の優先順位を下げても構いません。場合によっては，「学習せずとも構わない」「この出題項目は捨ててしまおう」と決断する勇気も必要です。

　逆に，頻出内容であれば，難易度が高い問題でも一度は目を通しておきましょう。自らの実力で解ける問題なのか，解けない問題なのかを判別する訓練にもなります。

試験問題と解答

- ●試験時間：65分
- ●解 答 数：A問題 10題
- 　　　　　　B問題 3題
- ●配　　点：A問題 各6点
- 　　　　　　B問題 問11・12 13点((a)6点,(b)7点)
- 　　　　　　　　　問13 14点((a)7点,(b)7点)

実施年度	合格基準
令和 4 年度（2022 年度）上期	54 点以上
令和 3 年度（2021 年度）	60 点以上
令和 2 年度（2020 年度）	60 点以上
令和元年度（2019 年度）	49 点以上
平成 30 年度（2018 年度）	51 点以上
平成 29 年度（2017 年度）	55 点以上
平成 28 年度（2016 年度）	54 点以上
平成 27 年度（2015 年度）	55 点以上
平成 26 年度（2014 年度）	58 点以上
平成 25 年度（2013 年度）	58 点以上
平成 24 年度（2012 年度）	51.35 点以上
平成 23 年度（2011 年度）	54.2 点以上
平成 22 年度（2010 年度）	55 点以上
平成 21 年度（2009 年度）	55 点以上
平成 20 年度（2008 年度）	60 点以上

法　規 令和４年度（2022年度）上期

注1　問題文中に「電気設備技術基準」とあるのは，「電気設備に関する技術基準を定める省令」の略である。

注2　問題文中に「電気設備技術基準の解釈」とあるのは，「電気設備の技術基準の解釈における第1章～第6章及び第8章」をいう。なお，「第7章 国際規格の取り入れ」の各規定について問う出題にあっては，問題文中にその旨を明示する。

Ａ　問　題 （配点は1問題当たり6点）

問1　出題分野＜電気事業法＞　　難易度 ★★★　重要度 ★★★

　　次の図は，「電気事業法」に基づく一般用電気工作物及び自家用電気工作物のうち受電電圧7 000 V以下の需要設備の保安体系に関する記述を表したものである。ただし，除外事項，限度事項等の記述は省略している。

　　なお，この問において，技術基準とは電気設備技術基準のことをいう。

　　図中の空白箇所（ア）～（エ）に当てはまる組合せとして，正しいものを次の（1）～（5）のうちから一つ選べ。

	（ア）	（イ）	（ウ）	（エ）
（1）	所有者又は占有者	登録調査機関	検査要領書	提出
（2）	電線路維持運用者	電気主任技術者	検査要領書	作成
（3）	所有者又は占有者	電気主任技術者	保安規程	作成
（4）	電線路維持運用者	登録調査機関	保安規程	提出
（5）	電線路維持運用者	登録調査機関	検査要領書	作成

電気工作物

一般用電気工作物

| (ア) | は |

| 電気工作物が技術基準に適合しているかどうかを調査しなければならない。 | 第57条 |

| (イ) に，電気工作物が技術基準に適合しているかどうかを調査することを委託することができる。 | 第57条の2 |

経済産業大臣は

| 電気工作物が技術基準に適合していないと認めるときには，その使用を一時停止すべきことを命じ，又はその使用を制限することができる。 | 第56条 |

| その職員に，電気工作物の設置の場所（居住の用に供されているものを除く。）に立ち入り，電気工作物を検査させることができる。 | 第107条 |

自家用電気工作物

電気工作物を設置する者は

| 電気工作物を技術基準に適合するように維持しなければならない。 | 第39条 |

| (ウ) を定め，電気工作物の使用の開始前に，経済産業大臣に届け出なければならない。 | 第42条 |

| 保安の監督をさせるため，主任技術者を選任し，遅滞なく，その旨を経済産業大臣に届け出なければならない。 | 第43条 |

| 電気工作物の使用の開始の後，遅滞なく，その旨を経済産業大臣に届け出なければならない。 | 第53条 |

経済産業大臣は

| 電気工作物が技術基準に適合していないと認めるときには，その使用を一時停止すべきことを命じ，又はその使用を制限することができる。 | 第40条 |

| 主任技術者免状の交付を受けている者がこの法律に違反したときは，その主任技術者免状の返納を命じることができる。 | 第44条 |

| 電気工作物を設置する者に対し，その業務の状況に関し報告又は資料の (エ) をさせることができる。 | 第106条 |

| その職員に，電気工作物を設置する者の事務所その他の事業場に立ち入り，電気工作物，帳簿，書類その他の物件を検査させることができる。 | 第107条 |

令和4 (2022)
令和3 (2021)
令和2 (2020)
令和元 (2019)
平成30 (2018)
平成29 (2017)
平成28 (2016)
平成27 (2015)
平成26 (2014)
平成25 (2013)
平成24 (2012)
平成23 (2011)
平成22 (2010)
平成21 (2009)
平成20 (2008)

問1の解答　出題項目＜42，57条，57条の2，106条＞　　　答え　（4）

電気事業法第42条（保安規程），第57条（調査の義務），第57条の2（調査義務の委託），第106条（報告の徴収）からの出題である。

電気工作物についての問題図をアレンジし，空白箇所を補充すると，**表1-1**のようになる。

解説 ⋯⋯⋯⋯⋯⋯⋯⋯⋯⋯⋯⋯⋯⋯⋯⋯⋯⋯⋯⋯

電気工作物を体系的に整理した新しいタイプの問題であり，今後このような出題が定着することが予想される。

Point 令和3年ほか関連問題が過去に多数出題されている。

表 1-1　電気工作物と保安体系

電気工作物	一般用電気工作物	電線路維持運用者は…	第57条（調査の義務）	電気工作物が技術基準に適合しているかどうかを調査しなければならない。（第1項）
			第57条の2（調査業務の委託）	登録調査機関に，電気工作物が技術基準に適合しているかどうかを調査することを委託することができる。（第1項）
		経済産業大臣は…	第56条（技術基準適合命令）	電気工作物が技術基準に適合していないと認めるときは，その使用を一時停止すべきことを命じ，またはその使用を制限することができる。（第1項）
			第107条（立入検査）	その職員に，電気工作物の設置の場所（居住の用に供されているものを除く）に立ち入り，電気工作物を検査させることができる。（第5項）
	自家用電気工作物	電気工作物を設置する者は…	第39条（事業用電気工作物の維持）	電気工作物を技術基準に適合するように維持しなければならない。（第1項）
			第42条（保安規程）	保安規程を定め，電気工作物の使用の開始前に，経済産業大臣に届け出なければならない。（第1項）
			第43条（主任技術者）	保安の監督をさせるため，主任技術者を選任し，遅滞なく，その旨を経済産業大臣に届け出なければならない。（第1，3項）
			第53条（自家用電気工作物の使用の開始）	電気工作物の使用の開始の後，遅滞なく，その旨を経済産業大臣に届け出なければならない。（第1項）
		経済産業大臣は…	第40条（技術基準適合命令）	電気工作物が技術基準に適合していないと認めるときは，その使用を一時停止すべきことを命じ，またはその使用を制限することができる。
			第44条（主任技術者免状）	主任技術者免状の交付を受けている者がこの法律に違反したときは，その主任技術者免状の返納を命じることができる。（第4項）
			第106条（報告の徴収）	電気工作物を設置する者に対し，その業務の状況に関し報告または資料の提出をさせることができる。（第6項）
			第107条（立入検査）	その職員に，電気工作物を設置する者の事務所その他の事業場に立ち入り，電気工作物，帳簿，書類その他の物件を検査させることができる。（第4項）

問2 出題分野＜電技＞　　難易度 ★★★　重要度 ★★★

次の文章は，「電気設備技術基準」におけるサイバーセキュリティの確保に関する記述である。

電気工作物(一般送配電事業，送電事業，配電事業，特定送配電事業又は　(ア)　の用に供するものに限る。)の運転を管理する　(イ)　は，当該電気工作物が人体に危害を及ぼし，又は物件に損傷を与えるおそれ及び　(ウ)　又は配電事業に係る電気の供給に著しい支障を及ぼすおそれがないよう，サイバーセキュリティ(サイバーセキュリティ基本法(平成26年法律第104号)第2条に規定するサイバーセキュリティをいう。)を確保しなければならない。

上記の記述中の空白箇所(ア)～(ウ)に当てはまる組合せとして，正しいものを次の(1)～(5)のうちから一つ選べ。

	(ア)	(イ)	(ウ)
(1)	発電事業	電子計算機	一般送配電事業
(2)	小売電気事業	制御装置	電気使用場所
(3)	小売電気事業	電子計算機	一般送配電事業
(4)	発電事業	制御装置	電気使用場所
(5)	小売電気事業	電子計算機	電気使用場所

問 2 の解答　　出題項目＜15 条の 2＞

「電気設備技術基準」（以下，「電技」と略す）第 15 条の 2（サイバーセキュリティの確保）からの出題で，空白箇所を補充すると次のようになる。

電気工作物（一般送配電事業，送電事業，配電事業，特定送配電事業又は**発電事業**の用に供するものに限る。）の運転を管理する**電子計算機**は，当該電気工作物が人体に危害を及ぼし，又は物件に損傷を与えるおそれ及び**一般送配電事業又は配電事業**に係る電気の供給に著しい支障を及ぼすおそれがないよう，サイバーセキュリティ（サイバーセキュリティ基本法（平成 26 年法律第 104 号）第 2 条に規定するサイバーセキュリティをいう。）を確保しなければならない。

解説

近年，電子計算機などに対するサイバー攻撃などの脅威が高まってきている（**図 2-1**）。このため，平成 28 年に電気事業者に対してもサイバーセキュリティ対策を実施することが規定された。

電技第 15 条の 2（サイバーセキュリティの確保）を受け，「電気設備技術基準の解釈」（以下，「解釈」と略す）第 37 条の 2（サイバーセキュリティの確保）では，サイバーセキュリティ対策として，スマートメータシステムは「スマートメータシステムセキュリティガイドライン」に，電力制御システムは「電力制御システムセキュリティガイドライン」によることとしている。また，自家用電気工作物（発電事業の用に供するものを除く）に係る遠隔監視システムおよび制御システムにおいては，「自家用電気工作物に係るサイバーセキュリティの確保に関するガイドライン（内規）」によることとしている。

電技第 15 条の 2 や解釈第 37 条の 2 では，サイバーセキュリティの確保について，主に次の事項が規定されている。

・事業用電気工作物の運転を管理する電子計算機

を対象としている。

・電気の供給に著しい支障を及ぼさないことが目的の一つである。

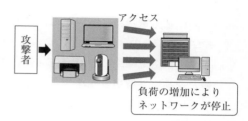

図 2-1　サイバー攻撃

補足　サイバーセキュリティ基本法第 2 条（定義）では，サイバーセキュリティを次のように定義している。

> この法律において「サイバーセキュリティ」とは，電子的方式，磁気的方式その他人の知覚によっては認識することができない方式（以下この条において「電磁的方式」という。）により記録され，又は発信され，伝送され，若しくは受信される情報の漏えい，滅失又は毀損の防止その他の当該情報の安全管理のために必要な措置並びに情報システム及び情報通信ネットワークの安全性及び信頼性の確保のために必要な措置（情報通信ネットワーク又は電磁的方式で作られた記録に係る記録媒体（以下「電磁的記録媒体」という。）を通じた電子計算機に対する不正な活動による被害の防止のために必要な措置を含む。）が講じられ，その状態が適切に維持管理されていることをいう。

Point 情報通信社会の負の側面として，サイバー攻撃による潜在的なリスクは年々高まっている。

デジタル社会を反映し，本問のような内容は今後も出題される可能性がある。

令和
4
(2022)
令和
3
(2021)
令和
2
(2020)
令和
元
(2019)
平成
30
(2018)
平成
29
(2017)
平成
28
(2016)
平成
27
(2015)
平成
26
(2014)
平成
25
(2013)
平成
24
(2012)
平成
23
(2011)
平成
22
(2010)
平成
21
(2009)
平成
20
(2008)

問3　出題分野＜電技解釈＞　　難易度 ★★★　重要度 ★★★

　高圧架空電線路に施設された機器器具等の接地工事の事例として，「電気設備技術基準の解釈」の規定上，不適切なものを次の（1）〜（5）のうちから一つ選べ。

（1）　高圧架空電線路に施設した避雷器（以下「LA」という。）の接地工事を 14 mm² の軟銅線を用いて施設した。

（2）　高圧架空電線路に施設された柱上気中開閉器（以下「PAS」という。）の制御装置（定格制御電圧 AC100 V）の金属製外箱の接地端子に 5.5 mm² の軟銅線を接続し，D 種接地工事を施した。

（3）　高圧架空電線路に PAS（VT・LA 内蔵形）が施設されている。この内蔵されている LA の接地線及び高圧計器用変成器（零相変流器）の 2 次側電路は，PAS の金属製外箱の接地端子に接続されている。この接地端子に D 種接地工事（接地抵抗値 70 Ω）を施した。なお，VT とは計器用変圧器である。

（4）　高圧架空電線路から電気の供給を受ける受電電力が 750 kW の需要場所の引込口に施設した LA に A 種接地工事を施した。

（5）　木柱の上であって人が触れるおそれがない高さの高圧架空電線路に施設された PAS の金属製外箱の接地端子に A 種接地工事を施した。なお，この PAS に LA は内蔵されていない。

問3の解答　出題項目＜17，28，29，37条＞　　答え（3）

「電気設備技術基準の解釈」（以下，「解釈」と略す）第17条（接地工事の種類及び施設方法），第28条（計器用変成器の2次側回路の接地），第29条（機械器具の金属製外箱等の接地），第37条（避雷器等の施設）からの出題である。

（1）正。高圧電路に施設する避雷器にはA種接地工事を施し，接地線は引張強さ 1.04 kN 以上の容易に腐食し難い金属線または**直径 2.6 mm 以上の軟銅線**としなければならない。（第37条第3項，第17条第1項）

直径 2.6 mm の軟銅線は，**より線では 5.5 mm²に相当する**ので，14 mm² の軟銅線はこの要件を満足している。

（2）正。電路に施設する 300 V 以下の低圧の機械器具の金属製外箱には D 種接地工事を施し，接地線は引張強さ 0.39 kN 以上の容易に腐食し難い金属線または**直径 1.6 mm 以上の軟銅線**としなければならない。（第29条第1項，第17条第4項）

直径 1.6 mm の軟銅線は，**より線では 2 mm²に相当する**ので，5.5 mm² の軟銅線はこの要件を満足している。

（3）誤。高圧電路に施設する避雷器には，**A種接地工事**を施さなければならない。また，電路に施設する高圧機械器具の金属製外箱には，A種接地工事を施さなければならない。さらに，高圧計器用変成器の2次側電路には，D種接地工事を施さなければならない。（第37条第3項，第29条第1項，第28条第1項）

共用接地を行う場合の接地抵抗値は，各々の接地工事の接地抵抗値のうち低い値の接地種別としなければならない。よって，この施設では A 種接地工事を施さなければならない。したがって，接地抵抗値は **10 Ω 以下**としなければならない。

（4）正。「高圧架空電線路から電気の供給を受ける**受電電力が 500 kW 以上の需要場所の引込口**」（第37条第1項第三号）には避雷器を施設し，**A 種接地工事**を施さなければならない（第37条

第3項）。

（5）正。電路に施設する高圧機械器具の金属製外箱には，A 種接地工事を施さなければならない。ただし，高圧機械器具を木柱その他これに類する絶縁性のものの上であって，人が触れるおそれがない高さに施設する場合には接地工事を省略できる。（第29条第1，2項）

この施設は接地工事の省略条件を満足しているが，接地工事をしても何ら問題はない。

解説

柱上気中開閉器（PAS：Pole Air Switch）と避雷器（LA：Lightning Arrester）をそれぞれ単独接地した場合，LA 放電時には避雷器設置点の電位は「制限電圧 ＋ 接地抵抗 × 雷撃電流」となって，制限電圧を上回る。このため，これは PAS の耐サージ電圧を超える場合があり，LA の保護効果が低下することから，PAS と LA は共用接地とすることが望ましい。

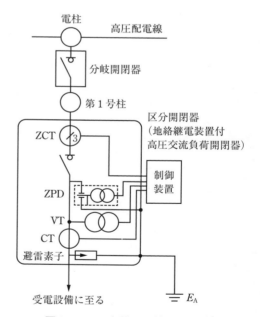

図3-1　LA 内蔵 GR 付 PAS の例

Point 平成 27 年，平成 28 年，令和 3 年に関連問題が出題されている。

問 4	出題分野＜電技解釈＞		難易度 ★★★	重要度 ★★★

「電気設備技術基準の解釈」に基づく高圧屋側電線路(高圧引込線の屋側部分を除く。)の施設に関する記述として，誤っているものを次の(1)～(5)のうちから一つ選べ。

（1）　展開した場所に施設した。

（2）　電線はケーブルとした。

（3）　屋外であることから，ケーブルを地表上 2.3 m の高さに，かつ，人が通る場場所から手を伸ばしても触れることのない範囲に施設した。

（4）　ケーブルを造営材の側面に沿って被覆を損傷しないよう垂直に取付け，その支持点間の距離を 6 m 以下とした。

（5）　ケーブルを収める防護装置の金属製部分に A 種接地工事を施した。

問4の解答 出題項目<1, 111条>

「電気設備技術基準の解釈」（以下，「解釈」と略す）第1条（用語の定義），第111条（高圧屋側電線路の施設）第2項からの出題である。

（1） 正。高圧屋側電線路は，展開した場所のみ施設でき，隠ぺい場所には施設できない。

（2） 正。高圧屋側電線路の施設は，ケーブル工事のみ可能である。

（3） 誤。「ケーブルには，接触防護措置を施すこと」とされている。

（4） 正。「ケーブルを造営材の側面又は下面に沿って取り付ける場合は，ケーブルの支持点間の距離を2 m（垂直に取り付ける場合は，6 m）以下とし，かつ，その被覆を損傷しないように取り付けること」と規定されている。

（5） 正。管その他のケーブルを収める防護装置の金属製部分，金属製の電線接続箱及びケーブルの被覆に使用する金属体には，原則としてA種接地工事（接触防護措置を施す場合は，D種接地工事）を施さなければならない。

解説

高圧屋側電線路は，低圧屋側電線路より一層保安上，好ましくない施設であるため，施設範囲を限定している。

接触防護措置と簡易接触防護措置を図示すると，図4-1のようになる（解釈第1条）。

選択肢（3）については，屋外に施設する場合の接触防護措置に該当するので，地表上2.5 m以上の高さとして人が通る場所から手を伸ばしても触れることのない範囲に施設しなければならない。なお，ケーブルを外傷保護の観点から，金属管などに収める方法としてもよい。

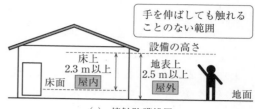

(a) 接触防護措置

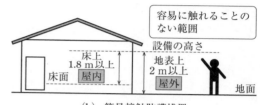

(b) 簡易接触防護措置

図4-1 接触防護措置と簡易接触防護措置

補足 屋内配線，屋側配線，屋外配線の位置づけは，図4-2のとおりである。

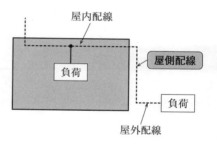

図4-2 配線の区分

Point 平成26年に接触防護措置と簡易接触防護措置の用語の定義に関する類似問題が出題されている。

令和4 (202
令和3 (2021)
令和2 (2020)
令和元 (2019)
平成30 (2018)
平成29 (2017)
平成28 (2016)
平成27 (2015)
平成26 (2014)
平成25 (2013)
平成24 (2012)
平成23 (2011)
平成22 (2010)
平成21 (2009)
平成20 (2008)

問5 出題分野＜電技解釈＞ ［難易度 ★★★］ ［重要度 ★★★］

次の文章は，「電気設備技術基準の解釈」に基づく電線路の接近状態に関する記述である。

a) 第1次接近状態とは，架空電線が他の工作物と接近する場合において，当該架空電線が他の工作物の ［(ア)］ において，水平距離で ［(イ)］ 以上，かつ，架空電線路の支持物の地表上の高さに相当する距離以内に施設されることにより，架空電線路の電線の ［(ウ)］，支持物の ［(エ)］ 等の際に，当該電線が他の工作物に ［(オ)］ おそれがある状態をいう。

b) 第2次接近状態とは，架空電線が他の工作物と接近する場合において，当該架空電線が他の工作物の ［(ア)］ において水平距離で ［(イ)］ 未満に施設される状態をいう。

上記の記述中の空白箇所(ア)～(オ)に当てはまる組合せとして，正しいものを次の(1)～(5)のうちから一つ選べ。

	(ア)	(イ)	(ウ)	(エ)	(オ)
(1)	上方，下方又は側方	3 m	振動	傾斜	損害を与える
(2)	上方又は側方	3 m	切断	倒壊	接触する
(3)	上方又は側方	3 m	切断	傾斜	接触する
(4)	上方，下方又は側方	2 m	切断	倒壊	接触する
(5)	上方，下方又は側方	2 m	振動	傾斜	損害を与える

問6 出題分野＜電技＞ ［難易度 ★★☆］ ［重要度 ★★☆］

次の文章は，「電気設備技術基準」における無線設備への障害の防止に関する記述である。

電気使用場所に施設する電気機械器具又は ［(ア)］ は，［(イ)］，高周波電流等が発生することにより，無線設備の機能に ［(ウ)］ かつ重大な障害を及ぼすおそれがないように施設しなければならない。

上記の記述中の空白箇所(ア)～(ウ)に当てはまる組合せとして，正しいものを次の(1)～(5)のうちから一つ選べ。

	(ア)	(イ)	(ウ)
(1)	接触電線	高調波	継続的
(2)	屋内配線	電波	一時的
(3)	接触電線	高調波	一時的
(4)	屋内配線	高調波	継続的
(5)	接触電線	電波	継続的

令和4 (2022)
令和3 (2021)
令和2 (2020)
令和元 (2019)
平成30 (2018)
平成29 (2017)
平成28 (2016)
平成27 (2015)
平成26 (2014)
平成25 (2013)
平成24 (2012)
平成23 (2011)
平成22 (2010)
平成21 (2009)
平成20 (2008)

問5の解答　出題項目＜49条＞　　答え（2）

　「電気設備技術基準の解釈」（以下，「解釈」と略す）第49条（電線路に係る用語の定義）からの出題で，空白箇所を補充すると次のようになる。

　a）第1次接近状態とは，架空電線が他の工作物と接近する場合において，当該架空電線が他の工作物の**上方又は側方**において，水平距離で**3 m**以上，かつ，架空電線路の支持物の地表上の高さに相当する距離以内に施設されることにより，架空電線路の電線の**切断**，支持物の**倒壊**等の際に，当該電線が他の工作物に**接触する**おそれがある状態をいう。

　b）第2次接近状態とは，架空電線が他の工作物と接近する場合において，当該架空電線が他の工作物の**上方又は側方**において水平距離で**3 m**未満に施設される状態をいう。

解説

　接近状態の範囲を図5-1に示す。

　① **接近状態**　第1次接近状態と第2次接近状態の両方を指す。

　② **第1次接近状態**　支持物の地表上の高さ H [m]を半径として円を描いたとき，円弧の内側に該当する部分で，架空電架空電線路の電線の切断や支持物の倒壊などの際に，当該電線が他の工作物に接触するおそれがある状態のことを指す。

　③ **第2次接近状態**　架空電線が他の工作物の上方または側方において水平距離で3 m未満に施設される状態で，第2次接近状態内では，第1次接近状態内に比べて架空電架空電線路の電線の切断や支持物の倒壊などの際に，当該電線が他の工作物に接触するおそれが特に大きい。

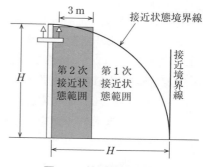

図5-1　接近状態の範囲

　④ **接近状態の中に他の工作物が入る場合**

　架空電線路の施設の強化を図った低圧保安工事や高圧保安工事としなければならない。

　なお，「接近」は併行する場合は含まれるが，交差して近づくことは含まれない。また，接近状態には架空電線が他の工作物の上方または側方において接近する場合を含むが，下方において接近する場合は含まない。

Point 平成21年にほぼ同じ内容の問題が出題されている。

問6の解答　出題項目＜67条＞　　答え（5）

　「電気設備技術基準」（以下，「電技」と略す）第67条（電気機械器具又は接触電線による無線設備への障害の防止）からの出題で，空白箇所を補充すると次のようになる。

　「電気使用場所に施設する電気機械器具又は**接触電線**は，**電波**，高周波電流等が発生することにより，無線設備の機能に**継続的**かつ重大な障害を及ぼすおそれがないように施設しなければならない。」

解説

　一般に第50次調波までを高調波と呼び，それを超える数 kHz から数 10 MHz 程度を高周波と呼んでいる。蛍光放電灯，電気ドリルなどは，特に妨害高周波電流が問題となる。「電気設備技術基準の解釈」（以下，「解釈」と略す）第155条（電気設備による電磁障害の防止）では，高周波電流の具体的な低減対策を規定している。

Point 解釈の膨大な文章量に比べると，電技は文章量が比較的少ないので，一度は全体に目を通して学習しておくのがよい。

問7　出題分野＜電技解釈＞　　難易度 ★★★　重要度 ★★★

次の文章は，「電気設備技術基準の解釈」に基づく水中照明の施設に関する記述である。

水中又はこれに準ずる場所であって，人が触れるおそれのある場所に施設する照明灯は，次によること。

a)　照明灯に電気を供給する電路には，次に適合する絶縁変圧器を施設すること。

①　1次側の　(ア)　電圧は300V以下，2次側の　(ア)　電圧は150V以下であること。

②　絶縁変圧器は，その2次側電路の　(ア)　電圧が30V以下の場合は，1次巻線と2次巻線との間に金属製の混触防止板を設け，これに　(イ)　種接地工事を施すこと。

b)　a)の規定により施設する絶縁変圧器の2次側電路は，次によること。

①　電路は，　(ウ)　であること。

②　開閉器及び過電流遮断器を各極に施設すること。ただし，過電流遮断器が開閉機能を有するものである場合は，過電流遮断器のみとすることができる。

③　(ア)　電圧が30Vを超える場合は，その電路に地絡を生じたときに自動的に電路を遮断する装置を施設すること。

④　b)②の規定により施設する開閉器及び過電流遮断器並びにb)③の規定により施設する地絡を生じたときに自動的に電路を遮断する装置は，堅ろうな金属製の外箱に収めること。

⑤　配線は，　(エ)　工事によること。

上記の記述中の空白箇所(ア)～(エ)に当てはまる組合せとして，正しいものを次の(1)～(5)のうちから一つ選べ。

	(ア)	(イ)	(ウ)	(エ)
(1)	使用	D	非接地式電路	合成樹脂管
(2)	対地	A	接地式電路	金属管
(3)	使用	D	接地式電路	合成樹脂管
(4)	対地	A	非接地式電路	合成樹脂管
(5)	使用	A	非接地式電路	金属管

問7の解答　出題項目＜187条＞　　　　答え　(5)

「電気設備技術基準の解釈」（以下，「解釈」と略す）第187条（水中照明灯の施設）からの出題で，空白箇所を補充すると次のようになる。

水中又はこれに準ずる場所であって，人が触れるおそれのある場所に施設する照明灯は，次によること。

a）　照明灯に電気を供給する電路には，次に適合する絶縁変圧器を施設すること。

①　1次側の**使用**電圧は300 V以下，2次側の**使用**電圧は150 V以下であること（**図7-1**）。

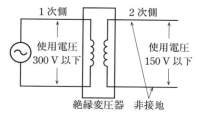

図7-1　絶縁変圧器を用いた施設方法の原則

②　絶縁変圧器は，その2次側電路の**使用**電圧が30 V以下の場合は，1次巻線と2次巻線との間に金属製の混触防止板を設け，これに**A**種接地工事を施すこと。

b）　a）の規定により施設する絶縁変圧器の2次側電路は，次によること。

①　電路は，**非接地式電路**であること。

②　開閉器及び過電流遮断器を各極に施設する

こと。ただし，過電流遮断器が開閉機能を有するものである場合は，過電流遮断器のみとすることができる。

③　**使用**電圧が30 Vを超える場合は，その電路に地絡を生じたときに自動的に電路を遮断する装置を施設すること。

④　b）②の規定により施設する開閉器及び過電流遮断器並びにb）③の規定により施設する地絡を生じたときに自動的に電路を遮断する装置は，堅ろうな金属製の外箱に収めること。

⑤　配線は，**金属管**工事によること。

解説

プール用水中照明その他これに準ずる照明灯を対象とした規定で，人が水の中に入ったり，容易に水に手を入れたりする場所での施設に関するものである。

b）の絶縁変圧器の2次側電路の配線は，金属管工事だけが認められている。これは，次の理由によるものである。

・絶縁電線が絶縁劣化して地絡が生じた際に，金属管としておけば，帰路として接地抵抗の低い金属管に確実に地絡電流が流れる。

・地絡遮断器（漏電遮断器）の感度がよくなり，地絡時に確実に遮断できる。

Point 平成27年，平成30年に関連問題が出題されている。

| 問8 | 出題分野＜風力電技＞ | | 難易度 ★★★ | 重要度 ★★★ |

次の文章は，「発電用風力設備に関する技術基準を定める省令」に基づく風車に関する記述である。

風車は，次により施設しなければならない。

a) 負荷を ▢(ア)▢ したときの最大速度に対し，構造上安全であること。

b) 風圧に対して構造上安全であること。

c) 運転中に風車に損傷を与えるような ▢(イ)▢ がないように施設すること。

d) 通常想定される最大風速においても取扱者の意図に反して風車が ▢(ウ)▢ することのないように施設すること。

e) 運転中に他の工作物，植物等に接触しないように施設すること。

上記の記述中の空白箇所(ア)～(ウ)に当てはまる組合せとして，正しいものを次の(1)～(5)のうちから一つ選べ。

		(ア)	(イ)	(ウ)
(1)		遮断	振動	停止
(2)		連系	振動	停止
(3)		遮断	雷撃	停止
(4)		連系	雷撃	起動
(5)		遮断	振動	起動

問8の解答　　出題項目＜4条＞

「発電用風力設備に関する技術基準を定める省令」（以下，「風技」と略す）第4条（風車）からの出題で，空白箇所を補充すると次のようになる。

風車は，次により施設しなければならない。

a）　負荷を**遮断**したときの最大速度に対し，構造上安全であること。

b）　風圧に対して構造上安全であること。

c）　運転中に風車に損傷を与えるような**振動**がないように施設すること。

d）　通常想定される最大風速においても取扱者の意図に反して風車が**起動**することのないように施設すること。

e）　運転中に他の工作物，植物等に接触しないように施設すること。

解説

プロペラ形風力発電設備を**図8-1**に示す。

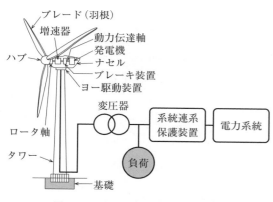

図8-1　プロペラ形風力発電設備

a）　「負荷を遮断したときの（風車の）最大速度」とは，次の回転速度を指し，このときの遠心力に対しても構造上安全であることが要求される。

●カットアウト風速での通常停止の際の回転速度

●非常調速装置が作動した場合の，無拘束状態により昇速した場合の最大回転速度

b）　風圧に対して構造上安全であることとされているが，ここでいう「風圧」は次の風圧を想定したものである。

●突風や台風などの強風による風圧荷重のうち最大のもの（**終局荷重**）

補足　台風などの際に故障や常用・非常用電源の喪失によりナセルを旋回させるヨー制御が不能になるなど，風車の回転制御ができないとき，風車の受風面積が最大の方向から受ける風圧にも耐える構造としなければならない。

●風車が風速および風向の時間的変化により生ずる荷重変動（**疲労荷重**）

補足　特にボルト接合部や溶接部に疲労が生じやすいため，その累積疲労にも耐える構造としなければならない。

c）　「運転中に風車に損傷を与えるような振動がないように施設すること」とは，風車とその支持物が共振した場合，風車の回転部を自動的に停止する装置を施設することを規定したものである。

d）　「通常想定される最大風速においても取扱者の意図に反して風車が起動することのないように施設すること」とは，風車の停止後に勝手に風車が起動し運転状態にならないようすることを規定したものである。

e）　「運転中に他の工作物，植物等に接触しないように施設すること」とは，風車を施設する際には周辺状況を考慮して施設することを規定したものである。

Point　平成20年に類似問題が，平成29年に関連問題が出題されている。

令和
4
(202

令和
3
(202

令和
2
(2020

令和
元
(2019

平成
30
(2018

平成
29
(2017

平成
28
(2016

平成
27
(2015

平成
26
(2014

平成
25
(2013

平成
24
(2012

平成
23
(2011

平成
22
(2010

平成
21
(2009

平成
20
(2008)

問9 出題分野＜電気事業法，電気施設管理＞ 〔難易度 ★★★〕 〔重要度 ★★★〕

次の文章は，電気の需給状況が悪化した場合における電気事業法に基づく対応に関する記述である。

電力広域的運営推進機関（OCCTO）は，会員である小売電気事業者，一般送配電事業者，配電事業者又は特定送配電事業者の電気の需給の状況が悪化し，又は悪化するおそれがある場合において，必要と認めるときは，当該電気の需給の状況を改善するために，電力広域的運営推進機関の ［ （ア） ］ で定めるところにより，［ （イ） ］ に対し，相互に電気の供給をすることや電気工作物を共有することなどの措置を取るように指示することができる。

また，経済産業大臣は，災害等により電気の安定供給の確保に支障が生じたり，生じるおそれがある場合において，公共の利益を確保するために特に必要があり，かつ適切であると認めるときは ［ （ウ） ］ に対し，電気の供給を他のエリアに行うことなど電気の安定供給の確保を図るために必要な措置をとることを命ずることができる。

上記の記述中の空白箇所（ア）～（ウ）に当てはまる組合せとして，適切なものを次の（1）～（5）のうちから一つ選べ。

	（ア）	（イ）	（ウ）
（1）	保安規程	会員	電気事業者
（2）	保安規程	事業者	一般送配電事業者
（3）	送配電等業務指針	特定事業者	特定自家用電気工作物設置者
（4）	業務規程	事業者	特定自家用電気工作物設置者
（5）	業務規程	会員	電気事業者

問9の解答　出題項目＜28条の44，広域運営＞　答え（5）

　電気の需給状況が悪化した場合における，電気事業法に基づく対策についての出題である。空白箇所を補充すると次のようになる。

　電力広域的運営推進機関（OCCTO）は，会員である小売電気事業者，一般送配電事業者，配電事業者又は特定送配電事業者の電気の需給の状況が悪化し，又は悪化するおそれがある場合において，必要と認めるときは，当該電気の需給の状況を改善するために，電力広域的運営推進機関の**業務規程**で定めるところにより，**会員**に対し，相互に電気の供給をすることや電気工作物を共有することなどの措置を取るように指示することができる。

　また，経済産業大臣は，災害等により電気の安定供給の確保に支障が生じたり，生じるおそれがある場合において，公共の利益を確保するために特に必要があり，かつ適切であると認めるときは**電気事業者**に対し，電気の供給を他のエリアに行うことなど電気の安定供給の確保を図るために必要な措置をとることを命ずることができる。

解説

　電力広域的運営推進機関（OCCTO：Organization for Cross-regional Coordination of Transmission Operators, JAPAN）は，電気事業法に基づき中立・公平な立場で，電力の安定供給を維持し，供給システムをできる限り効率化するという任務のため 2015 年に発足された機関である。

　需給状況悪化時の指示のイメージを，**図9-1** のに示す。

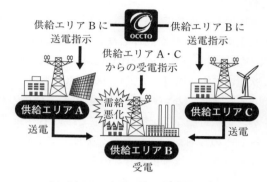

（出典）電力広域的運営推進機関 HP

図9-1　需給状況悪化時の指示のイメージ

　経済産業大臣には，電気の供給を他のエリアに行うことなど，電気の安定供給の確保を図るために必要な措置をとることを電気事業者に対して命令する権限がある。

Point 最新の動向に関する内容なので，一般の参考書では紹介されていない。日頃から雑誌などで知識を吸収しておくことが大切である。

　令和元年に関連問題が出題されている。

令和
4
(2022)

令和
3
(2021)

令和
2
(2020)

令和
元
(2019)

平成
30
(2018)

平成
29
(2017)

平成
28
(2016)

平成
27
(2015)

平成
26
(2014)

平成
25
(2013)

平成
24
(2012)

平成
23
(2011)

平成
22
(2010)

平成
21
(2009)

平成
20
(2008)

問 10　出題分野＜電気施設管理＞

難易度 ★★★　重要度 ★★★

　過電流継電器(以下「OCR」という。)と真空遮断器(以下「VCB」という。)との連動動作試験を行う。保護継電器試験機からOCRに動作電流整定タップ3Aの300%(9A)を入力した時点から，VCBが連動して動作するまでの時間を計測する。保護継電器試験機からの電流は，試験機→OCR→試験機へと流れ，OCRが動作すると，試験機→OCR→VCB(トリップコイルの誘導性リアクタンスは10Ω)→試験機へと流れる(図)。保護継電器試験機において可変抵抗R[Ω]をタップを切り換えて調整し，可変単巻変圧器を操作して試験電圧V[V]を調整して，電流計が必要な電流値(9A)を示すように設定する(この設定中は，OCRが動作しないようにOCRの動作ロックボタンを押しておく)。図のOCR内の※で示した接点は，OCRが動作した時に開き，それによりトリップコイルに電流が流れる(VCBは変流器二次電流による引外し方式)。図のVCBは，コイルに3.0A以上の電流(定格開路制御電流)が流れないと正常に動作しないので，保護継電器試験機の可変抵抗R[Ω]の抵抗値を適正に選択しなければならない。選択可能な抵抗値[Ω]の中で，VCBが正常に動作することができる最小の抵抗値R[Ω]を次の(1)～(5)のうちから一つ選べ。なお，OCRの内部抵抗，トリップコイルの抵抗及びその他記載のないインピーダンスは無視するものとする。

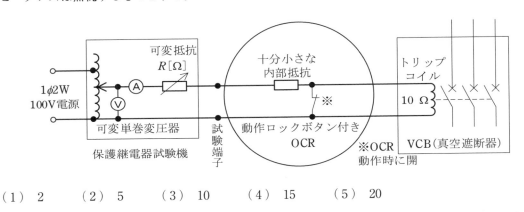

　(1)　2　　　　(2)　5　　　　(3)　10　　　　(4)　15　　　　(5)　20

問 10 の解答　出題項目＜受電設備＞　　答え　（2）

● OCR 動作前の回路

電流計に必要な電流値（9 A）が流れ，可変抵抗 $R[\Omega]$ のタップで切り換えた値を $R_0[\Omega]$ とする。このときの印加電圧を $V[\text{V}]$ とすると，OCR 内の※で示した接点が閉じている状態の回路は，**図10-1** で表すことができる。

図 10-1　OCR 動作前の回路

この回路より，印加電圧 $V[\text{V}]$ は，

$$V = 9R_0 \qquad ①$$

● OCR 動作後の回路

OCR 動作前の状態から，OCR 内の※で示した接点が開放した状態の回路は，**図10-2** で表される。ここで，$X(=10[\Omega])$ はトリップコイルの誘導性リアクタンスである。

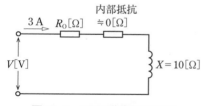

図 10-2　OCR 動作後の回路

この回路より，印加電圧 $V[\text{V}]$ は，

$$V = 3\sqrt{R_0{}^2 + X^2}$$
$$= 3\sqrt{R_0{}^2 + 10^2} \qquad ②$$

①式 ＝ ②式であるから，

$$9R_0 = 3\sqrt{R_0{}^2 + 10^2} \quad \rightarrow \quad 3R_0 = \sqrt{R_0{}^2 + 10^2}$$
$$\rightarrow \quad 9R_0{}^2 = R_0{}^2 + 10^2 \quad \rightarrow \quad 8R_0{}^2 = 100$$

$$\therefore \ R_0 = \sqrt{\frac{100}{8}} = \sqrt{\frac{50}{4}} = \frac{5\sqrt{2}}{2} \fallingdotseq 3.5[\Omega]$$

$R \geqq R_0$ であるから，選択可能な抵抗値の中で，VCB が正常に動作することができる最小の抵抗値 R は，選択肢中では 5 Ω である。

▶ 解 説

過電流継電器と真空遮断器との連動試験という実務的な内容の問題である。問題文が長大で圧倒されそうであるが，落ち着いて解読してみると，OCR の動作前と動作後の印加電圧 $V[\text{V}]$ が同一であることがわかる。これがわかれば，図10-1 と図10-2 の等価回路を書いて，①式 ＝ ②式とすることで簡単に解けてしまう。

Point 新傾向の問題であるが，理論科目の簡単な回路計算の知識が活用できる。OCR 動作前後の回路図を書けることが解法のカギであろう。

令和 4 (2020)
令和 3 (2021)
令和 2 (2020)
令和元 (2019)
平成 30 (2018)
平成 29 (2017)
平成 28 (2016)
平成 27 (2015)
平成 26 (2014)
平成 25 (2013)
平成 24 (2012)
平成 23 (2011)
平成 22 (2010)
平成 21 (2009)
平成 20 (2008)

B 問 題

(問11及び問12の配点は1問題当たり(a)6点, (b)7点, 計13点, 問13の配点は(a)7点, (b)7点, 計14点)

問11　出題分野＜電技, 電気施設管理＞　　難易度 ★★☆　　重要度 ★★★

定格容量50 kV·A, 一次電圧6 600 V, 二次電圧210/105 Vの単相変圧器の二次側に接続した単相3線式架空電線路がある。この低圧電線路に最大供給電流が流れたときの絶縁性能が「電気設備技術基準」に適合することを確認するため, 低圧電線の3線を一括して大地との間に使用電圧(105 V)を加える絶縁性能試験を実施した。

次の(a)及び(b)の問に答えよ。

(a)　この試験で許容される漏えい電流の最大値[A]として, 最も近いものを次の(1)〜(5)のうちから一つ選べ。

(1) 0.119　　　(2) 0.238　　　(3) 0.357　　　(4) 0.460　　　(5) 0.714

(b)　二次側電線路と大地との間で許容される絶縁抵抗値は, 1線当たりの最小値[Ω]として, 最も近いものを次の(1)〜(5)のうちから一つ選べ。

(1) 295　　　(2) 442　　　(3) 883　　　(4) 1 765　　　(5) 3 530

問 11（a）の解答　出題項目＜22条＞
答え　（3）

「電気設備技術基準」（以下，「電技」と略す）第22条（低圧電線路の性能）からの出題である。

> 低圧電線路中絶縁部分の**電線と大地との間及び電線の線心相互間の絶縁抵抗**は，使用電圧に対する漏えい電流が**最大供給電流の二千分の一**を超えないようにしなければならない。

単相変圧器の定格容量を $P_n(=50[\mathrm{kV\cdot A}])$，定格二次電圧を $V_{2n}(=210[\mathrm{V}])$ とすると，二次定格電流 I_{2n}（最大供給電流）の値は，

$$I_{2n}=\frac{P_n}{V_{2n}}=\frac{50\times10^3}{210}\fallingdotseq238[\mathrm{A}]$$

単相3線式架空電線路で，3線を一括して大地との間で使用電圧を加える絶縁性能試験を実施していることから，**図11-1**のように，**漏えい電流は3線で発生している**。したがって，漏えい電流の最大値 I_m は，

$$I_m=\frac{I_{2n}}{2\,000}\times3=\frac{238}{2\,000}\times3=0.357[\mathrm{A}]$$

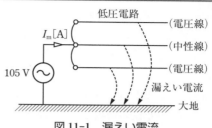

図 11-1　漏えい電流

解説

電技第22条で規定されている漏えい電流は，1線当たりについての値である。**電線を一括して大地との間に使用電圧を加えた場合の漏えい電流の許容値**は，配線方式によって異なり，次のようになる。

単相2線式：$\dfrac{最大供給電流}{2\,000}\times2[\mathrm{A}]$

単相3線式：$\dfrac{最大供給電流}{2\,000}\times3[\mathrm{A}]$

三相3線式：$\dfrac{最大供給電流}{2\,000}\times3[\mathrm{A}]$

問 11（b）の解答　出題項目＜絶縁抵抗＞
答え　（3）

単相変圧器の二次側の中性線と電圧線間の電圧を $V=105[\mathrm{V}]$ とすると，前問（a）で求めた漏えい電流の最大値が $I_m=0.357[\mathrm{A}]$ なので，1線当たりの絶縁抵抗の最小値 R_g は，

$$R_g=\frac{V}{\frac{I_m}{3}}=\frac{3V}{I_m}=\frac{3\times105}{0.357}\fallingdotseq883[\Omega]$$

解説

前問（a）では，3線を一括して大地との間で使用電圧を加える絶縁抵抗性能試験により漏えい電流 I_m の値を求めている。**1線当たりの絶縁抵抗の最小値を求める際には，$\dfrac{I_m}{3}$ を使用する必要が**あり，引っかからないようにしなければならない。

また，本問（b）で求めた絶縁抵抗値は最小値であるから，実際にはこれ以上の絶縁が要求されることは言うまでもない。

| 問 12 | 出題分野＜電気施設管理＞ | 難易度 ★★★ | 重要度 ★★★ |

　負荷設備の容量が 800 kW，需要率が 70 %，総合力率が 90 % である高圧受電需要家について，次の（a）及び（b）の問に答えよ。ただし，この需要家の負荷は低圧のみであるとし，変圧器の損失は無視するものとする。

（a）　この需要負荷設備に対し 100 kV·A の変圧器，複数台で電力を供給する。この場合，変圧器の必要最小限の台数として，正しいものを次の（1）～（5）のうちから一つ選べ。

（1）5　　　（2）6　　　（3）7　　　（4）8　　　（5）9

（b）　この負荷の月負荷率を 60 % とするとき，負荷の月間総消費電力量の値[MW·h]として，最も近いものを次の（1）～（5）のうちから一つ選べ。ただし，1カ月の日数は 30 日とする。

（1）218　　　（2）242　　　（3）265　　　（4）270　　　（5）284

問 12（a）の解答　出題項目＜需要率・不等率＞

答え　**(3)**

負荷特性を表す需要率（デマンドファクタ）は，設備容量の何％が実使用されているかを表すもので，次のように定義されている。

$$需要率 = \frac{最大需要電力[kW]}{設備容量[kW]} \times 100\%$$

これより，最大需要電力 P_m の値は，

$$P_m = 設備容量 \times \frac{需要率}{100}$$

$$= 800 \times \frac{70}{100} = 560[kW]$$

このときの皮相電力 S の値は，総合力率を $\cos\theta$ とすると，

$$S = \frac{P_m}{\cos\theta} = \frac{560}{\dfrac{90}{100}} ≒ 622.2[kV\cdot A]$$

図 12-1 のように，定格容量 100 kV・A の変圧器の並行運転の必要台数を n とすると，

$$100n \geqq 622.2 \qquad \therefore \quad n \geqq 6.222$$

したがって，**変圧器の必要最小限の台数は 7 台**となる。

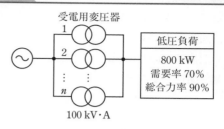

図 12-1　変圧器の並行運転

解説

本問を解くには，次の二つの知識が必要となる。

・需要率の定義式を知っておくこと。
・皮相電力を S，総合力率を $\cos\theta$ とすると，最大需要電力 P_m は次式で表されるということを知っておくこと。

$$P_m = S\cos\theta$$

負荷特性を表す需要率，負荷率，不等率は出題の常連なので，その定義を復習しておくこと。

Point 平成 26 年，令和 3 年に関連問題が出題されている。

問 12（b）の解答　出題項目＜需要率・不等率＞

答え　**(2)**

負荷率は，**ある期間における平均電力と最大電力の比**を表す。

$$負荷率 = \frac{平均需要電力[kW]}{最大需要電力[kW]} \times 100\%$$

負荷の最大需要電力 P_m の値は 560 kW，月負荷率は 60％ であるので，

$$平均需要電力 P_a = \frac{P_m \times 負荷率}{100}$$

$$= \frac{560 \times 60}{100} = 336[kW]$$

したがって，負荷の月間総消費電力量 W の値は，題意より 1 カ月の日数が 30 日なので，

$$W = P_a[kW] \times 1カ月の時間[h]$$

$$= 336 \times (30 \times 24)$$

$$= 241\,920[kW\cdot h] ≒ 242[MW\cdot h]$$

解説

負荷率が高いほど，需要設備がコンスタントに有効に稼働していることを示す。負荷率には，対象とする期間をどれだけとするかによって，時間負荷率，日負荷率，月負荷率，年負荷率がある。

本問は，電気工事士試験の問題かと思うような非常にやさしい問題であり，確実に得点しておかなければならない。

Point 平成 26 年，令和 3 年に関連問題が出題されている。

令和
4
(202

令和
3
(202

令和
2
(2020

令和
元
(2019

平成
30
(2018

平成
29
(2017

平成
28
(2016

平成
27
(2015

平成
26
(2014

平成
25
(2013

平成
24
(2012

平成
23
(2011

平成
22
(2010

平成
21
(2009

平成
20
(2008

問 13 出題分野＜電気施設管理＞　　難易度 ★★★　　重要度 ★★★

　有効落差 80 m の調整池式水力発電所がある。調整池に取水する自然流量は 10 m³/s 一定であるとし，図のように1日のうち 12 時間は発電せずに自然流量の全量を貯水する。残り 12 時間のうち2時間は自然流量と同じ 10 m³/s の使用水量で発電を行い，他の 10 時間は自然流量より多い Q_P[m³/s] の使用水量で発電して貯水分全量を使い切るものとする。このとき，次の（a）及び（b）の問に答えよ。

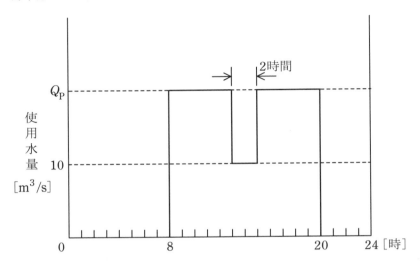

（a）　運用に最低限必要な有効貯水量の値[m³]として，最も近いものを次の（1）～（5）のうちから一つ選べ。

　　（1）　220×10³　　　　（2）　240×10³　　　　（3）　432×10³

　　（4）　792×10³　　　　（5）　864×10³

（b）　使用水量 Q_P[m³/s] で運転しているときの発電機出力の値[kW]として，最も近いものを次の（1）～（5）のうちから一つ選べ。ただし，運転中の有効落差は変わらず，水車効率，発電機効率はそれぞれ 90 %，95 % で一定とし，溢水はないものとする。

　　（1）　12 400　　　　（2）　14 700　　　　（3）　16 600　　　　（4）　18 800　　　　（5）　20 400

問 13（a）の解答　　出題項目＜水力発電＞　　　答え（3）

この調整式水力発電所の調整池の水の日調整運用は，図 13-1 に示すとおりである。

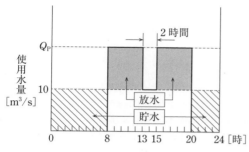

図 13-1　貯水と放水の関係

20 時から次の日の 8 時までの 12 時間貯水し，8 時から 13 時までの 5 時間および 15 時から 20 時までの 5 時間の合計 10 時間放水を行う。

調整池の運用に最低限必要な貯水量の値を V とすると，図 13-1 より，

$$V = 10[\text{m}^3/\text{s}] \times (12 \times 3\,600)[\text{s}]$$
$$= 432\,000 = 432 \times 10^3 [\text{m}^3]$$

解説

調整池の有効貯水量 V の基本的な計算式は，

$$V = (Q_2 - Q_0)T \times 3\,600$$
$$= (Q_0 - Q_1)(24 - T) \times 3\,600[\text{m}^3]$$

ただし，Q_2：最大使用水量 $[\text{m}^3/\text{s}]$，Q_0：平均使用水量 $[\text{m}^3/\text{s}]$，Q_1：最低使用水量 $[\text{m}^3/\text{s}]$，T：ピーク継続時間 $[\text{h}]$

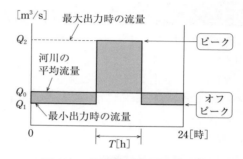

図 13-2　調整池式発電所の流量

問 13（b）の解答　　出題項目＜水力発電＞　　　答え（2）

前問（a）で求めた調整池の運用に最低限必要な貯水量 $V[\text{m}^3]$ は，8 時から 13 時までの 5 時間および 15 時から 20 時までの 5 時間の合計 10 時間で放水して貯水分全量を使い切るので，

貯水量＝放水量＝V

ここで，放水量 V は，使用水量を $Q_P[\text{m}^3/\text{s}]$ として，

$$V = 432\,000[\text{m}^3]$$
$$= (Q_P - 10)[\text{m}^3/\text{s}] \times (10 \times 3\,600)[\text{s}]$$

$$\therefore Q_P = 10 + \frac{432\,000}{10 \times 3\,600}$$

$$= 10 + 12 = 22[\text{m}^3/\text{s}]$$

発電機出力 P_g の値は，有効落差を $H[\text{m}]$，水車効率を η_t，発電機効率を η_g とすると，

$$P_g = 9.8 Q_P H \eta_t \eta_g$$
$$= 9.8 \times 22 \times 80 \times 0.9 \times 0.95$$
$$= 14\,747.04 \fallingdotseq 14\,700[\text{kW}]$$

解説

この調整式発電所の調整池は，20 時には空の状態で，次の日の 8 時には満水状態になる。

発電時には，自然流量 $10\,\text{m}^3/\text{s}$ に放水水量 $(Q_P - 10)[\text{m}^3/\text{s}]$ を加算した分が使用水量 $Q_P[\text{m}^3/\text{s}]$ になることに注意しておく必要がある。なお，発電機の出力の式（$P_g = 9.8 Q_P H \eta_t \eta_g$）は必須知識である。

Point 平成 24 年に高度な類似問題が出題されている。

令和
4
(202

令和
3
(2021

令和
2
(2020

令和
元
(2019

平成
30
(2018

平成
29
(2017

平成
28
(2016

平成
27
(2015

平成
26
(2014

平成
25
(2013

平成
24
(2012

平成
23
(2011

平成
22
(2010

平成
21
(2009

平成
20
(2008

法 規 令和３年度（2021年度）

注１　問題文中に「電気設備技術基準」とあるのは，「電気設備に関する技術基準を定める省令」の略である。

注２　問題文中に「電気設備技術基準の解釈」とあるのは，「電気設備の技術基準の解釈における第１章〜第６章及び第８章」をいう。なお，「第７章 国際規格の取り入れ」の各規定について問う出題にあっては，問題文中にその旨を明示する。

A 問 題 （配点は１問題当たり６点）

問1　出題分野＜電気事業法，電技解釈＞　難易度 ★★★　重要度 ★★☆

次の文章は，「電気事業法」に基づく調査の義務及びこれに関連する「電気設備技術基準の解釈」に関する記述である。

a）　一般用電気工作物と直接に電気的に接続する電線路を維持し，及び運用する者（以下，「 （ア） 」という。）は，その一般用電気工作物が経済産業省令で定める技術基準に適合しているかどうかを調査しなければならない。ただし，その一般用電気工作物の設置の場所に立ち入ることにつき，その所有者又は （イ） の承諾を得ることができないときは，この限りでない。

b）　 （ア） 又はその （ア） から委託を受けた登録調査機関は，上記 a）の規定による調査の結果，電気工作物が技術基準に適合していないと認めるときは，遅滞なく，その技術基準に適合するようにするためとるべき （ウ） 及びその （ウ） をとらなかった場合に生ずべき結果をその所有者又は （イ） に通知しなければならない。

c）　低圧屋内電路の絶縁性能は，開閉器又は過電流遮断器で区切ることができる電路ごとに，絶縁抵抗測定が困難な場合においては，当該電路の使用電圧が加わった状態における漏えい電流が （エ） mA以下であること。

上記の記述中の空白箇所（ア）〜（エ）に当てはまる組合せとして，正しいものを次の（1）〜（5）のうちから一つ選べ。

	（ア）	（イ）	（ウ）	（エ）
（1）	一般送配電事業者等	占有者	措置	2
（2）	電線路維持運用者	使用者	工事方法	1
（3）	一般送配電事業者等	使用者	措置	1
（4）	電線路維持運用者	占有者	措置	1
（5）	電線路維持運用者	使用者	工事方法	2

問 1 の解答　出題項目＜法 57 条，57 条の 2，解釈 14 条＞　　　答え　(4)

a）は電気事業法第 57 条（調査の義務），b）は
は電気事業法第 57 条の 2（調査業務の委託），c）
は「電気設備技術基準の解釈」（以下，「解釈」と
略す）第 14 条（低圧電路の絶縁性能）からの出題で
ある。

a）一般用電気工作物と直接に電気的に接続
する電線路を維持し，及び運用する者（以下，「**電
線路維持運用者**」という。）は，その一般用電気工
作物が経済産業省令で定める技術基準に適合して
いるかどうかを調査しなければならない。ただ
し，その一般用電気工作物の設置の場所に立ち入
ることにつき，その所有者又は**占有者**の承諾を得
ることができないときは，この限りでない。

b）**電線路維持運用者**又はその**電線路維持運
用者**から委託を受けた登録調査機関は，上記 a）
の規定による調査の結果，電気工作物が技術基準
に適合していないと認めるときは，遅滞なく，そ
の技術基準に適合するようにするためとるべき**措
置**及びその**措置**をとらなかった場合に生ずべき結
果をその所有者又は**占有者**に通知しなければなら
ない。

c）低圧屋内電路の絶縁性能は，開閉器又は
過電流遮断器で区切ることができる電路ごとに，
絶縁抵抗測定が困難な場合においては，当該電路
の使用電圧が加わった状態における漏えい電流が
<u>1</u> mA 以下であること。

解　説

電線路維持運用者は，電気を使用する一般用電
気工作物が「電気設備技術基準」に適合している
かどうかを調査・確認しなければならない。この
場合，調査・確認は次の方法で行う（電気事業法
施行規則第 96 条，一般用電気工作物の調査）。

> ・一般用電気工作物が設置されたとき，および
> 変更の工事が完成したときに行う。
> ・一般用電気工作物の調査・確認は，**4 年に 1
> 回以上**（登録点検業務受託法人が点検業務を受
> 託している一般用電気工作物は，**5 年に 1 回以
> 上**）実施する。

Point 平成 26 年に関連問題が出題されている。

令和 4 (2022)
令和 3 (2021)
令和 2 (2020)
令和 元 (2019)
平成 30 (2018)
平成 29 (2017)
平成 28 (2016)
平成 27 (2015)
平成 26 (2014)
平成 25 (2013)
平成 24 (2012)
平成 23 (2011)
平成 22 (2010)
平成 21 (2009)
平成 20 (2008)

問2　出題分野＜電気工事業法＞　　　難易度 ★★★　重要度 ★★★

「電気工事業の業務の適正化に関する法律」に基づく記述として，誤っているものを次の（1）～（5）のうちから一つ選べ。

（1）　電気工事業とは，電気事業法に規定する電気工事を行う事業であって，その事業を営もうとする者は，経済産業大臣の事業許可を受けなければならない。

（2）　登録電気工事業者の登録には有効期間がある。

（3）　電気工事業者は，その営業所ごとに，絶縁抵抗計その他の経済産業省令で定める器具を備えなければならない。

（4）　電気工事業者は，その営業所及び電気工事の施工場所ごとに，その見やすい場所に，氏名又は名称，登録番号その他の経済産業省令で定める事項を記載した標識を掲げなければならない。

（5）　電気工事業者は，その営業所ごとに帳簿を備え，その業務に関し経済産業省令で定める事項を記載し，これを保存しなければならない。

問2の解答　出題項目＜2，3，24～26条＞　　答え　（1）

「電気工事業の業務の適正化に関する法律」（以下，「電気工事業法」と略す）からの出題である。（1）は第2条（定義）と第3条（登録），（2）は第3条（登録），（3）は第24条（器具の備付け），（4）は第25条（標識の掲示），（5）は第26条（帳簿の備付け等）からの出題である。

（1）　誤。電気工事業は，許可制でなく**登録制**である。

（2）　正。登録電気工事業者の登録の有効期間は**5年**であり，有効期間の満了後引き続き電気工事業を営もうとする者は，更新の登録を受けなければならない。

（3）　正。一般用電気工作物の電気工事を行う電気工事業者は，営業所ごとに，絶縁抵抗計，接地抵抗計，回路計を備えなければならない。

（4）　正。営業所及び電気工事の施工場所ごとに，見やすい場所に，必要事項を記載した標識を掲げなければならない。

（5）　正。営業所ごとに帳簿を備え，必要事項を記載し，これを保存しなければならない。帳簿は，記載の日から5年間保存しなければならない（電気工事業法施行規則第13条，帳簿）。

解説

電気工事業者は，「登録電気工事業者」と「通知電気工事業者」に大きく分けられる。

① 登録電気工事業者

一般用電気工作物の電気工事業を営もうとする者は，2以上の都道府県の区域内に営業所を設置してその事業を営もうとするときは経済産業大臣の，1の都道府県の区域内にのみ営業所を設置してその事業を営もうとするときは当該営業所の所在地を管轄する都道府県知事の登録を受けなければならない（電気工事業法第3条，登録）。

補足　建設業許可を取得している場合は，「みなし登録電気工事業者」となる。

② 通知電気工事業者

自家用電気工作物の工事業のみを行う電気工事業者は，電気工事業の開始の通知を行って「通知電気工事業者」となる（電気工事業法第17条の2，自家用電気工事のみに係る電気工事業の開始の通知等）。

補足　建設業許可を取得している場合は，「みなし通知電気工事業者」となる。

Point 平成26年に関連問題が出題されている。

令和4(2022) 令和3(2021) 令和2(2020) 令和元(2019) 平成30(2018) 平成29(2017) 平成28(2016) 平成27(2015) 平成26(2014) 平成25(2013) 平成24(2012) 平成23(2011) 平成22(2010) 平成21(2009) 平成20(2008)

問 3　出題分野＜電技＞　　　難易度 ★★★　重要度 ★★★

　次の文章は，「電気設備技術基準」の電気機械器具等からの電磁誘導作用による人の健康影響の防止における記述の一部である。

　変圧器，開閉器その他これらに類するもの又は電線路を発電所，変電所，開閉所及び需要場所以外の場所に施設する場合に当たっては，通常の使用状態において，当該電気機械器具等からの電磁誘導作用により人の健康に影響を及ぼすおそれがないよう，当該電気機械器具等のそれぞれの付近において，人によって占められる空間に相当する空間の　(ア)　の平均値が，　(イ)　において　(ウ)　以下になるように施設しなければならない。ただし，田畑，山林その他の人の　(エ)　場所において，人体に危害を及ぼすおそれがないように施設する場合は，この限りでない。

　上記の記述中の空白箇所(ア)～(エ)に当てはまる組合せとして，正しいものを次の(1)～(5)のうちから一つ選べ。

	(ア)	(イ)	(ウ)	(エ)
(1)	磁束密度	全周波数	200 μT	居住しない
(2)	磁界の強さ	商用周波数	100 A/m	往来が少ない
(3)	磁束密度	商用周波数	100 μT	居住しない
(4)	磁束密度	商用周波数	200 μT	往来が少ない
(5)	磁界の強さ	全周波数	200 A/m	往来が少ない

問3の解答　出題項目＜27条の2＞

答え　（4）

「電気設備技術基準」（以下，「電技」と略す）第27条の2（電気機械器具等からの電磁誘導作用による人の健康影響の防止）からの出題である。

変圧器，開閉器その他これらに類するもの又は電線路を発電所，変電所，開閉所及び需要場所以外の場所に施設する場合に当たっては，通常の使用状態において，当該電気機械器具等からの電磁誘導作用により人の健康に影響を及ぼすおそれがないよう，当該電気機械器具等のそれぞれの付近において，人によって占められる空間に相当する空間の**磁束密度**の平均値が，**商用周波数**において**200 μT** 以下になるように施設しなければならない。ただし，田畑，山林その他の人の**往来が少ない**場所において，人体に危害を及ぼすおそれがないように施設する場合は，この限りでない。

解説

電技では，電力設備から発生する電界と磁界（図3-1）について制限値を規定している。

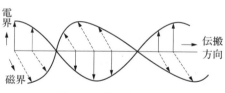

図 3-1　電磁波の伝播

① 電界の制限値

送電線の下の地表から1 m の高さにおいて，電界強度（電界の強さ）が3 kV/m 以下になるように施設しなければならない（電技第27条，架空電線路からの静電誘導作用又は電磁誘導作用による感電の防止）。この値は，電界による刺激の防止の観点から定められたものである。

② 磁界の制限値

電力設備のそれぞれの付近において，磁束密度の平均値が200 μT 以下になるように施設しなければならない（電技第27条の2）。この値は，国際非電離放射線防護委員会（ICNIRP）によるガイドラインの制限値を採用したものである。

Point 平成27年に，「変電所又は開閉所における，当該施設からの電磁誘導作用による影響の防止」に関する問題が出題されている。

令和4 (2022)
令和3 (202
令和2 (2020)
令和元 (2019)
平成30 (2018)
平成29 (2017)
平成28 (2016)
平成27 (2015)
平成26 (2014)
平成25 (2013)
平成24 (2012)
平成23 (2011)
平成22 (2010)
平成21 (2009)
平成20 (2008)

| 問4 | 出題分野＜電技解釈＞ | 難易度 ★★★ | 重要度 ★★★ |

「電気設備技術基準の解釈」に基づく高圧及び特別高圧の電路に施設する避雷器に関する記述として，誤っているものを次の（1）～（5）のうちから一つ選べ。ただし，いずれの場合も掲げる箇所に直接接続する電線は短くないものとする。

（1） 発電所又は変電所若しくはこれに準ずる場所では，架空電線の引込口（需要場所の引込口を除く。）又はこれに近接する箇所には避雷器を施設しなければならない。

（2） 発電所又は変電所若しくはこれに準ずる場所では，架空電線の引出口又はこれに近接する箇所には避雷器を施設することを要しない。

（3） 高圧架空電線路から電気の供給を受ける受電電力が50 kWの需要場所の引込口又はこれに近接する箇所には避雷器を施設することを要しない。

（4） 高圧架空電線路から電気の供給を受ける受電電力が500 kWの需要場所の引込口又はこれに近接する箇所には避雷器を施設しなければならない。

（5） 使用電圧が60 000 V以下の特別高圧架空電線路から電気の供給を受ける需要場所の引込口又はこれに近接する箇所には避雷器を施設しなければならない。

問4の解答　　出題項目＜37条＞　　　　　　　　　　　　答え　（2）

「電気設備技術基準の解釈」（以下，「解釈」と略す）第37条（避雷器等の施設）からの出題である。

（1）　正。発電所や変電所等の架空電線の引込口又はこれに近接する箇所には，避雷器を施設しなければならない。

（2）　誤。発電所や変電所等の架空電線の引出口又はこれに近接する箇所には，**避雷器を施設しなければならない**。

（3）　正。避雷器の施設が必要になるのは，高圧架空電線路から電気の供給を受ける受電電力が500 kW 以上の需要場所の引込口又はこれに近接する箇所である。50 kW の場合は施設しなくてもよい。

（4）　正。上記（3）で述べたように，受電電力が500 kW 以上の場合は避雷器を施設しなければならない。

（5）　正。特別高圧架空電線路から電気の供給を受ける需要場所の引込口又はこれに近接する箇所には，避雷器を施設しなければならない。

解 説

解釈第37条で定められた避雷器の施設箇所は，**図4-1** に示すとおりである。

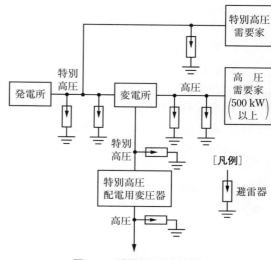

図 4-1　避雷器の施設箇所

Point 平成27年に関連問題が出題されている。

令和4（2022）
令和3（2021）
令和2（2020）
令和元（2019）
平成30（2018）
平成29（2017）
平成28（2016）
平成27（2015）
平成26（2014）
平成25（2013）
平成24（2012）
平成23（2011）
平成22（2010）
平成21（2009）
平成20（2008）

問5 出題分野＜電技解釈＞　難易度 ★★★　重要度 ★★★

次の文章は，「電気設備技術基準の解釈」における発電機の保護装置に関する記述である。

発電機には，次に掲げる場合に，発電機を自動的に電路から遮断する装置を施設すること。

a）　発電機に　(ア)　を生じた場合

b）　容量が500 kV·A以上の発電機を駆動する　(イ)　の圧油装置の油圧又は電動式ガイドベーン制御装置，電動式ニードル制御装置若しくは電動式デフレクタ制御装置の電源電圧が著しく　(ウ)　した場合

c）　容量が100 kV·A以上の発電機を駆動する　(エ)　の圧油装置の油圧，圧縮空気装置の空気圧又は電動式ブレード制御装置の電源電圧が著しく　(ウ)　した場合

d）　容量が2 000 kV·A以上の　(イ)　発電機のスラスト軸受の温度が著しく上昇した場合

e）　容量が10 000 kV·A以上の発電機の　(オ)　に故障を生じた場合

f）　定格出力が10 000 kWを超える蒸気タービンにあっては，そのスラスト軸受が著しく摩耗し，又はその温度が著しく上昇した場合

上記の記述中の空白箇所(ア)～(オ)に当てはまる組合せとして，正しいものを次の(1)～(5)のうちから一つ選べ。

	（ア）	（イ）	（ウ）	（エ）	（オ）
（1）	過電圧	水車	上昇	風車	外部
（2）	過電圧	風車	上昇	水車	内部
（3）	過電流	水車	低下	風車	内部
（4）	過電流	風車	低下	水車	外部
（5）	過電流	水車	低下	風車	外部

問5の解答　出題項目＜42条＞

答え　（3）

「電気設備技術基準の解釈」（以下，「解釈」と略す）第42条（発電機の保護装置）からの出題である。

発電機には，次に掲げる場合に，発電機を自動的に電路から遮断する装置を施設すること。

a）　発電機に**過電流**を生じた場合

b）　容量が 500 kV·A 以上の発電機を駆動する**水車**の圧油装置の油圧又は電動式ガイドベーン制御装置，電動式ニードル制御装置若しくは電動式デフレクタ制御装置の電源電圧が著しく**低下**した場合

c）　容量が 100 kV·A 以上の発電機を駆動する**風車**の圧油装置の油圧，圧縮空気装置の空気圧又は電動式ブレード制御装置の電源電圧が著しく**低下**した場合

d）　容量が 2 000 kV·A 以上の**水車**発電機のスラスト軸受の温度が著しく上昇した場合

e）　容量が 10 000 kV·A 以上の発電機の**内部**に故障を生じた場合

f）　定格出力が 10 000 kW を超える蒸気タービンにあっては，そのスラスト軸受が著しく摩耗し，又はその温度が著しく上昇した場合

解説

a）　発電機に過電流を生じた場合，自動的に電路から遮断する装置を施設することとしている。対象となる過電流は，外部短絡故障によるものである。

b）　「ガイドベーン」や「デフレクタ」といった水車に固有の用語が登場することから，対象が水車であると判断できる。

c）　「電動式ブレード制御装置」という用語が登場することから，対象が風車であると判断できる。

d）　「スラスト軸受」という用語が登場することから，対象が水車であると判断できる。

補足　スラスト軸受は，主に軸受の軸方向と同じ方向の荷重を支持する軸受である。また，ラジアル軸受は，主に軸受の軸方向に対して垂直な方向の荷重を支持する軸受である。

e）　発電機の内部故障とは，固定子巻線の地絡または短絡を意味している。

Point　解釈第43条（特別高圧の変圧器及び調相設備の保護装置）も今後出題の可能性がある。

問6　出題分野＜電技解釈＞　難易度 ★★★　重要度 ★★★

次の文章は，「電気設備技術基準の解釈」に基づく高圧架空電線に適用される高圧保安工事及び連鎖倒壊防止に関する記述である。

a）　電線はケーブルである場合を除き，引張強さ　(ア)　kN 以上のもの又は直径　(イ)　mm 以上の硬銅線であること。

b）　木柱の風圧荷重に対する安全率は，2.0 以上であること。

c）　支持物に木柱，A 種鉄筋コンクリート柱又は A 種鉄柱を使用する場合の径間は　(ウ)　m 以下であること。また，支持物に B 種鉄筋コンクリート柱又は B 種鉄柱を使用する場合の径間は　(エ)　m 以下であること（電線に引張強さ 14.51 kN 以上のもの又は断面積 38 mm² 以上の硬銅より線を使用する場合を除く。）。

d）　支持物で直線路が連続している箇所において，連鎖的に倒壊するおそれがある場合は，技術上困難であるときを除き，必要に応じ，16 基以下ごとに，支線を電線路に平行な方向にその両側に設け，また，5 基以下ごとに支線を電線路と直角の方向にその両側に設けること。

上記の記述中の空白箇所（ア）～（エ）に当てはまる組合せとして，正しいものを次の（1）～（5）のうちから一つ選べ。

	（ア）	（イ）	（ウ）	（エ）
（1）	8.01	4	100	150
（2）	8.01	5	100	150
（3）	8.01	4	150	250
（4）	5.26	4	150	250
（5）	5.26	5	100	150

問6の解答　　出題項目＜70条＞

答え　（2）

「電気設備技術基準の解釈」（以下，「解釈」と略す）第70条（低圧保安工事，高圧保安工事及び連鎖倒壊防止）のうち，高圧架空電線に適用される高圧保安工事及び連鎖倒壊防止に関する出題である。

a）　電線はケーブルである場合を除き，引張強さ **8.01** kN 以上のもの又は直径 **5** mm 以上の硬銅線であること。

b）　解説を参照。

c）　支持物に木柱，A種鉄筋コンクリート柱又はA種鉄柱を使用する場合の径間は **100** m 以下であること。また，支持物にB種鉄筋コンクリート柱又はB種鉄柱を使用する場合の径間は **150** m 以下であること（電線に引張強さ 14.51 kN 以上のもの又は断面積 38 mm² 以上の硬銅より線を使用する場合を除く。）。

d）　解説を参照。

解説

高圧保安工事は，架空電線路が建造物等と接近交差する場合，高圧架空電線路の断線，支持物の倒壊等による危険を防止するために行うものである。高圧保安工事では，一般工事よりも施設方法を強化している。

a）　一般工事では，市街地外で直径 4 mm（引張強さ 5.26 kN）以上，市街地で直径 5 mm（引張強さ 8.01 kN）以上としている（解釈65条）のに対し，高圧保安工事では，一律に 5 mm（引張強さ 8.01 kN）以上としている（解釈70条）。

ここで，空白箇所（ア）の引張強さ $T=8.01$ [kN] の値を覚えていなかった場合，裏技として簡易的に次のように検討する方法がある。

引張強さと断面積には比例関係があるので，直径 5 mm の断面積は約 $(2.5^2 \times \pi ≒) 19.63$ mm² であることから，記述 c）の括弧書き（電線に引張強さ 14.51 kN 以上のもの又は断面積 38 mm² 以上の……）を利用すると，次の関係が成立し，引張強さ T の値が求められる。

$$14.51 \text{ kN} : 38 \text{ mm}^2 = T[\text{kN}] : 19.63 \text{ mm}^2$$

$$\therefore \quad T = \frac{14.51 \times 19.63}{38} ≒ 7.5[\text{kN}]$$

これより，T に近い値の 8.01 kN を選べばよい。

b）　安全率は，令和2年に「1.5 以上」から「2.0 以上」に改正されていることに注意すること。

c）　高圧保安工事では，支持物の種類に対応して，表 6-1 のように径間を制限している。

表 6-1　径間の制限

支持物の種類	径間
木柱，A種鉄筋コンクリート柱又はA種鉄柱	100 m 以下
B種鉄筋コンクリート柱又はB種鉄柱	150 m 以下
鉄塔	400 m 以下

d）　「電気設備技術基準」第32条（支持物の倒壊の防止）は，令和2年の改正で，特別高圧架空電線路のみに課せられていた電線路の連鎖的倒壊を防止する規定が，高低圧架空電線路にも適用されることになった。これに伴い，新たに規定された内容である。

今回，この記述 d）についての空白箇所補充問題は出題されなかったものの，今後出題される可能性があるので，ぜひ覚えておきたい。

Point 平成24年に類似問題が出題されている。

令和
4
(2022)

令和
3
(202

令和
2
(2020)

令和
元
(2019)

平成
30
(2018)

平成
29
(2017)

平成
28
(2016)

平成
27
(2015)

平成
26
(2014)

平成
25
(2013)

平成
24
(2012)

平成
23
(2011)

平成
22
(2010)

平成
21
(2009)

平成
20
(2008)

問7　出題分野＜電技＞

難易度 ★★★　　重要度 ★★★

次の文章は，「電気設備技術基準」における，特殊場所における施設制限に関する記述である。

a）　粉じんの多い場所に施設する電気設備は，粉じんによる当該電気設備の絶縁性能又は導電性能が劣化することに伴う　(ア)　又は火災のおそれがないように施設しなければならない。

b）　次に掲げる場所に施設する電気設備は，通常の使用状態において，当該電気設備が点火源となる爆発又は火災のおそれがないように施設しなければならない。

①　可燃性のガス又は　(イ)　が存在し，点火源の存在により爆発するおそれがある場所

②　粉じんが存在し，点火源の存在により爆発するおそれがある場所

③　火薬類が存在する場所

④　セルロイド，マッチ，石油類その他の燃えやすい危険な物質を　(ウ)　し，又は貯蔵する場所

上記の記述中の空白箇所(ア)〜(ウ)に当てはまる組合せとして，正しいものを次の(1)〜(5)のうちから一つ選べ。

	(ア)	(イ)	(ウ)
(1)	短絡	腐食性のガス	保存
(2)	短絡	引火性物質の蒸気	保存
(3)	感電	腐食性のガス	製造
(4)	感電	引火性物質の蒸気	保存
(5)	感電	引火性物質の蒸気	製造

問7の解答　出題項目＜68, 69条＞　　　　　　　　答え　(5)

　a）は「電気設備技術基準」（以下，「電技」と略す）第68条（粉じんにより絶縁性能等が劣化することによる危険のある場所における施設），b）は電技第69条（可燃性のガス等により爆発する危険のある場所における施設の禁止）からの出題である。

　a）　粉じんの多い場所に施設する電気設備は，粉じんによる当該電気設備の絶縁性能又は導電性能が劣化することに伴う**感電**又は火災のおそれがないように施設しなければならない。

　b）　次に掲げる場所に施設する電気設備は，通常の使用状態において，当該電気設備が点火源となる爆発又は火災のおそれがないように施設しなければならない。

　①　可燃性のガス又は**引火性物質の蒸気**が存在し，点火源の存在により爆発するおそれがある場所

　②　粉じんが存在し，点火源の存在により爆発するおそれがある場所

　③　火薬類が存在する場所

　④　セルロイド，マッチ，石油類その他の燃えやすい危険な物質を**製造**し，又は貯蔵する場所

解説

　電技第68条，第69条はともに特殊場所における施設制限を規定しており，普段あまり意識することのない条文なので，意表を突かれた出題であった。

　a）　記述中に登場する「絶縁性能又は導電性能が劣化する」という**原因**から，「感電又は火災」といった**結果**を招くことは容易に想定ができる。また，「**感電又は火災**」という言葉は，安全についてのキーワードとして覚えておかなければならない。

　b）　通常の使用状態において，当該電気設備が点火源となる爆発又は火災のおそれがある施設では，電気設備が点火源となる爆発又は火災のおそれがないように施設しなければならないことを，具体的に対象場所（①〜④）を示して規定している。

補足　「電気設備技術基準の解釈」（以下，「解釈」と略す）第175条〜第177条では，特殊場所における屋内配線について，可能な工事を表7-1のように規定している。

表7-1　特殊場所での可能な屋内配線工事

場所の区分	可能な工事
可燃性ガスなどが存在する場所（プロパンガスなど）	金属管工事，ケーブル工事
爆発性粉じんが存在する場所	金属管工事，ケーブル工事
可燃性粉じんが存在する場所	金属管工事，**合成樹脂管工事**，ケーブル工事
危険物などが存在する場所（石油など）	金属管工事，**合成樹脂管工事**，ケーブル工事

Point　解釈第176条（可燃性ガス等の存在する場所の施設）については，平成27年に施設方法に関する関連問題が出題されている。

令和4 (2022)
令和3 (2021)
令和2 (2020)
令和元 (2019)
平成30 (2018)
平成29 (2017)
平成28 (2016)
平成27 (2015)
平成26 (2014)
平成25 (2013)
平成24 (2012)
平成23 (2011)
平成22 (2010)
平成21 (2009)
平成20 (2008)

問8 出題分野＜電技解釈＞ 難易度 ★★★ 重要度 ★★★

「電気設備技術基準の解釈」に基づく住宅及び住宅以外の場所の屋内電路(電気機械器具内の電路を除く。以下同じ)の対地電圧の制限に関する記述として，誤っているものを次の(1)～(5)のうちから一つ選べ。

(1) 住宅の屋内電路の対地電圧を150 V以下とすること。

(2) 住宅と店舗，事務所，工場等が同一建造物内にある場合であって，当該住宅以外の場所に電気を供給するための屋内配線を人が触れるおそれがない隠ぺい場所に金属管工事により施設し，その対地電圧を400 V以下とすること。

(3) 住宅に設置する太陽電池モジュールに接続する負荷側の屋内配線を次により施設し，その対地電圧を直流450 V以下とすること。
・電路に地絡が生じたときに自動的に電路を遮断する装置を施設する。
・ケーブル工事により施設し，電線に接触防護措置を施す。

(4) 住宅に常用電源として用いる蓄電池に接続する負荷側の屋内配線を次により施設し，その対地電圧を直流450 V以下とすること。
・直流電路に接続される個々の蓄電池の出力がそれぞれ10 kW未満である。
・電路に地絡が生じたときに自動的に電路を遮断する装置を施設する。
・人が触れるおそれのない隠ぺい場所に合成樹脂管工事により施設する。

(5) 住宅以外の場所の屋内に施設する家庭用電気機械器具に電気を供給する屋内電路の対地電圧を，家庭用電気機械器具並びにこれに電気を供給する屋内配線及びこれに施設する配線器具に簡易接触防護措置を施す場合(取扱者以外の者が立ち入らない場所を除く。)，300 V以下とすること。

問8の解答　　出題項目＜143条＞　　　　　　答え　（2）

「電気設備技術基準の解釈」（以下，「解釈」と略す）第143条（電路の対地電圧の制限）からの出題である。

（1）正。対地電圧150Vを安全確保の基本と考え，住宅の屋内電路の対地電圧を150V以下と定めている。

（2）誤。当該住宅以外の場所に電気を供給するための屋内配線の対地電圧は，**300V以下**としなければならない。また，当該住宅以外の場所に電気を供給するための屋内配線は，人が容易に触れるおそれのない隠ぺい場所では，**合成樹脂管工事，金属管工事又はケーブル工事**により施設することとされている。

（3）正。太陽電池モジュールに接続する負荷側の屋内配線の対地電圧は，直流450V以下としなければならない。また，太陽電池モジュールに接続する負荷側の屋内配線は，人が容易に触れるおそれのない隠ぺい場所では，合成樹脂管工事，金属管工事又はケーブル工事により施設することとされている。

（4）正。燃料電池発電設備又は常用電源として用いる蓄電池に接続する負荷側の屋内配線の対地電圧は，直流450V以下としなければならない。また，直流電路を構成する蓄電池にあっては，当該直流電路に接続される個々の蓄電池の出力がそれぞれ10kW未満であることと規定されている。さらに，人が容易に触れるおそれのない隠ぺい場所では，合成樹脂管工事，金属管工事又はケーブル工事により施設することとされている。

（5）正。住宅以外の場所の屋内に施設する家庭用電気機械器具に電気を供給する屋内電路の対地電圧は，**150V以下**としなければならない。ただし，家庭用電気機械器具並びにこれに電気を供給する屋内配線及びこれに施設する配線器具に**簡易接触防護措置を施す場合**（取扱者以外の者が立ち入らない場所を除く。）は，**300V以下**とすることができる。

▶ **解説** ‥‥‥‥‥‥‥‥‥‥‥‥‥‥‥‥‥‥‥‥

解釈で規定する対地電圧には，150V以下，300V以下，直流450V以下の3種類が登場する。これらの規定の棲み分けを確実におさえておくことが大切である。

Point 平成25年に関連問題が出題されている。

令和 4 (2022)
令和 3 (2021)
令和 2 (2020)
令和 元 (2019)
平成 30 (2018)
平成 29 (2017)
平成 28 (2016)
平成 27 (2015)
平成 26 (2014)
平成 25 (2013)
平成 24 (2012)
平成 23 (2011)
平成 22 (2010)
平成 21 (2009)
平成 20 (2008)

問9 出題分野＜電技解釈＞ 　難易度 ★★★ 　重要度 ★★★

次の文章は,「電気設備技術基準の解釈」における分散型電源の低圧連系時及び高圧連系時の施設要件に関する記述である。

a) 単相3線式の低圧の電力系統に分散型電源を連系する場合において,　(ア)　の不平衡により中性線に最大電流が生じるおそれがあるときは,分散型電源を施設した構内の電路であって,負荷及び分散型電源の並列点よりも　(イ)　に,3極に過電流引き外し素子を有する遮断器を施設すること。

b) 低圧の電力系統に逆変換装置を用いずに分散型電源を連系する場合は,　(ウ)　を生じさせないこと。

c) 高圧の電力系統に分散型電源を連系する場合は,分散型電源を連系する配電用変電所の　(エ)　において,逆向きの潮流を生じさせないこと。ただし,当該配電用変電所に保護装置を施設する等の方法により分散型電源と電力系統との協調をとることができる場合は,この限りではない。

上記の記述中の空白箇所(ア)～(エ)に当てはまる組合せとして,正しいものを次の(1)～(5)のうちから一つ選べ。

	(ア)	(イ)	(ウ)	(エ)
(1)	負荷	系統側	逆潮流	配電用変圧器
(2)	負荷	負荷側	逆潮流	引出口
(3)	負荷	系統側	逆充電	配電用変圧器
(4)	電源	負荷側	逆充電	引出口
(5)	電源	系統側	逆潮流	配電用変圧器

問 9 の解答　　出題項目＜226，228 条＞

答え（1）

a）と b）は「電気設備技術基準の解釈」（以下，「解釈」と略す）第 226 条（低圧連系時の施設要件），c）は解釈第 228 条（高圧連系時の施設要件）からの出題である。

a）　単相 3 線式の低圧の電力系統に分散型電源を連系する場合において，**負荷**の不平衡により中性線に最大電流が生じるおそれがあるときは，分散型電源を施設した構内の電路であって，負荷及び分散型電源の並列点よりも**系統側**に，3 極に過電流引き外し素子を有する遮断器を施設すること。

b）　低圧の電力系統に逆変換装置を用いずに分散型電源を連系する場合は，**逆潮流**を生じさせないこと。

c）　高圧の電力系統に分散型電源を連系する場合は，分散型電源を連系する配電用変電所の**配電用変圧器**において，逆向きの潮流を生じさせないこと。ただし，当該配電用変電所に保護装置を施設する等の方法により分散型電源と電力系統との協調をとることができる場合は，この限りではない。

解説

a）　単相 3 線式は，不平衡負荷があると中性線にも電流が流れるため，負荷と分散型電源（発電設備）の並列点より系統側（電源側）に，三極 3 素子（3P3E）の過電流遮断器を施設する。

図 9-1 は，単相 3 線式の不平衡負荷（上側の合計 40 A，下側 10 A）があり，分散型電源として 4 kW の太陽電池発電設備が接続された場合の各線の電流分布を示したもので，中性線に最大電流（30 A）が流れている。記述 a）の内容は，このようなケースを想定して規定されたものである。

b）　「逆潮流」とは，分散型電源設置者の構内から一般送配電事業者が運用する電力系統側へ向かう，有効電力の流れのことである。

c）　「電力品質確保に係る系統連系技術要件ガイドライン」では，逆潮流が生じる場合には，系統側の電圧管理面で問題が生じないよう，配電用変電所の電圧調整装置や配電線に電圧調整装置を設備するなどの具体的な対策を規定している。

Point 平成 29 年に解釈第 227 条（低圧連系時の系統連系用保護装置），平成 30 年に解釈第 229 条（高圧連系時の系統連系用保護装置）に関する関連問題が出題されている。また，令和元年に類似問題が出題されている。

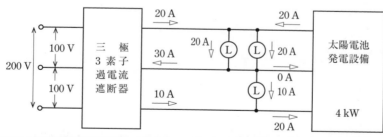

図 9-1　三極 3 素子過電流遮断器の設置が必要な場合の一例（分散型電源系系統連系技術指針）

問 10 出題分野＜電気施設管理＞ 　難易度 ★★★　重要度 ★★★

次のa)〜e)の文章は，図の高圧受電設備における保護協調に関する記述である。

これらの文章の内容について，適切なものと不適切なものの組合せとして，正しいものを次の(1)〜(5)のうちから一つ選べ。

a) 受電設備内(図中A点)において短絡事故が発生した場合，VCB(真空遮断器)が，一般送配電事業者の配電用変電所の送り出し遮断器よりも早く動作するようにOCR(過電流継電器)の整定値を決定した。

b) TR2(変圧器)の低圧側で，かつMCCB2(配線用遮断器)の電源側(図中B点)で短絡事故が発生した場合，VCB(真空遮断器)が動作するよりも早くLBS2(負荷開閉器)のPF2(電力ヒューズ)が溶断するように設計した。

c) 低圧のMCCB2(配線用遮断器)の負荷側(図中C点)で短絡事故が発生した場合，MCCB2(配線用遮断器)が動作するよりも先にLBS2(負荷開閉器)のPF2(電力ヒューズ)が溶断しないように設計した。

d) SC(高圧コンデンサ)の端子間(図中D点)で短絡事故が発生した場合，VCB(真空遮断器)が動作するよりも早くLBS3(負荷開閉器)のPF3(電力ヒューズ)が溶断するように設計した。

e) GR付PAS(地絡継電装置付高圧交流負荷開閉器)は，高圧引込ケーブルで1線地絡事故が発生した場合であっても動作しないように設計した。

	a	b	c	d	e
(1)	適切	適切	適切	適切	不適切
(2)	不適切	不適切	適切	不適切	適切
(3)	適切	適切	不適切	不適切	不適切
(4)	適切	不適切	適切	適切	適切
(5)	不適切	適切	不適切	不適切	不適切

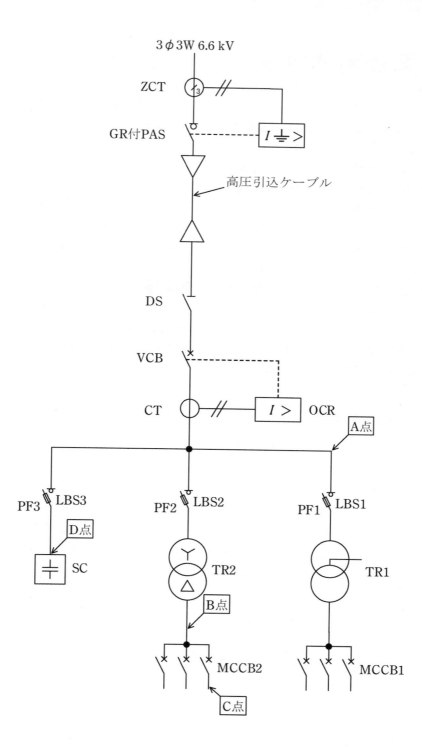

令和
4
(202

令和
3
(202

令和
2
(2020

令和
元
(2019

平成
30
(2018

平成
29
(2017

平成
28
(2016

平成
27
(2015

平成
26
(2014

平成
25
(2013

平成
24
(2012

平成
23
(2011

平成
22
(2010

平成
21
(2009

平成
20
(2008

問 10 の解答　　出題項目＜保護協調＞　　　　答え　（1）

　高圧受電設備における保護協調に関する出題である。

補足　**保護協調**とは，系統や機器に故障が発生したとき，故障箇所を早期に検出して切り離すことで，故障の波及・拡大を防いで健全回路の不要遮断を避けることをいう。このためには，保護装置間の適正な協調が必要となる。

　a）　適切。配電用変電所の送り出し遮断器はVCBよりも上位にあるので，VCBを先に動作させる必要がある。このような時限協調がとれていないと，構内のみの停電となるところが，配電線全体の停電となってしまう。

　b）　適切。LBS2のPF2が溶断することでTR2の負荷は停電となるが，TR1側は供給を継続することができる。VCBが動作すると，負荷側は全て停電となってしまう。

　c）　適切。MCCB2が動作することで，低圧の一部が停電するだけで済む。LBS2のPF2が溶断すると，TR2の全ての負荷が停電となる。

　d）　適切。LBS3のPF3が溶断することでSCだけが使用できなくなるが，負荷の停電は回避できる。

　e）　不適切。高圧引込ケーブルはZCT（零相変流器）より負荷側であるから，地絡検出し，直近上位に位置するGR付PASが動作するよう設計しなければならない。

解説　●●●●●●●●●●●●●●●●●●●●●●●●
　図10-1に，a）～e）の概要を示す。
Point　令和2年に，動作特性曲線を示した保護協調に関する問題が出題されている。

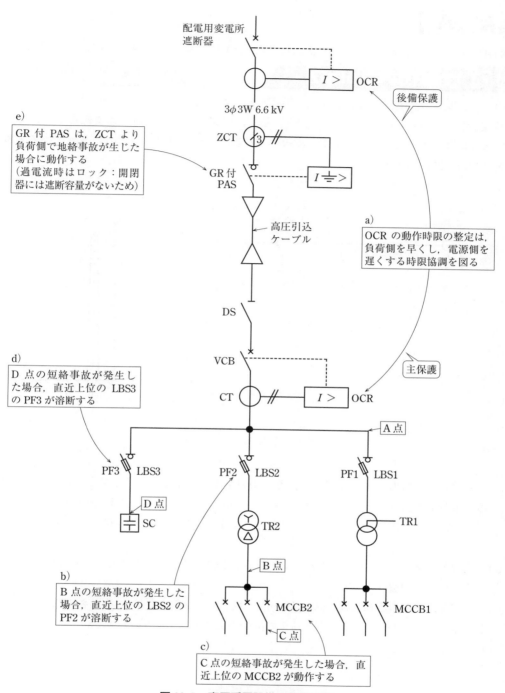

e)
GR 付 PAS は，ZCT より負荷側で地絡事故が生じた場合に動作する
（過電流時はロック：開閉器には遮断容量がないため）

a)
OCR の動作時限の整定は，負荷側を早くし，電源側を遅くする時限協調を図る

d)
D 点の短絡事故が発生した場合，直近上位の LBS3 の PF3 が溶断する

b)
B 点の短絡事故が発生した場合，直近上位の LBS2 の PF2 が溶断する

c)
C 点の短絡事故が発生した場合，直近上位の MCCB2 が動作する

配電用変電所遮断器

$3\phi 3W 6.6\,kV$

後備保護

主保護

図 10-1　高圧受電設備の保護協調

B 問 題

(問11及び問12の配点は1問題当たり(a)6点,(b)7点,計13点,問13の配点は(a)7点,(b)7点,計14点)

問11 出題分野＜電気施設管理＞　　　難易度 ★★★　　重要度 ★★★

　図のように既設の高圧架空電線路から,高圧架空電線を高低差なく径間30m延長することにした。

　新設支持物にA種鉄筋コンクリート柱を使用し,引留支持物とするため支線を電線路の延長方向4mの地点に図のように設ける。電線と支線の支持物への取付け高さはともに8mであるとき,次の(a)及び(b)の問に答えよ。

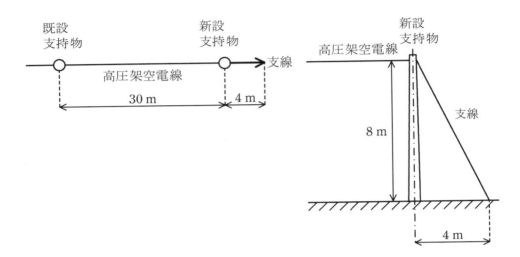

　(a)　電線の水平張力が15kNであり,その張力を支線で全て支えるものとしたとき,支線に生じる引張荷重の値[kN]として,最も近いものを次の(1)～(5)のうちから一つ選べ。

　　(1)　7　　　　(2)　15　　　　(3)　30　　　　(4)　34　　　　(5)　67

　(b)　支線の安全率を1.5とした場合,支線の最少素線条数として,最も近いものを次の(1)～(5)のうちから一つ選べ。

　　　ただし,支線の素線には,直径2.9mmの亜鉛めっき鋼より線(引張強さ1.23kN/mm^2)を使用し,素線のより合わせによる引張荷重の減少係数は無視するものとする。

　　(1)　3　　　(2)　5　　　(3)　7　　　(4)　9　　　(5)　19

問 11 （a）の解答　出題項目＜電線張力・最少条数＞　答え　（4）

支線に生じる引張荷重を $T_s[\text{kN}]$ とすると，図 11-1 のように，力の直角三角形と長さの直角三角形との間には相似関係が成立する。

支線の長さは，長さの直角三角形の斜辺に相当することから，三平方の定理より，

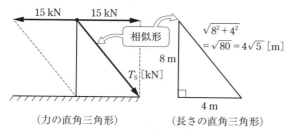

（力の直角三角形）　（長さの直角三角形）

図 11-1　直角三角形の相似関係

支線の長さ $=\sqrt{8^2+4^2}=\sqrt{80}=4\sqrt{5}\,[\text{m}]$

よって，図 11-1 の相似関係を利用すると，

$T_s:15\,\text{kN}=4\sqrt{5}\,\text{m}:4\,\text{m}$

$$\therefore\ T_s=\frac{15\times4\sqrt{5}}{4}=15\sqrt{5}=33.54\cdots\cdots$$

$$\fallingdotseq34\,[\text{kN}]$$

解説

電線の水平張力を支線で全て支える場合，支線に生じる引張荷重 T_s の水平成分が，電線の水平張力に等しくなればよい。このことに気づければ，図 11-1 のような相似関係となることが分かる。未知数である支線の引張荷重 T_s は，力と長さの直角三角形の相似関係を用いて比で表現すれば，簡単に求められる。

補足　電線と支線の取付け高さが異なる場合には，次のように立式して考えるのが定石である。

支持物を左に倒そうとする力のモーメント

**　＝ 支持物を右に倒そうとする力のモーメント**

Point　平成 27 年に類似問題が出題されている。

問 11 （b）の解答　出題項目＜電線張力・最少条数＞　答え　（3）

小問（a）で求めた支線の引張荷重 $T_s[\text{kN}]$ が「許容引張荷重」である。

> 許容引張荷重×安全率≦（n×素線 1 本の引張荷重）×素線のより合わせによる減少係数　（※）

題意より，支線の安全率は 1.5 である。

また，素線の直径を $d(=2.9[\text{mm}])$ とすると，題意より素線の引張強さが $1.23\,\text{kN/mm}^2$ なので，

素線 1 本の引張荷重

$$=1.23[\text{kN/mm}^2]\times\frac{\pi d^2}{4}[\text{mm}^2]$$

$$=1.23\times\frac{\pi(2.9)^2}{4}\fallingdotseq8.12[\text{kN}]$$

素線のより合わせによって引張荷重は減少するが，題意より「素線のより合わせによる引張荷重の減少係数は無視」できるので，減少係数は 1 としてよい。

必要な支線の素線条数を n とすると，次式が成立する。

許容引張荷重 $T_s\fallingdotseq33.54[\text{kN}]$ と各数値（安全率 $=1.5$，素線 1 本の引張荷重 $\fallingdotseq8.12[\text{kN}]$，減少係数 $=1$）を（※）式に代入すると，

$$33.54\times1.5\leqq(n\times8.12)\times1$$

$$\therefore\ n\geqq\frac{33.54\times1.5}{8.12}\fallingdotseq6.2$$

素線の条数 n は必ず整数であることから，支線の最少素線条数は 7 条である。

補足　安全率の定義は次式のとおりである。

$$安全率=\frac{引張荷重(破壊荷重)}{許容引張荷重}$$

Point　平成 27 年に類似問題が出題されている。

令和4 (202
令和3 (202
令和2 (2020)
令和元 (2019
平成30 (2018
平成29 (2017
平成28 (2016
平成27 (2015
平成26 (2014
平成25 (2013
平成24 (2012
平成23 (2011
平成22 (2010)
平成21 (2009)
平成20 (2008)

問 12　出題分野＜電技解釈，電気施設管理＞　　**難易度** ★★★　**重要度** ★★★

「電気設備技術基準の解釈」に基づいて，使用電圧6 600 V，周波数50 Hz の電路に使用する高圧ケーブルの絶縁耐力試験を実施する。次の（a）及び（b）の問に答えよ。

（a）　高圧ケーブルの絶縁耐力試験を行う場合の記述として，正しいものを次の（1）～（5）のうちから一つ選べ。

（1）　直流10 350 V の試験電圧を電路と大地との間に1分間加える。

（2）　直流10 350 V の試験電圧を電路と大地との間に連続して10分間加える。

（3）　直流20 700 V の試験電圧を電路と大地との間に1分間加える。

（4）　直流20 700 V の試験電圧を電路と大地との間に連続して10分間加える。

（5）　高圧ケーブルの絶縁耐力試験を直流で行うことは認められていない。

（次々頁に続く）

問 12 （a）の解答　　出題項目＜解釈 1，15 条＞　　答え　（4）

「電気設備技術基準の解釈」（以下，「解釈」と略す）第 15 条（高圧又は特別高圧電路の絶縁性能）からの出題である。

「最大使用電圧」は解釈第 1 条（用語の定義）で規定されており，使用電圧（公称電圧）が「1 000 V を超え 500 000 V 未満」の場合には次式で求められる。

$$最大使用電圧＝公称電圧 \times \frac{1.15}{1.1}[\text{V}]$$

●交流試験電圧の値

使用電圧（公称電圧）が 6 600 V なので，表 12-1 の規定により，

交流試験電圧 V_T

$= 最大使用電圧 \times 1.5$

$= \left(公称電圧 \times \dfrac{1.15}{1.1}\right) \times 1.5$

$= \left(6\ 600 \times \dfrac{1.15}{1.1}\right) \times 1.5 = 10\ 350[\text{V}]$

●直流試験電圧の値

電線にケーブルを使用する交流の電路においては，表 12-1 に規定する試験電圧の 2 倍の直流電圧（連続 10 分）で試験できることが規定されている。

直流試験電圧 $V_T{}'$＝交流試験電圧 $V_T \times 2$

$= 10\ 350 \times 2$

$= 20\ 700[\text{V}]$

解説 ⋯⋯⋯⋯⋯⋯⋯⋯⋯⋯⋯⋯⋯⋯⋯⋯

電線にケーブルを使用する電路では，**交流試験電圧の 2 倍の直流電圧**での試験が認められている。これは，交流での試験ではケーブル長が長くなって充電電流が大きくなり，試験電源容量が大きくなるのを回避できるよう配慮したものである。

Point 平成 24 年，平成 28 年に類似問題が出題されている。

表 12-1　電路の種類ごとの試験電圧（解釈第 15 条）

電路の種類		試験電圧	試験方法
最大使用電圧が 7 000 V 以下の電路	交流の電路	**最大使用電圧の 1.5 倍の交流電圧**	試験電圧を電路と大地との間（多心ケーブルにあっては，心線相互間及び心線と大地との間）に連続して 10 分間加える。
	直流の電路	最大使用電圧の 1.5 倍の直流電圧又は 1 倍の交流電圧	
最大使用電圧が 7 000 V を超え，60 000 V 以下の電路	最大使用電圧が 15 000 V 以下の中性点接地式電路（中性線を有するものであって，その中性線に多重接地するものに限る。）	最大使用電圧の 0.92 倍の電圧	
	上記以外	最大使用電圧の 1.25 倍の電圧（10 500 V 未満となる場合は，10 500 V）	

令和 4 (202 / 令和 3 (202 / 令和 2 (2020 / 令和 元 (2019 / 平成 30 (2018 / 平成 29 (2017 / 平成 28 (2016 / 平成 27 (2015 / 平成 26 (2014 / 平成 25 (2013 / 平成 24 (2012 / 平成 23 (2011 / 平成 22 (2010 / 平成 21 (2009 / 平成 20 (2008

（続き）

（b）　高圧ケーブルの絶縁耐力試験を，図のような試験回路で行う。ただし，高圧ケーブルは3線一括で試験電圧を印加するものとし，各試験機器の損失は無視する。また，被試験体の高圧ケーブルと試験用変圧器の仕様は次のとおりとする。

【高圧ケーブルの仕様】

　　ケーブルの種類：6 600 Vトリプレックス形架橋ポリエチレン絶縁ビニルシースケーブル（CVT）

　　公称断面積：100 mm²，ケーブルのこう長：220 m

　　1線の対地静電容量：0.45 μF/km

【試験用変圧器の仕様】

　　定格入力電圧：AC 0-120 V，定格出力電圧：AC 0-12 000 V

　　入力電源周波数：50 Hz

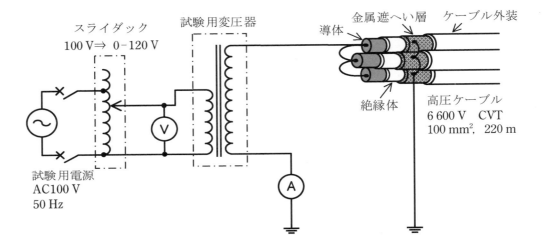

この絶縁耐力試験に必要な皮相電力の値[kV・A]として，最も近いものを次の（1）～（5）のうちから一つ選べ。

（1）　4　　　　（2）　6　　　　（3）　9　　　　（4）　10　　　　（5）　17

問12（b）の解答　出題項目＜絶縁試験電源容量＞　　　答え　（4）

高圧ケーブルは3線一括で試験電圧を印加するので，試験回路の等価回路は**図12-1**のように表せる。ただし，試験電圧をV_T[V]，対地静電容量をC[F]（3線一括した容量性リアクタンスをX_C[Ω]），充電電流をI_C[A]とする。

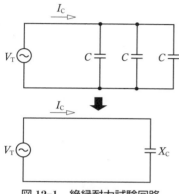

図12-1　絶縁耐力試験回路

交流での試験であるから，試験電圧V_Tは，小問（a）と同様に次のように求められる。

V_T＝最大使用電圧×1.5

$$=\left(公称電圧×\frac{1.15}{1.1}\right)×1.5$$

$$=\left(6\,600×\frac{1.15}{1.1}\right)×1.5$$

$$=10\,350[V]$$

また，高圧ケーブルの対地静電容量Cは，題意に1線の1km当たりの値（0.45 μF/km）とケー

ブルこう長220 m（＝0.22 km）が与えられているので，

$$C=(0.45×10^{-6})×0.22=9.9×10^{-8}[F]$$

よって，3線一括した容量性リアクタンスX_Cは，試験用電源の角周波数をω[rad/s]，周波数をf（＝50[Hz]）とすると，

$$X_C=\frac{1}{\omega(3C)}=\frac{1}{2\pi f(3C)}=\frac{1}{6\pi fC}[\Omega] \quad ①$$

以上から，絶縁耐力試験に必要な皮相電力Sは，

$$S=V_T I_C=V_T×\left(\frac{V_T}{X_C}\right) \quad ←①式を代入$$

$$=6\pi fCV_T^2 \quad ←各数値を代入$$

$$=6\pi×50×(9.9×10^{-8})×10\,350^2$$

$$=9\,995.0\cdots[V\cdot A]$$

$$≒10[kV\cdot A]$$

解説 ....

求めた皮相電力に対して電源容量が不足する場合には，試験用変圧器の二次端子に補償リアクトルを接続する方法がある。この方法では，リアクトル電流によって充電電流を打ち消すことができるため，次式のようになって電源の容量不足を解消できる。

合成電流＝充電電流－リアクトル電流

Point 平成24年，平成28年に補償リアクトルの接続を含んだ類似問題が出題されている。

令和4（2022）令和3（2021）令和2（2020）令和元（2019）平成30（2018）平成29（2017）平成28（2016）平成27（2015）平成26（2014）平成25（2013）平成24（2012）平成23（2011）平成22（2010）平成21（2009）平成20（2008）

問 13 出題分野＜電気施設管理＞ 　難易度 ★★★ 　重要度 ★★★

需要家 A～C にのみ電力を供給している変電所がある。

各需要家の設備容量と，ある1日(0～24時)の需要率，負荷率及び需要家 A～C の不等率を表に示す値とする。表の記載に基づき，次の(a)及び(b)の問に答えよ。

需要家	設備容量 [kW]	需要率 [%]	負荷率 [%]	不等率
A	800	55	50	
B	500	60	70	1.25
C	600	70	60	

(a) 3需要家 A～C の1日の需要電力量を合計した総需要電力量の値[kW·h]として，最も近いものを次の(1)～(5)のうちから一つ選べ。

(1) 10 480 　(2) 16 370 　(3) 20 460 　(4) 26 650 　(5) 27 840

(b) 変電所から見た総合負荷率の値[%]として，最も近いものを次の(1)～(5)のうちから一つ選べ。ただし，送電損失，需要家受電設備損失は無視するものとする。

(1) 42 　(2) 59 　(3) 62 　(4) 73 　(5) 80

問13 (a) の解答　出題項目<需要率・不等率>　答え (2)

需要率や負荷率は，次式のように定義されている。

$$需要率 = \frac{最大需要電力[kW]}{設備容量[kW]} \times 100[\%] \quad ①$$

$$負荷率 = \frac{平均需要電力[kW]}{最大需要電力[kW]} \times 100[\%] \quad ②$$

これらの式から，

最大需要電力[kW]
$$= 設備容量[kW] \times 需要率[p.u.] \quad ③$$

平均需要電力[kW]
$$= 最大需要電力[kW] \times 負荷率[p.u.] \quad ④$$

題意の数値を用いて③式，④式から計算すると，表13-1のようにまとめられる。

3需要家 A〜C の1日(24 h)の需要電力量を合計した総需要電力量 W_d は，表13-1の❼を用いると次式のように求められる。

$$W_d = 平均需要電力の総和[kW] \times 24[h]$$
$$= 682[kW] \times 24[h] = 16\,368$$
$$\fallingdotseq 16\,370[kW \cdot h]$$

解説

本問は3需要家に対する需要率と負荷率に関する問題である。需要率と負荷率の定義式は確実に覚えておかなければならない。計算結果を表13-1のようにワークシート形式でまとめると，計算作業がはかどる。

Point 平成26年に関連問題が出題されている。

表 13-1

需要家	❶ 設備容量[kW]	❷ 需要率[p.u.]	❸(=❶×❷) 最大需要電力[kW]	❹ 負荷率[p.u.]	❺(=❸×❹) 平均需要電力[kW]
A	800	0.55	**440**	0.50	**220**
B	500	0.60	**300**	0.70	**210**
C	600	0.70	**420**	0.60	**252**
❻(=❸の合計) 最大需要電力の総和[kW]			**1 160**	❼(=❺の合計) 平均需要電力の総和[kW]	**682**

問13 (b) の解答　出題項目<需要率・不等率>　答え (4)

総合負荷率は次式のように定義されている。

総合負荷率
$$= \frac{平均需要電力の総和}{合成最大需要電力} \times 100[\%] \quad ⑤$$

また，不等率は次式のように定義されている。

不等率
$$= \frac{最大需要電力の総和}{合成最大需要電力} \quad ⑥$$

⑥式を変形して⑤式に代入し，さらに各数値を代入して計算すると，

$$総合負荷率 = \frac{平均需要電力の総和}{\dfrac{最大需要電力の総和}{不等率}} \times 100$$

$$= \frac{682}{\dfrac{1\,160}{1.25}} \times 100 \fallingdotseq 73[\%]$$

解説

需要特性を示す三つの率(需要率，負荷率，不等率)は確実に覚えておき，駆使できるようにしておかなければならない。また，計算量が多く計算ミスをしやすいので，検算は欠かせない。

Point 平成26年に関連問題が出題されている。

令和4(2022)　令和3(2021)　令和2(2020)　令和元(2019)　平成30(2018)　平成29(2017)　平成28(2016)　平成27(2015)　平成26(2014)　平成25(2013)　平成24(2012)　平成23(2011)　平成22(2010)　平成21(2009)　平成20(2008)

法 規 令和 2 年度（2020 年度）

注 1 問題文中に「電気設備技術基準」とあるのは，「電気設備に関する技術基準を定める省令」の略である。

注 2 問題文中に「電気設備技術基準の解釈」とあるのは，「電気設備の技術基準の解釈における第 1 章〜第 6 章及び第 8 章」をいう。なお，「第 7 章 国際規格の取り入れ」の各規定について問う出題にあっては，問題文中にその旨を明示する。

A 問 題 （配点は 1 問題当たり 6 点）

問 1 出題分野＜電気事業法・施行規則＞ 難易度 ★★★ 重要度 ★★★

次の文章は，「電気事業法」及び「電気事業法施行規則」に基づく主任技術者に関する記述である。

a) 主任技術者は，事業用電気工作物の工事，維持及び運用に関する保安の （ア） の職務を誠実に行わなければならない。

b) 事業用電気工作物の工事，維持及び運用に （イ） する者は，主任技術者がその保安のためにする指示に従わなければならない。

c) 第 3 種電気主任技術者免状の交付を受けている者が保安について （ア） をすることができる事業用電気工作物の工事，維持及び運用の範囲は，一部の水力設備，火力設備等を除き，電圧 （ウ） 万 V 未満の事業用電気工作物（出力 （エ） kW 以上の発電所を除く。）とする。

上記の記述中の空白箇所（ア）〜（エ）に当てはまる組合せとして，正しいものを次の（1）〜（5）のうちから一つ選べ。

	（ア）	（イ）	（ウ）	（エ）
（1）	作業，検査等	従事	5	5 000
（2）	監督	関係	3	2 000
（3）	作業，検査等	関係	3	2 000
（4）	監督	従事	5	5 000
（5）	作業，検査等	従事	3	2 000

問1の解答　出題項目＜法43条，規則56条＞　答え　(4)

a) と b) は電気事業法第43条（主任技術者），c) は電気事業法施行規則第56条（免状の種類による監督の範囲）からの出題である。

a)　主任技術者は，事業用電気工作物の工事，維持及び運用に関する保安の**監督**の職務を誠実に行わなければならない。

b)　事業用電気工作物の工事，維持又は運用に**従事**する者は，主任技術者がその保安のためにする指示に従わなければならない。

c)　第3種電気主任技術者免状の交付を受けている者が保安について**監督**をすることができる事業用電気工作物の工事，維持及び運用の範囲は，一部の水力設備，火力設備等を除き，電圧**5万V未満**の事業用電気工作物（出力**5 000 kW以上**の発電所を除く。）とする。

解説

電気事業法では，事業用電気工作物の設置者に対し，次の①～③を義務づけている。

①　電気設備技術基準への適合・維持（第39条）
②　保安規程の作成・遵守（第42条）
③　電気主任技術者の選任（第43条）

このうち，電気主任技術者の選任については，電気事業法施行規則第52条（主任技術者の選任等）に規定する事業場または設備ごとに，**表1-1**の監督範囲に該当する電気主任技術者免状を有する者を選任しなければならない。

表1-1　電気主任技術者免状の種類と監督範囲

免状の種類	監督できる範囲
第一種	すべての電気工作物の工事，維持および運用
第二種	電圧17万V未満の電気工作物の工事，維持および運用
第三種	**電圧5万V未満**の電気工作物（**出力5 000 kW以上の発電所を除く**）の工事，維持および運用

注意：水力設備や火力設備等でダム水路主任技術者やボイラー・タービン主任技術者の選任が必要なものは，電気主任技術者の監督範囲から除外されている。

Point 平成25年に類似問題が出題されている。

令和
4
(2022)

令和
3
(2021)

令和
2
(2020)

令和
元
(2019)

平成
30
(2018)

平成
29
(2017)

平成
28
(2016)

平成
27
(2015)

平成
26
(2014)

平成
25
(2013)

平成
24
(2012)

平成
23
(2011)

平成
22
(2010)

平成
21
(2009)

平成
20
(2008)

| 問2 | 出題分野＜電気関係報告規則＞ | | 難易度 ★★★ | 重要度 ★★★ |

　自家用電気工作物の事故が発生したとき，その自家用電気工作物を設置する者は，「電気関係報告規則」に基づき，自家用電気工作物の設置の場所を管轄する産業保安監督部長に報告しなければならない。次の文章は，かかる事故報告に関する記述である。

a) 感電又は電気工作物の破損若しくは電気工作物の誤操作若しくは電気工作物を操作しないことにより人が死傷した事故（死亡又は病院若しくは診療所 　(ア)　 した場合に限る。）が発生したときは，報告をしなければならない。

b) 電気工作物の破損又は電気工作物の誤操作若しくは電気工作物を操作しないことにより，　(イ)　 に損傷を与え，又はその機能の全部又は一部を損なわせた事故が発生したときは，報告をしなければならない。

c) 上記 a) 又は b) の報告は，事故の発生を知ったときから 　(ウ)　 時間以内可能な限り速やかに電話等の方法により行うとともに，事故の発生を知った日から起算して 30 日以内に報告書を提出して行わなければならない。

　上記の記述中の空白箇所(ア)～(ウ)に当てはまる組合せとして，正しいものを次の(1)～(5)のうちから一つ選べ。

	(ア)	(イ)	(ウ)
(1)	に入院	公共の財産	24
(2)	で治療	他の物件	48
(3)	に入院	公共の財産	48
(4)	に入院	他の物件	24
(5)	で治療	公共の財産	48

問 2 の解答　出題項目＜3条＞

　a）〜c）は電気関係報告規則第 3 条（事故報告）からの出題である。

　a）　感電又は電気工作物の破損若しくは電気工作物の誤操作若しくは電気工作物を操作しないことにより人が死傷した事故（死亡又は病院若しくは診療所に入院した場合に限る。）が発生したときは，報告をしなければならない。

　b）　電気工作物の破損又は電気工作物の誤操作若しくは電気工作物を操作しないことにより，他の物件に損傷を与え，又はその機能の全部又は一部を損なわせた事故が発生したときは，報告をしなければならない。

　c）　上記 a）又は b）の報告は，事故の発生を知ったときから 24 時間以内可能な限り速やかに電話等の方法により行うとともに，事故の発生を知った日から起算して 30 日以内に報告書を提出して行わなければならない。

解説

　事故報告は，次の 2 ステップで行うことが規定されている。

　Step 1（速報）　電話や FAX などにより，所轄産業保安監督部長に**事故の発生を知ったときから 24 時間以内可能な限り速やかに報告する。**

　Step 2（詳報）　規定の書式により，所轄産業保安監督部長に**事故の発生を知った日から起算して 30 日以内に報告する。**

令和4 (2022)
令和3 (2021)
令和2
令和元 (2019)
平成30 (2018)
平成29 (2017)
平成28 (2016)
平成27 (2015)
平成26 (2014)
平成25 (2013)
平成24 (2012)
平成23 (2011)
平成22 (2010)
平成21 (2009)
平成20 (2008)

問3 出題分野＜電技，電技解釈＞　　難易度 ★★★　重要度 ★★★

　次の文章は，「電気設備技術基準」及び「電気設備技術基準の解釈」に基づく使用電圧が6 600 Vの交流電路の絶縁性能に関する記述である。

a）　電路は，大地から絶縁しなければならない。ただし，構造上やむを得ない場合であって通常予見される使用形態を考慮し危険のおそれがない場合，又は混触による高電圧の侵入等の異常が発生した際の危険を回避するための接地その他の保安上必要な措置を講ずる場合は，この限りでない。

　　　電路と大地との間の絶縁性能は，事故時に想定される異常電圧を考慮し，　（ア）　による危険のおそれがないものでなければならない。

b）　電路は，絶縁できないことがやむを得ない部分及び機械器具等の電路を除き，次の①及び②のいずれかに適合する絶縁性能を有すること。

①　　（イ）　Vの交流試験電圧を電路と大地（多心ケーブルにあっては，心線相互間及び心線と大地との間）との間に連続して10分間加えたとき，これに耐える性能を有すること。

②　電線にケーブルを使用する電路においては，　（イ）　Vの交流試験電圧の　（ウ）　倍の直流電圧を電路と大地（多心ケーブルにあっては，心線相互間及び心線と大地との間）との間に連続して10分間加えたとき，これに耐える性能を有すること。

　上記の記述中の空白箇所（ア）〜（ウ）に当てはまる組合せとして，正しいものを次の（1）〜（5）のうちから一つ選べ。

	（ア）	（イ）	（ウ）
（1）	絶縁破壊	9 900	1.5
（2）	漏えい電流	10 350	1.5
（3）	漏えい電流	8 250	2
（4）	漏えい電流	9 900	1.25
（5）	絶縁破壊	10 350	2

A 問題 **81**

問3の解答　出題項目＜電技5条，解釈15条＞　　答え　(5)

a）は電技第5条（電路の絶縁），b）は電技解釈第15条（高圧又は特別高圧の電路の絶縁性能）からの出題である。

a）　電路は，大地から絶縁しなければならない。ただし，構造上やむを得ない場合であって通常予見される使用形態を考慮し危険のおそれがない場合，又は混触による高電圧の侵入等の異常が発生した際の危険を回避するための接地その他の保安上必要な措置を講ずる場合は，この限りでない。

電路と大地との間の絶縁性能は，事故時に想定される異常電圧を考慮し，**絶縁破壊**による危険のおそれがないものでなければならない。

b）　電路は，絶縁できないことがやむを得ない部分及び機械器具等の電路を除き，次の①及び②のいずれかに適合する絶縁性能を有すること。

①　**10 350** V の交流試験電圧を電路と大地（多心ケーブルにあっては，心線相互間及び心線と大地との間）との間に連続して10分間加えたとき，これに耐える性能を有すること。

②　電線にケーブルを使用する電路においては，**10 350** V の交流試験電圧の**2**倍の直流電圧を電路と大地（多心ケーブルにあっては，心線相

互間及び心線と大地との間）との間に連続して10分間加えたとき，これに耐える性能を有すること。

解説 ....

① **交流での試験電圧**

最大使用電圧は，電路の使用電圧（公称電圧）6 600 V の 1.15/1.1 倍であるから，

$$最大使用電圧 = 6\,600 \times \frac{1.15}{1.1} = 6\,900[\text{V}]$$

これは，最大使用電圧が 7 000 V 以下の電路に該当するので，交流試験電圧 V_T は，最大使用電圧の 1.5 倍である。

$$V_\text{T} = \left(6\,600 \times \frac{1.15}{1.1}\right) \times 1.5 = 10\,350[\text{V}]$$

② **直流での試験電圧**

電線にケーブルを使用する電路では，**交流試験電圧の2倍の直流電圧**での試験が認められている。これは，交流での試験ではケーブル長が長くなると充電電流が大きく，試験電源容量が大きくなるのを回避できるよう配慮したものである。

Point 平成24年，平成28年に関連問題が出題されている。

令和4 (2022)
令和3 (2021)
令和2 (2020)
令和元 (2019)
平成30 (2018)
平成29 (2017)
平成28 (2016)
平成27 (2015)
平成26 (2014)
平成25 (2013)
平成24 (2012)
平成23 (2011)
平成22 (2010)
平成21 (2009)
平成20 (2008)

問4　出題分野＜電技＞　難易度 ★★★　重要度 ★★★

次の文章は，「電気設備技術基準」に基づく架空電線路からの静電誘導作用又は電磁誘導作用による感電の防止に関する記述である。

a）　特別高圧の架空電線路は，　(ア)　誘導作用により弱電流電線路（電力保安通信設備を除く。）を通じて　(イ)　に危害を及ぼすおそれがないように施設しなければならない。

b）　特別高圧の架空電線路は，通常の使用状態において，　(ウ)　誘導作用により人による感知のおそれがないよう，地表上１mにおける電界強度が　(エ)　kV/m以下になるように施設しなければならない。ただし，田畑，山林その他の人の往来が少ない場所において，　(イ)　に危害を及ぼすおそれがないように施設する場合は，この限りでない。

上記の記述中の空白箇所(ア)～(エ)に当てはまる組合せとして，正しいものを次の(1)～(5)のうちから一つ選べ。

	（ア）	（イ）	（ウ）	（エ）
（1）	電磁	人体	静電	3
（2）	静電	人体	電磁	3
（3）	静電	人体	電磁	5
（4）	静電	取扱者	電磁	5
（5）	電磁	取扱者	静電	3

問5　出題分野＜電技解釈＞　難易度 ★★★　重要度 ★★★

「電気設備技術基準の解釈」に基づく地中電線路の施設に関する記述として，誤っているものを次の(1)～(5)のうちから一つ選べ。

(1)　地中電線路を管路式により施設する際，電線を収める管は，これに加わる車両その他の重量物の圧力に耐えるものとした。

(2)　高圧地中電線路を公道の下に管路式により施設する際，地中電線路の物件の名称，管理者名及び許容電流を２mの間隔で表示した。

(3)　地中電線路を暗きょ式により施設する際，暗きょは，車両その他の重量物の圧力に耐えるものとした。

(4)　地中電線路を暗きょ式により施設する際，地中電線に耐燃措置を施した。

(5)　地中電線路を直接埋設式により施設する際，車両の圧力を受けるおそれがある場所であるため，地中電線の埋設深さを1.5mとし，堅ろうなトラフに収めた。

問4の解答　出題項目＜27条＞　答え（1）

電技第27条（架空電線路からの静電誘導作用又は電磁誘導作用による感電の防止）からの出題である。

a）　特別高圧の架空電線路は，**電磁**誘導作用により弱電流電線路（電力保安通信設備を除く。）を通じて**人体**に危害を及ぼすおそれがないように施設しなければならない。

b）　特別高圧の架空電線路は，通常の使用状態において，**静電**誘導作用により人による感知のおそれがないよう，地表上1mにおける電界強度が**3**kV/m以下になるように施設しなければならない。ただし，田畑，山林その他の人の往来が少ない場所において，**人体**に危害を及ぼすおそれがないように施設する場合は，この限りでない。

解説

① 電磁誘導作用による人体への影響

架空送電線路に電流が流れると，架空送電線路と弱電流電線路の間の相互インダクタンスによって，弱電流電線路に誘導電圧が生じる。この値が大きいと人身の安全を脅かすので，施設時にはこれを留意しなければならない。

② 静電誘導作用による人体への影響

特別高圧の架空電線路では，地表上1mにおける電界強度が3kV/m以下になるように施設しなければならない。この値は，電界による人体への刺激防止の観点から決められたものである。

Point 平成27年に関連問題が出題されている。

問5の解答　出題項目＜120条＞　答え（2）

電技解釈第120条（地中電線路の施設）からの出題である。

（1）　正。地中電線路を管路式により施設する際には，電線を収める管は，これに加わる車両その他の重量物の圧力に耐えるものとしなければならない。ここで，解釈では具体的な埋設深さが規定されていないので注意が必要である。

（2）　誤。高圧地中電線路を公道の下に直接埋設式または管路式により施設する際には，「**物件の名称，管理者名および電圧**」をおおむね2mの間隔で表示しなければならない。この表示は，**許容電流でなく電圧**であることに注意しておくこと。

（3）　正。地中電線路を暗きょ式により施設する際には，暗きょは，車両その他の重量物の圧力に耐えるものとしなければならない。

（4）　正。地中電線路を暗きょ式により施設する際には，防火措置として，地中電線に耐燃措置を施さなければならない。

（5）　正。地中電線路を直接埋設式により施設する際には，車両その他の重量物の圧力を受けるおそれがある場所においては，地中電線の埋設深さを1.2m以上，その他の場所においては0.6m以上としなければならない。

解説

（2）　需要場所に施設する際の表示は電圧だけでよく，物件の名称と管理者名は省略することができる。また，需要場所に施設する高圧地中電線路であって，その長さが15m以下のものにあっては表示を省略できる。

図5-1は，地中電線路と地表の間に布設する埋設標識シートである。

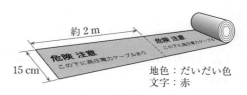

図5-1　埋設標識シートの例

（4）　防火措置として，地中電線に耐燃措置を施す方法に代えて，暗きょ内に自動消火装置を施設する方法でもよい。

（5）　堅ろうなトラフに収めるのは，地中電線を衝撃から防護するためである。

Point 平成30年に関連問題が出題されている。

令和4(2022) 令和3(202 令和2(2020 令和元(2019 平成30(2018 平成29(2017 平成28(2016 平成27(2015 平成26(2014 平成25(2013 平成24(2012 平成23(2011 平成22(2010 平成21(2009 平成20(2008

問6　出題分野＜電技解釈＞　　難易度 ★★★　重要度 ★★★

　次の文章は，「電気設備技術基準の解釈」に基づく低圧屋内配線の施設場所による工事の種類に関する記述である。

　低圧屋内配線は，次の表に規定する工事のいずれかにより施設すること。ただし，ショウウインドー又はショウケース内，粉じんの多い場所，可燃性ガス等の存在する場所，危険物等の存在する場所及び火薬庫内に低圧屋内配線を施設する場合を除く。

施設場所の区分		使用電圧の区分	工事の種類											
			がいし引き工事	合成樹脂管工事	金属管工事	金属可とう電線管工事	ア工事	イ工事	ウ工事	ケーブル工事	フロアダクト工事	セルラダクト工事	ライティングダクト工事	平形保護層工事
展開した場所	乾燥した場所	300 V 以下	○	○	○	○	○	○	○	○			○	
		300 V 超過	○	○	○	○		○	○	○				
	湿気の多い場所又は水気のある場所	300 V 以下	○	○	○	○				○				
		300 V 超過								○				
点検できる隠ぺい場所	乾燥した場所	300 V 以下	○	○	○	○	○	○	○	○		○	○	○
		300 V 超過	○	○	○	○		○	○	○				
	湿気の多い場所又は水気のある場所	—	○	○	○	○				○				
点検できない隠ぺい場所	乾燥した場所	300 V 以下		○	○	○				○	○	○		
		300 V 超過		○	○	○				○				
	湿気の多い場所又は水気のある場所	—		○	○	○				○				

備考：○は使用できることを示す。

　上記の表の空白箇所（ア）〜（ウ）に当てはまる組合せとして，正しいものを次の（1）〜（5）のうちから一つ選べ。

	（ア）	（イ）	（ウ）
（1）	金属線ぴ	金属ダクト	バスダクト
（2）	金属線ぴ	バスダクト	金属ダクト
（3）	金属ダクト	金属線ぴ	バスダクト
（4）	金属ダクト	バスダクト	金属線ぴ
（5）	バスダクト	金属線ぴ	金属ダクト

問 6 の解答　出題項目＜156 条＞　　　　　　答え　（1）

電技解釈第 156 条（低圧屋内配線の施設場所による工事の種類）からの出題である。

表中の空白箇所を補充すると，下表のようになる。

解説

低圧屋内配線は，施設場所と使用電圧によって，適用可能な工事が規定されている。

このうち，次の①～④は，施設場所の制約がなく，どの場所でも施工できる。

① ケーブル工事
② 金属管工事
③ 合成樹脂管工事
④ 金属可とう電線管工事

金属線ぴ，金属ダクト，バスダクト等の工事は，施設場所や使用電圧の規制があり，適用箇所の制約がある。

Point まず，オールマイティの四つの工事（①～④）を確実に覚えておくのが王道である。

施設場所の区分		使用電圧の区分	がいし引き工事	合成樹脂管工事	金属管工事	金属可とう電線管工事	金属線ぴ工事	金属ダクト工事	バスダクト工事	ケーブル工事	フロアダクト工事	セルラダクト工事	ライティングダクト工事	平形保護層工事
展開した場所	乾燥した場所	300 V 以下	○	○	○	○	○	○	○	○			○	
		300 V 超過	○	○	○	○		○	○	○				
	湿気の多い場所又は水気のある場所	300 V 以下	○	○	○	○			○	○				
		300 V 超過	○	○	○	○				○				
点検できる隠ぺい場所	乾燥した場所	300 V 以下	○	○	○	○	○	○	○	○		○	○	○
		300 V 超過	○	○	○	○		○	○	○				
	湿気の多い場所又は水気のある場所	―		○	○	○	○			○				
点検できない隠ぺい場所	乾燥した場所	300 V 以下		○	○	○				○	○	○		
		300 V 超過		○	○	○				○				
	湿気の多い場所又は水気のある場所	―		○	○	○				○				

備考：○は使用できることを示す。

問7 出題分野＜電技，電技解釈＞ 難易度 ★★★ 重要度 ★★★

次の文章は，「電気設備技術基準」及び「電気設備技術基準の解釈」に基づく引込線に関する記述である。

a）引込線とは，　(ア)　及び需要場所の造営物の側面等に施設する電線であって，当該需要場所の　(イ)　に至るもの

b）　(ア)　とは，架空電線路の支持物から　(ウ)　を経ずに需要場所の　(エ)　に至る架空電線

c）　(オ)　とは，引込線のうち一需要場所の引込線から分岐して，支持物を経ないで他の需要場所の　(イ)　に至る部分の電線

上記の記述中の空白箇所（ア）〜（オ）に当てはまる組合せとして，正しいものを次の（１）〜（５）のうちから一つ選べ。

	（ア）	（イ）	（ウ）	（エ）	（オ）
（１）	架空引込線	引込口	他の需要場所	取付け点	連接引込線
（２）	連接引込線	引込口	他の需要場所	取付け点	架空引込線
（３）	架空引込線	引込口	他の支持物	取付け点	連接引込線
（４）	連接引込線	取付け点	他の需要場所	引込口	架空引込線
（５）	架空引込線	取付け点	他の支持物	引込口	連接引込線

問7の解答　出題項目＜電技1条，解釈1条＞　　　　答え　(3)

a）とb）は電技解釈第1条（用語の定義），c）は電技第1条（用語の定義）からの出題である。

a）　引込線とは，**架空引込線**及び需要場所の造営物の側面等に施設する電線であって，当該需要場所の**引込口**に至るもの

b）　**架空引込線**とは，架空電線路の支持物から<u>他の支持物</u>を経ずに需要場所の**取付け点**に至る架空電線

c）　**連接引込線**とは，引込線のうち一需要場所の引込線から分岐して，支持物を経ないで他の需要場所の**引込口**に至る部分の電線

解説 ·····························

ここに登場する「引込線」，「架空引込線」，「引込口」，「連接引込線」とは，**図7-1**に示す部分であり，これらを関係づけて覚えておかねばならない。

「**引込線 = 架空引込線 + 引込線の屋側部分など**」であり，地中引込線は電技解釈では明示されていない。連接引込線については，解釈第116条（低圧架空引込線等の施設）で次の①〜③のように施設することと規定されている。

> ①　引込線から分岐する点から100mを超える地域にわたらないこと
> ②　幅5mを超える道路を横断しないこと
> ③　屋内を通過しないこと

連接引込線は低圧に限られ，高圧または特別高圧の連接引込線は施設が禁止されている（電技第38条）。

Point 平成28年に高圧架空引込線の施設が出題されている。平成29年にも関連問題が出題されている。

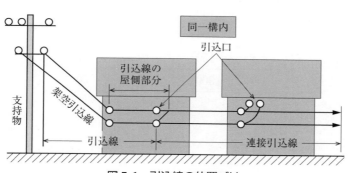

図7-1　引込線の位置づけ

問8 出題分野＜電技解釈＞ | 難易度 ★★★ | 重要度 ★★★

次の文章は，「電気設備技術基準の解釈」に基づく特殊機器等の施設に関する記述である。

a) 遊戯用電車（遊園地の構内等において遊戯用のために施設するものであって，人や物を別の場所へ運送することを主な目的としないものをいう。）に電気を供給するために使用する変圧器は，絶縁変圧器であるとともに，その1次側の使用電圧は ＿（ア）＿ V以下であること。

b) 電気浴器の電源は，電気用品安全法の適用を受ける電気浴器用電源装置（内蔵されている電源変圧器の2次側電路の使用電圧が ＿（イ）＿ V以下のものに限る。）であること。

c) 電気自動車等（カタピラ及びそりを有する軽自動車，大型特殊自動車，小型特殊自動車並びに被牽引自動車を除く。）から供給設備（電力変換装置，保護装置等の電気自動車等から電気を供給する際に必要な設備を収めた筐体等をいう。）を介して，一般用電気工作物に電気を供給する場合，当該電気自動車等の出力は， ＿（ウ）＿ kW未満であること。

上記の記述中の空白箇所（ア）～（ウ）に当てはまる組合せとして，正しいものを次の（1）～（5）のうちから一つ選べ。

	（ア）	（イ）	（ウ）
（1）	300	10	10
（2）	150	5	10
（3）	300	5	20
（4）	150	10	10
（5）	300	10	20

問 8 の解答　　出題項目＜189, 198 条, 199 条の 2＞　　　　　答え　（1）

　a）は電技解釈第 189 条（遊戯用電車の施設），b）は電技解釈第 198 条（電気浴器等の施設），c）は電技解釈第 199 条の 2（電気自動車等から電気を供給するための設備等の施設）からの出題である。

　a）　遊戯用電車（遊園地の構内等において遊戯用のために施設するものであって，人や物を別の場所へ運送することを主な目的としないものをいう。）に電気を供給するために使用する変圧器は，絶縁変圧器であるとともに，その 1 次側の使用電圧は **300** V 以下であること。

　b）　電気浴器の電源は，電気用品安全法の適用を受ける電気浴器用電源装置（内蔵されている電源変圧器の 2 次側電路の使用電圧が **10** V 以下

のものに限る。）であること。

　c）　電気自動車等（カタピラ及びそりを有する軽自動車，大型特殊自動車，小型特殊自動車並びに被牽引自動車を除く。）から供給設備（電力変換装置，保護装置等の電気自動車等から電気を供給する際に必要な設備を収めた筐体等をいう。）を介して，一般用電気工作物に電気を供給する場合，当該電気自動車等の出力は，**10** kW 未満であること。

解説

　図 8-1 に，電気自動車等から電気を供給するための設備等の施設のイメージを示す。

Point　規定の数値を覚えておくこと。

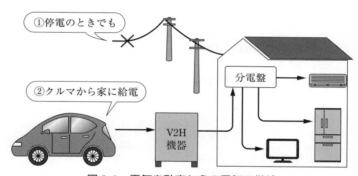

図 8-1　電気自動車からの電気の供給
（出典：一般社団法人　次世代自動車振興センター，ホームページ）

令和
4
(202

令和
3
(202

令和
2
(2020

令和
元
(2019

平成
30
(2018

平成
29
(2017

平成
28
(2016

平成
27
(2015

平成
26
(2014

平成
25
(2013

平成
24
(2012

平成
23
(2011

平成
22
(2010

平成
21
(2009)

平成
20
(2008)

問9　出題分野＜電技解釈＞　難易度 ★★★　重要度 ★★★

次の文章は，「電気設備技術基準の解釈」における配線器具の施設に関する記述の一部である。

　低圧用の配線器具は，次により施設すること。

a）　　（ア）　ように施設すること。ただし，取扱者以外の者が出入りできないように措置した場所に施設する場合は，この限りでない。

b）　湿気の多い場所又は水気のある場所に施設する場合は，防湿装置を施すこと。

c）　配線器具に電線を接続する場合は，ねじ止めその他これと同等以上の効力のある方法により，堅ろうに，かつ，電気的に完全に接続するとともに，接続点に　（イ）　が加わらないようにすること。

d）　屋外において電気機械器具に施設する開閉器，接続器，点滅器その他の器具は，　（ウ）　おそれがある場合には，これに堅ろうな防護装置を施すこと。

　上記の記述中の空白箇所（ア）〜（ウ）に当てはまる組合せとして，正しいものを次の（1）〜（5）のうちから一つ選べ。

	（ア）	（イ）	（ウ）
（1）	充電部分が露出しない	張力	感電の
（2）	取扱者以外の者が容易に開けることができない	異常電圧	損傷を受ける
（3）	取扱者以外の者が容易に開けることができない	張力	感電の
（4）	取扱者以外の者が容易に開けることができない	異常電圧	感電の
（5）	充電部分が露出しない	張力	損傷を受ける

問 9 の解答　出題項目＜150 条＞

答え　(5)

電技解釈第 150 条（配線器具の施設）からの出題である。

低圧用の配線器具は，次により施設すること。

a）**充電部分が露出しない**ように施設すること。ただし，取扱者以外の者が出入りできないように措置した場所に施設する場合は，この限りでない。

b）湿気の多い場所又は水気のある場所に施設する場合は，防湿装置を施すこと。

c）配線器具に電線を接続する場合は，ねじ止めその他これと同等以上の効力のある方法により，堅ろうに，かつ，電気的に完全に接続するとともに，接続点に**張力**が加わらないようにすること。

d）屋外において電気機械器具に施設する開閉器，接続器，点滅器その他の器具は，**損傷を受ける**おそれがある場合には，これに堅ろうな防護装置を施すこと。

解 説

低圧用の配線器具は，一般家庭や商店などに施設されるため感電の危険性があることから，施設方法を規定している。電線を接続する場合のねじ止めの例は，**図 9-1** に示すとおりである。

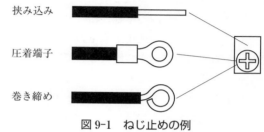

挟み込み

圧着端子

巻き締め

図 9-1　ねじ止めの例

Point 電技解釈第 150 条（配線器具の施設）では，低圧用の非包装ヒューズについても規定している。

令和 4 (2022)
令和 3 (2021)
令和 2 (2020)
令和 元 (2019)
平成 30 (2018)
平成 29 (2017)
平成 28 (2016)
平成 27 (2015)
平成 26 (2014)
平成 25 (2013)
平成 24 (2012)
平成 23 (2011)
平成 22 (2010)
平成 21 (2009)
平成 20 (2008)

問10　出題分野＜電技解釈＞　　難易度 ★★★　重要度 ★★★

次の文章は，「電気設備技術基準の解釈」に基づく分散型電源の高圧連系時の系統連系用保護装置に関する記述である。

高圧の電力系統に分散型電源を連系する場合は，次により，異常時に分散型電源を自動的に解列するための装置を施設すること。

a）次に掲げる異常を保護リレー等により検出し，分散型電源を自動的に解列すること。

①　分散型電源の異常又は故障

②　連系している電力系統の　(ア)

③　分散型電源の単独運転

b）　(イ)　が運用する電力系統において再閉路が行われる場合は，当該再閉路時に，分散型電源が当該電力系統から解列されていること。

c）「逆変換装置を用いて連系する場合」において，「逆潮流有りの場合」の保護リレー等は，次によること。

　　表に規定する保護リレー等を受電点その他故障の検出が可能な場所に設置すること。

検出する異常	保護リレー等の種類
発電電圧異常上昇	過電圧リレー
発電電圧異常低下	不足電圧リレー
系統側短絡事故	不足電圧リレー
系統側地絡事故	(ウ) リレー
単独運転	周波数上昇リレー
	周波数低下リレー
	転送遮断装置又は単独運転検出装置

上記の記述中の空白箇所(ア)〜(ウ)に当てはまる組合せとして，正しいものを次の(1)〜(5)のうちから一つ選べ。

	(ア)	(イ)	(ウ)
(1)	短絡事故又は地絡事故	一般送配電事業者	欠相
(2)	短絡事故又は地絡事故	発電事業者	地絡過電圧
(3)	高低圧混触事故	一般送配電事業者	地絡過電圧
(4)	高低圧混触事故	発電事業者	欠相
(5)	短絡事故又は地絡事故	一般送配電事業者	地絡過電圧

問 10 の解答　出題項目＜229 条＞

答え　(5)

電技解釈第 229 条(高圧連系時の系統連系用保護装置)からの出題である。

高圧の電力系統に分散型電源を連系する場合は，次により，異常時に分散型電源を自動的に解列するための装置を施設すること。

a)　次に掲げる異常を保護リレー等により検出し，分散型電源を自動的に解列すること。

①　分散型電源の異常又は故障

②　連系している電力系統の**短絡事故又は地絡事故**

③　分散型電源の単独運転

b)　**一般送配電事業者**が運用する電力系統において再閉路が行われる場合は，当該再閉路時に，分散型電源が当該電力系統から解列されていること。

c)　「逆変換装置を用いて連系する場合」において，「逆潮流有りの場合」の保護リレー等は，次によること。

次表に規定する保護リレー等を受電点その他故障の検出が可能な場所に設置すること。

検出する異常	保護リレー等の種類
発電電圧異常上昇	過電圧リレー
発電電圧異常低下	不足電圧リレー
系統側短絡事故	不足電圧リレー
系統側地絡事故	**地絡過電圧**リレー
単独運転	周波数上昇リレー
	周波数低下リレー
	転送遮断装置 又は 単独運転検出装置

解説

電技解釈第 229 条は，高圧発電設備を連系する場合の保護装置について規定している。

c)における**地絡過電圧リレー**は，系統事故時に発電機側からの地絡電流が小さく，地絡過電流リレーが動作しない場合があるため設置する。

また，単独運転時の転送遮断装置は高価で保守運用面での問題があることから，単独運転検出装置でもよい旨が規定されている。

Point 平成 30 年に類似問題が出題されている。

令和
4
(2022)

令和
3
(2021)

令和
2
(2020)

令和
元
(2019)

平成
30
(2018)

平成
29
(2017)

平成
28
(2016)

平成
27
(2015)

平成
26
(2014)

平成
25
(2013)

平成
24
(2012)

平成
23
(2011)

平成
22
(2010)

平成
21
(2009)

平成
20
(2008)

B 問 題

（問11及び問12の配点は1問題当たり(a)6点，(b)7点，計13点，問13の配点は(a)7点，(b)7点，計14点）

問11 出題分野＜電気事業法，関係報告規則，施設管理＞ 難易度 ★★★ 重要度 ★★☆

電気工作物に起因する供給支障事故について，次の(a)及び(b)の問に答えよ。

（a）次の記述中の空白箇所(ア)～(エ)に当てはまる組合せとして，正しいものを次の(1)～(5)のうちから一つ選べ。

① 電気事業法第39条(事業用電気工作物の維持)において，事業用電気工作物の損壊により　(ア)　者の電気の供給に著しい支障を及ぼさないようにすることが規定されている。

② 「電気関係報告規則」において，　(イ)　を設置する者は，　(ア)　の用に供する電気工作物と電気的に接続されている電圧　(ウ)　V以上の　(イ)　の破損又は　(イ)　の誤操作若しくは　(イ)　を操作しないことにより　(ア)　者に供給支障を発生させた場合，電気工作物の設置の場所を管轄する産業保安監督部長に事故報告をしなければならないことが規定されている。

③ 図1に示す高圧配電系統により高圧需要家が受電している。事故点1，事故点2又は事故点3のいずれかで短絡等により高圧配電系統に供給支障が発した場合，②の報告対象となるのは　(エ)　である。

	(ア)	(イ)	(ウ)	(エ)
(1)	一般送配電事業	自家用電気工作物	6 000	事故点1又は事故点2
(2)	送電事業	事業用電気工作物	3 000	事故点1又は事故点3
(3)	一般送配電事業	事業用電気工作物	6 000	事故点2又は事故点3
(4)	送電事業	事業用電気工作物	6 000	事故点1又は事故点2
(5)	一般送配電事業	自家用電気工作物	3 000	事故点2又は事故点3

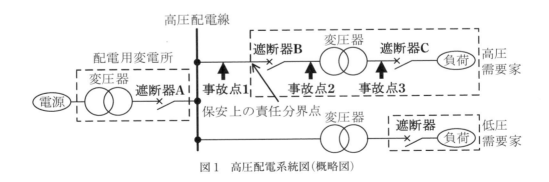

図1　高圧配電系統図（概略図）

（次々頁に続く）

問 11 （a）の解答　出題項目＜法 39 条，規則 3 条＞　　答え　（5）

①は電気事業法第 39 条（事業用電気工作物の維持），②は電気関係報告規則第 3 条（事故報告）からの出題である。

①　電気事業法第 39 条（事業用電気工作物の維持）において，事業用電気工作物の損壊により**一般送配電事業**者の電気の供給に支障を及ぼさないようにすることが規定されている。

②　「電気関係報告規則」において，**自家用電気工作物**を設置する者は，**一般送配電事業**の用に供する電気工作物と電気的に接続されている電圧**3 000 V** 以上の**自家用電気工作物**の破損又は**自家用電気工作物**の誤操作若しくは**自家用電気工作物**を操作しないことにより**一般送配電事業**者に供給支障を発生させた場合，電気工作物の設置の場所を管轄する産業保安監督部長に事故報告をしなければならないことが規定されている。

③　問題図 1 に示す高圧配電系統により高圧需要家が受電している。事故点 1，事故点 2 又は事故点 3 のいずれかで短絡等により高圧配電系統に供給支障が発生した場合，②の報告対象となるのは**事故点 2 又は事故点 3** である。

解説

③の事故点 1，事故点 2 または事故点 3 のいずれかで短絡等により高圧配電系統に供給支障が発生した場合，②の報告対象となるのは，保安上の責任分界点（**図 11-1**）より負荷側での自家用電気

工作物の短絡事故等によって一般送配電事業者に供給支障を発生させた場合である。事故点 1 は一般送配電事業者側の事故なので，②の報告対象とはならない。

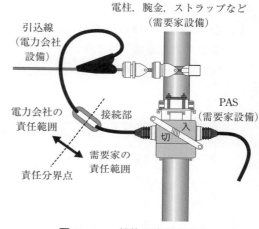

図 11-1　一般的な責任分界点
（出典：新電気 2017 年 12 月号）

補足　②の自家用電気工作物の設置者の事故報告としては，主要電気工作物の破損事故の報告対象は**電圧 1 万 V 以上**で，一般送配電事業者等への波及事故の報告対象は**3 000 V 以上**であることに注意しておく必要がある。

（続き）

（ｂ）　次の記述中の空白箇所（ア）～（エ）に当てはまる組合せとして，正しいものを次の（１）～（５）の
うちから一つ選べ。

①　受電設備を含む配電系統において，過負荷又は短絡あるいは地絡が生じたとき，供給支障の拡
大を防ぐため，事故点直近上位の遮断器のみが動作し，他の遮断器は動作しないとき，これらの
遮断器の間では　（ア）　がとられているという。

②　図２は，図１の高圧需要家の事故点２又は事故点３で短絡が発生した場合の過電流と遮断器
（遮断器Ａ及び遮断器Ｂ）の継電器動作時間の関係を示したものである。　（ア）　がとられてい
る場合，遮断器Ｂの継電器動作特性曲線は，　（イ）　である。

③　図３は，図１の高圧需要家の事故点２で地絡が発生した場合の零相電流と遮断器（遮断器Ａ及
び遮断器Ｂ）の継電器動作時間の関係を示したものである。　（ア）　がとられている場合，遮断
器Ｂの継電器動作特性曲線は，　（ウ）　である。また，地絡の発生箇所が零相変流器より負荷
側か電源側かを判別するため　（エ）　の使用が推奨されている。

	（ア）	（イ）	（ウ）	（エ）
（１）	同期協調	曲線2	曲線3	地絡距離継電器
（２）	同期協調	曲線1	曲線3	地絡方向継電器
（３）	保護協調	曲線1	曲線4	地絡距離継電器
（４）	保護協調	曲線2	曲線4	地絡方向継電器
（５）	保護協調	曲線2	曲線3	地絡距離継電器

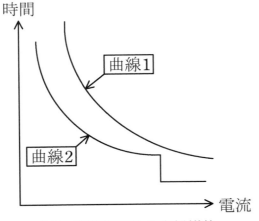

図２　過電流継電器–連動遮断特性

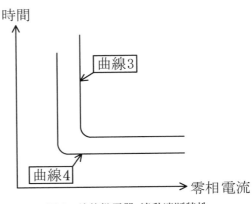

図３　地絡継電器–連動遮断特性

問 11 （b）の解答　出題項目＜保護協調＞　　　　答え　（4）

①　受電設備を含む配電系統において，過負荷又は短絡あるいは地絡が生じたとき，供給支障の拡大を防ぐため，事故点直近上位の遮断器のみが動作し，他の遮断器は動作しないとき，これらの遮断器の間では**保護協調**がとられているという。

②　問題図2は，問題図1の高圧需要家の事故点2又は事故点3で短絡が発生した場合の過電流と遮断器（遮断器A及び遮断器B）の継電器動作時間の関係を示したものである。**保護協調**がとられている場合，遮断器Bの継電器動作特性曲線は，**曲線2**である。

③　問題図3は，問題図1の高圧需要家の事故点2で地絡が発生した場合の零相電流と遮断器（遮断器A及び遮断器B）の継電器動作時間の関係を示したものである。**保護協調**がとられている場合，遮断器Bの継電器動作特性曲線は，**曲線4**である。また，地絡の発生箇所が零相変流器より負荷側か電源側かを判別するため**地絡方向継電器**の使用が推奨されている。

解 説

①　保護協調とは，上位系（電源に近い側）と下位系（負荷に近い側）とに設置されている保護装置の動作値や動作時間を適正に整定することによって，下位系で過負荷または短絡あるいは地絡が生じたとき，停電時の影響を最小範囲として健全回路への給電を継続することをいう。

②　問題図1の高圧需要家の事故点2又は事故点3で短絡が発生した場合，問題図2の過電流継電器–連動遮断特性での**主保護は曲線2（遮断器B）で（図11-2），後備保護は曲線1（遮断器A）**である。

後備保護は，主保護が何らかの要因で動作しない（不動作）場合に事故設備を含めて広範囲に切り離すもので，主保護と後備保護には時間協調が必要である。

動作時間の整定にあたっては，一般送配電事業者の配電用変電所の過電流保護装置との動作協調をとるため，一般送配電事業者との協議が必要である。

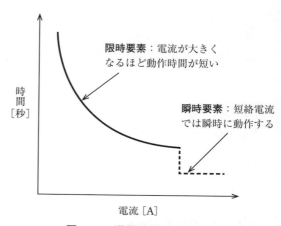

図 11-2　過電流継電器の特性

（図中）
限時要素：電流が大きくなるほど動作時間が短い
瞬時要素：短絡電流では瞬時に動作する
時間〔秒〕
電流〔A〕

③　問題図1の高圧需要家の事故点2で地絡事故が発生した場合，問題図3の地絡継電器–連動遮断特性での**主保護は曲線4（遮断器B）で，後備保護は曲線3（遮断器A）**である。

動作時間の整定にあたっては，過電流保護と同様，一般送配電事業者の配電用変電所の地絡保護装置との動作協調をとるため，一般送配電事業者との協議が必要である。

また，地絡保護装置から負荷側の高圧電路における対地静電容量が大きい場合は，**地絡過電流継電器**では高圧配電線側の事故（外部事故）が発生すると，もらい事故による不必要動作する場合がある。これを回避させるため，零相電圧と零相電流の二要素で動作する**地絡方向継電器**の使用が推奨されている。

Point　平成28年に関連問題が出題されている。

問 12　出題分野＜電技解釈＞　難易度 ★★★　重要度 ★★★

次の文章は，「電気設備技術基準の解釈」に基づく変圧器の電路の絶縁耐力試験に関する記述である。

変圧器（放電灯用変圧器，エックス線管用変圧器等の変圧器，及び特殊用途のものを除く。）の電路は，次のいずれかに適合する絶縁性能を有すること。

①　表の中欄に規定する試験電圧を，同表の右欄で規定する試験方法で加えたとき，これに耐える性能を有すること。

②　日本電気技術規格委員会規格 JESC E7001（2018）「電路の絶縁耐力の確認方法」の「3.2 変圧器の電路の絶縁耐力の確認方法」により絶縁耐力を確認したものであること。

変圧器の巻線の種類		試験電圧	試験方法
最大使用電圧が　ア　V 以下のもの		最大使用電圧の　イ　倍の電圧（　ウ　V 未満となる場合は　ウ　V）	試験される巻線と他の巻線，鉄心及び外箱との間に試験電圧を連続して 10 分間加える。
最大使用電圧が　ア　V を超え，60 000 V 以下のもの	最大使用電圧が 15 000 V 以下のものであって，中性点接地式電路（中性点を有するものであって，その中性線に多重接地するものに限る。）に接続するもの	最大使用電圧の 0.92 倍の電圧	
	上記以外のもの	最大使用電圧の　エ　倍の電圧（10 500 V 未満となる場合は 10 500 V）	

上記の記述に関して，次の（a）及び（b）の問に答えよ。

（a）　表中の空白箇所（ア）～（エ）に当てはまる組合せとして，正しいものを次の（1）～（5）のうちから一つ選べ。

	（ア）	（イ）	（ウ）	（エ）
（1）	6 900	1.1	500	1.25
（2）	6 950	1.25	600	1.5
（3）	7 000	1.5	600	1.25
（4）	7 000	1.5	500	1.25
（5）	7 200	1.75	500	1.75

（b）　公称電圧 22 000 V の電線路に接続して使用される受電用変圧器の絶縁耐力試験を，表の記載に基づき実施する場合の試験電圧の値[V]として，最も近いものを次の（1）～（5）のうちから一つ選べ。

（1）　28 750　　（2）　30 250　　（3）　34 500　　（4）　36 300　　（5）　38 500

問 12 （a）の解答　出題項目＜16条＞　　答え　（4）

電技解釈第 16 条（機械器具等の電路の絶縁性能）からの出題である。

表中の空白箇所を補充すると，下表のようになる。

解説

変圧器には二つ以上の巻線があるため，巻線ごとの絶縁耐力試験が規定されている。

②の日本電気技術規格委員会規格 JESC E7001（2018）「電路の絶縁耐力の確認方法」の「3.2 変圧器の電路の絶縁耐力の試験方法」により絶縁耐力を確認した場合には，①と同じ絶縁性能を有しているものとみなされる。

Point 電技解釈第 15 条（高圧又は特別高圧の電路の絶縁性能）と同じ試験電圧の求め方なので，併せて学習しておくとよい。

変圧器の巻線の種類		試験電圧	試験方法
最大使用電圧が **7 000** V 以下のもの		最大使用電圧の **1.5** 倍の電圧（**500** V 未満となる場合は **500** V）	試験される巻線と他の巻線，鉄心及び外箱との間に試験電圧を連続して 10 分間加える。
最大使用電圧が **7 000** V を超え，60 000 V 以下のもの	最大使用電圧が 15 000 V 以下のものであって，中性点接地式電路（中性点を有するものであって，その中性線に多重接地するものに限る。）に接続するもの	最大使用電圧の 0.92 倍の電圧	
	上記以外のもの	最大使用電圧の **1.25** 倍の電圧（10 500 V 未満となる場合は 10 500 V）	

問 12 （b）の解答　出題項目＜1，16条＞　　答え　（1）

最大使用電圧は電技解釈第 1 条（用語の定義）で規定されており，使用電圧（公称電圧）が 1 000 V を超え 50 000 V 未満の場合には，最大使用電圧は次のように計算される。

最大使用電圧＝公称電圧 $\times \dfrac{1.15}{1.1}$ [V]

したがって，試験電圧 V_T は次のように計算できる。

$$V_T = \left(公称電圧 \times \frac{1.15}{1.1} \right) \times 1.25$$

$$= \left(22\,000 \times \frac{1.15}{1.1} \right) \times 1.25$$

$$= 28\,750 [V]$$

解説

試験回路の例は，**図 12-1** のようになる。

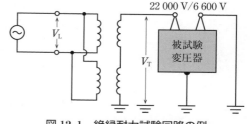

図 12-1　絶縁耐力試験回路の例

令和
4
(202

令和
3
(202

令和
2
(2020)

令和
元
(2019)

平成
30
(2018)

平成
29
(2017)

平成
28
(2016)

平成
27
(2015)

平成
26
(2014)

平成
25
(2013)

平成
24
(2012)

平成
23
(2011)

平成
22
(2010)

平成
21
(2009)

平成
20
(2008)

問13　出題分野＜電気施設管理＞　　難易度 ★★☆　重要度 ★★☆

　図に示すように，高調波発生機器と高圧進相コンデンサ設備を設置した高圧需要家が配電線インピーダンス Z_S を介して 6.6 kV 配電系統から受電しているとする。

　コンデンサ設備は直列リアクトル SR 及びコンデンサ SC で構成されているとし，高調波発生機器からは第5次高調波電流 I_5 が発生するものとして，次の（a）及び（b）の問に答えよ。

　ただし，Z_S，SR，SC の基本波周波数に対するそれぞれのインピーダンス $\dot{Z}_{S1}$，$\dot{Z}_{SR1}$，$\dot{Z}_{SC1}$ の値は次のとおりとする。

　　$\dot{Z}_{S1} = \mathrm{j}4.4\ \Omega$，$\dot{Z}_{SR1} = \mathrm{j}33\ \Omega$，$\dot{Z}_{SC1} = -\mathrm{j}545\ \Omega$

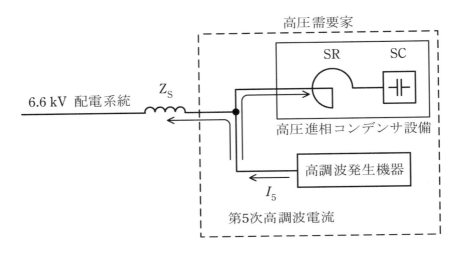

（a）　系統に流出する高調波電流は高調波に対するコンデンサ設備インピーダンスと配電線インピーダンスの値により決まる。

　　Z_S，SR，SC の第5次高調波に対するそれぞれのインピーダンス $\dot{Z}_{S5}$，$\dot{Z}_{SR5}$，$\dot{Z}_{SC5}$ の値［Ω］の組合せとして，最も近いものを次の（1）～（5）のうちから一つ選べ。

	$\dot{Z}_{S5}$	$\dot{Z}_{SR5}$	$\dot{Z}_{SC5}$
（1）	j22	j165	−j2 725
（2）	j9.8	j73.8	−j1 218.7
（3）	j9.8	j73.8	−j243.7
（4）	j110	j825	−j21.8
（5）	j22	j165	−j109

（次々頁に続く）

問13（a）の解答　　出題項目＜高調波＞　　答え（5）

Z_S，SR，SC の第 5 次高調波に対するそれぞれのインピーダンス $\dot{Z}_{S5}$，$\dot{Z}_{SR5}$，$\dot{Z}_{SC5}$ の値は，次のように計算できる。

$$\dot{Z}_{S5}=5\dot{Z}_{S1}=5\times j4.4=j22[\Omega]$$
$$\dot{Z}_{SR5}=5\dot{Z}_{SR1}=5\times j33=j165[\Omega]$$
$$\dot{Z}_{SC5}=\frac{\dot{Z}_{SC1}}{5}=\frac{-j545}{5}=-j109[\Omega]$$

解説

① 基本波周波数における誘導性リアクタンスが $\omega L[\Omega]$，容量性リアクタンスが $\dfrac{1}{\omega C}[\Omega]$ であるとき，第 n 次高調波ではそれぞれ $n\omega L[\Omega]$，$\dfrac{1}{n\omega C}[\Omega]$ となる。

② 直列リアクトルの設置目的は，以下のようなものである。

半導体制御機器などの高調波発生機器からの高調波電流によって，高圧進相コンデンサの焼損を招く。この対策として用いられるのが直列リアクトルで，高調波による系統の電圧ひずみを改善するとともに，高圧進相コンデンサへの突入電流を抑制し，異常電圧の発生を抑える。

設置にあたっては，一般にコンデンサ定格容量の 6 % のものが使用され，第 5 次高調波に対して誘導性とすることにより，配電線路のリアクタンスとの共振を生じないようにしている。

Point 平成 26 年に関連問題が出題されている。

（続き）

（b）「高圧又は特別高圧で受電する需要家の高調波抑制対策ガイドライン」では需要家から系統に流出する高調波電流の上限値が示されており，6.6 kV系統への第5次高調波の流出電流上限値は契約電力1 kW当たり3.5 mAとなっている。

　　今，需要家の契約電力が250 kWとし，上記ガイドラインに従うものとする。

　　このとき，高調波発生機器から発生する第5次高調波電流I_5の上限値（6.6 kV配電系統換算値）の値[A]として，最も近いものを次の（1）～（5）のうちから一つ選べ。

　　ただし，高調波発生機器からの高調波は第5次高調波電流のみとし，その他の高調波及び記載以外のインピーダンスは無視するものとする。

　　なお，上記ガイドラインの実際の適用に当たっては，需要形態による適用緩和措置，高調波発生機器の種類，稼働率などを考慮する必要があるが，ここではこれらは考慮せず流出電流上限値のみを適用するものとする。

（1）　0.6　　（2）　0.8　　（3）　1.0　　（4）　1.2　　（5）　2.2

令和4 (2022)
令和3 (2021)
令和2 (2020)
令和元 (2019)
平成30 (2018)
平成29 (2017)
平成28 (2016)
平成27 (2015)
平成26 (2014)
平成25 (2013)
平成24 (2012)
平成23 (2011)
平成22 (2010)
平成21 (2009)
平成20 (2008)

問13（b）の解答　　出題項目＜高調波＞　　　答え　（4）

6.6 kV 系統への第 5 次高調波の流出電流上限値 I_{S5} の値は，次のように計算できる。

$$I_{S5}=(3.5\times10^{-3})\times250=0.875[\text{A}]$$

高調波発生機器から発生する第 5 次高調波電流の上限値を I_5 とすると，このときの等価回路は**図 13-1** のように表せる。

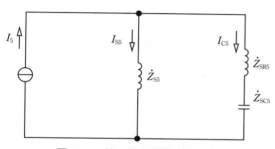

図 13-1　第 5 次高調波等価回路

これより，

$$I_{S5}=\left|\frac{\dot{Z}_{SR5}+\dot{Z}_{SC5}}{\dot{Z}_{S5}+(\dot{Z}_{SR5}+\dot{Z}_{SC5})}\right|\times I_5$$

$$=\left|\frac{\text{j}165-\text{j}109}{\text{j}22+(\text{j}165-\text{j}109)}\right|\times I_5$$

$$=\frac{56}{78}I_5$$

$$\therefore\ I_5=\frac{78}{56}\times I_{S5}=\frac{78}{56}\times0.875$$

$$=1.21875\fallingdotseq1.2[\text{A}]$$

解説 ・・・・・・・・・・・・・・・・・・・・・・・・・・・・

①　6.6 kV 系統への第 5 次高調波の流出電流上限値 I_{S5} は，契約電力 1 kW 当たりの第 5 次高調波の流出電流上限値が 3.5 mA であることから，契約電力 250 kW では 3.5 mA の 250 倍として求められる。

②　高調波発生機器から発生する第 5 次高調波電流の上限値を I_5 とした等価回路は，高調波発生機器から見て 6.6 kV 配電系統と高圧進相コンデンサ設備は並列回路になっている。

Point 平成 26 年に関連問題が出題されている。

法規 令和元年度（2019年度）

注1　問題文中に「電気設備技術基準」とあるのは，「電気設備に関する技術基準を定める省令」の略である。

注2　問題文中に「電気設備技術基準の解釈」とあるのは，「電気設備の技術基準の解釈における第1章〜第6章及び第8章」をいう。なお，「第7章 国際規格の取り入れ」の各規定について問う出題にあっては，問題文中にその旨を明示する。

A 問 題 （配点は1問題当たり6点）

問1　出題分野＜電気事業法＞　　難易度 ★★★　重要度 ★★☆

次の文章は，「電気事業法」に基づく電気事業に関する記述である。

a　小売供給とは，　（ア）　の需要に応じ電気を供給することをいい，小売電気事業を営もうとする者は，経済産業大臣の　（イ）　を受けなければならない。小売電気事業者は，正当な理由がある場合を除き，その小売供給の相手方の電気の需要に応ずるために必要な　（ウ）　能力を確保しなければならない。

b　一般送配電事業とは，自らの送配電設備により，その供給区域において，　（エ）　供給及び電力量調整供給を行う事業をいい，その供給区域における最終保障供給及び離島の需要家への離島供給を含む。一般送配電事業を営もうとする者は，経済産業大臣の　（オ）　を受けなければならない。

上記の記述中の空白箇所（ア），（イ），（ウ），（エ）及び（オ）に当てはまる組合せとして，正しいものを次の（1）〜（5）のうちから一つ選べ。

	（ア）	（イ）	（ウ）	（エ）	（オ）
（1）	一般	登録	供給	託送	許可
（2）	特定	許可	発電	特定卸	認可
（3）	一般	登録	発電	特定卸	許可
（4）	一般	許可	供給	特定卸	認可
（5）	特定	登録	供給	託送	認可

問1の解答　　出題項目＜2条，2条の2，2条の12，3条＞　　　答え　(1)

aは電気事業法の第2条(定義)，第2条の2(事業の登録)，第2条の12(供給能力の確保)，bは電気事業法の第2条(定義)，第3条(事業の認可)からの出題である。

a　小売供給とは，**一般**の需要に応じ電気を供給することをいい，小売電気事業を営もうとする者は，経済産業大臣の**登録**を受けなければならない。小売電気事業者は，正当な理由がある場合を除き，その小売供給の相手方の電気の需要に応ずるために必要な**供給**能力を確保しなければならない。

b　一般送配電事業とは，自らの送配電設備により，その供給区域において，**託送**供給及び電力量調整供給を行う事業をいい，その供給区域における最終保障供給及び離島の需要家への離島供給を含む。一般送配電事業を営もうとする者は，経済産業大臣の**許可**を受けなければならない。

解説

電気事業法は，電力の完全自由化のため平成28年に改正されている。

この改正では，**図1-1**のように，従来の電力会社の電気事業を三つの部門に分けて，発電部門，送配電部門，小売部門としている。

このうち，**小売電気事業は登録制**で小売部門が該当し，**一般送配電事業は許可制**で送配電部門が該当している。なお，**発電事業は届出制**で発電部門が該当している。

Point 電気事業法は電力の完全自由化で大幅に改正されているので，確認しておく必要がある。

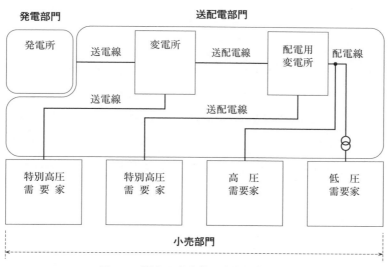

図1-1　電力の自由化による3部門化

問2　出題分野＜電気事業法・施行規則＞　難易度 ★★★　重要度 ★★★

次の文章は，「電気事業法」及び「電気事業法施行規則」に基づき，事業用電気工作物を設置する者が行う検査に関しての記述である。

a 　　(ア)　　以上の需要設備を設置する者は，主務省令で定めるところにより，その使用の開始前に，当該事業用電気工作物について自主検査を行い，その結果を記録し，これを保存しなければならない。（以下，この検査を使用前自主検査という。）

b 　使用前自主検査においては，その事業用電気工作物が次の①及び②のいずれにも適合していることを確認しなければならない。

① 　その工事が電気事業法の規定による　　(イ)　　をした工事の計画に従って行われたものであること。

② 　電気設備技術基準に適合するものであること。

c 　使用前自主検査を行う事業用電気工作物を設置する者は，使用前自主検査に係る体制について，　　(ウ)　　が行う審査を受けなければならない。この審査は，事業用電気工作物の　　(エ)　　を旨として，使用前自主検査の実施に係る組織，検査の方法，工程管理その他主務省令で定める事項について行う。

上記の記述中の空白箇所(ア)，(イ)，(ウ)及び(エ)に当てはまる組合せとして，正しいものを次の(1)～(5)のうちから一つ選べ。

	(ア)	(イ)	(ウ)	(エ)
(1)	受電電圧1万V	申請	電気主任技術者	安全管理
(2)	容量2 000 kW	届出	主務大臣	自己確認
(3)	受電電圧1万V	届出	主務大臣	安全管理
(4)	容量2 000 kW	申請	電気主任技術者	自己確認
(5)	容量2 000 kW	申請	主務大臣	安全管理

問2の解答　出題項目＜法51条，規則65条＞　答え（3）

a～cはいずれも電気事業法第51条（使用前安全管理検査）からの出題である。aは第1項からであるが，「受電電圧1万V以上」については，電気事業法施行規則第65条（工事計画の事前届出）の第1項第一号で言及されている別表第2の「需要設備」に掲げられている。また，bは第2項，cは第3～4項からである。

a　**受電電圧1万V**以上の需要設備を設置する者は，主務省令で定めるところにより，その使用の開始前に，当該事業用電気工作物について自主検査を行い，その結果を記録し，これを保存しなければならない。

b　使用前自主検査においては，その事業用電気工作物が次の①及び②のいずれにも適合していることを確認しなければならない。

①　その工事が電気事業法の規定による**届出**をした工事の計画に従って行われたものであること。

②　電気設備技術基準に適合するものであること。

c　使用前自主検査を行う事業用電気工作物を設置する者は，使用前自主検査に係る体制について，**主務大臣**が行う審査を受けなければならない。この審査は，事業用電気工作物の**安全管理**を旨として，使用前自主検査の実施に係る組織，検査の方法，工程管理その他主務省令で定める事項について行う。

解説

主務大臣に工事計画の事前届出を行った工事は，使用開始前に使用前自主検査を行い，その結果を記録しておかなければならない。

Point 平成25年に関連問題が出題されている。

令和
4
(2022)

令和
3
(2021)

令和
2
(2020)

令和
元
(2019)

平成
30
(2018)

平成
29
(2017)

平成
28
(2016)

平成
27
(2015)

平成
26
(2014)

平成
25
(2013)

平成
24
(2012)

平成
23
(2011)

平成
22
(2010)

平成
21
(2009)

平成
20
(2008)

問3 出題分野＜電技＞ 　難易度 ★★★　重要度 ★★★

「電気設備技術基準」の総則における記述の一部として，誤っているものを次の（1）～（5）のうちから一つ選べ。

（1） 電気設備は，感電，火災その他人体に危害を及ぼし，又は物件に損傷を与えるおそれがないように施設しなければならない。

（2） 電路は，大地から絶縁しなければならない。ただし，構造上やむを得ない場合であって通常予見される使用形態を考慮し危険のおそれがない場合，又は落雷による高電圧の侵入等の異常が発生した際の危険を回避するための接地その他の便宜上必要な措置を講ずる場合は，この限りでない。

（3） 電路に施設する電気機械器具は，通常の使用状態においてその電気機械器具に発生する熱に耐えるものでなければならない。

（4） 電気設備は，他の電気設備その他の物件の機能に電気的又は磁気的な障害を与えないように施設しなければならない。

（5） 高圧又は特別高圧の電気設備は，その損壊により一般送配電事業者の電気の供給に著しい支障を及ぼさないように施設しなければならない。

問4 出題分野＜電技＞ 　難易度 ★★★　重要度 ★★★

次の文章は，「電気設備技術基準」に基づく支持物の倒壊の防止に関する記述の一部である。

架空電線路又は架空電車線路の支持物の材料及び構造（支線を施設する場合は，当該支線に係るものを含む。）は，その支持物が支持する電線等による （ア） ，10分間平均で風速 （イ） m/sの風圧荷重及び当該設置場所において通常想定される地理的条件， （ウ） の変化，振動，衝撃その他の外部環境の影響を考慮し，倒壊のおそれがないよう，安全なものでなければならない。ただし，人家が多く連なっている場所に施設する架空電線路にあっては，その施設場所を考慮して施設する場合は，10分間平均で風速 （イ） m/sの風圧荷重の （エ） の風圧荷重を考慮して施設することができる。

上記の記述中の空白箇所（ア），（イ），（ウ）及び（エ）に当てはまる組合せとして，正しいものを次の（1）～（5）のうちから一つ選べ。

	（ア）	（イ）	（ウ）	（エ）
（1）	引張荷重	60	温度	3分の2
（2）	重量荷重	60	気象	3分の2
（3）	引張荷重	40	気象	2分の1
（4）	重量荷重	60	温度	2分の1
（5）	重量荷重	40	気象	2分の1

（一部改題）

問3の解答　出題項目＜4，5，8，16，18条＞　　答え（2）

（1）は電技第4条（電気設備における感電，火災等の防止），（2）は電技第5条（電路の絶縁），（3）は電技第8条（電気機械器具の熱的強度），（4）は電技第16条（電気設備の電気的，磁気的障害の防止），（5）は電技第18条（電気設備による供給支障の防止）からの出題である。

（1）正。電気設備についての**一般災害防止**のための規定である。

（2）誤。正しくは，次のように規定されている。

「電路は，大地から絶縁しなければならない。ただし，構造上やむを得ない場合であって通常予見される使用形態を考慮し危険のおそれがない場合，又は**混触による高電圧の侵入等**の異常が発生した際の危険を回避するための接地その他の保安上必要な措置を講ずる場合は，この限りでない。」

「混触による高電圧の侵入等」「保安上必要な措置」が，問題文では「落雷による高電圧の侵入等」「便宜上必要な措置」となっている。

現実的には，特別高圧または高圧を低圧に降圧する変圧器では，一次側と二次側が混触する原因の一つとして落雷による混触によって低圧側（二次側）に高電圧が侵入する場合があるので，しっかり条文の表現をチェックしておかないと引っかかってしまうことになる。

（3）正。電気機器の温度上昇試験では限度を超えなければよいが，**温度上昇試験を行う際の根拠となる条文**である。

（4）正。電気設備が**電磁気障害**を起こさないよう，その防止のための規定である。

（5）正。高圧または特別高圧の**電気設備の損壊防止のための規定**であり，波及事故の防止を含めている。

解説

（2）の「混触による高電圧の侵入等」の異常が発生した際の危険を回避するための接地とは，B種接地工事である。この接地によって，混触時の低圧機器の絶縁破壊を防止することができる。

Point 平成27年に関連問題が出題されている。

問4の解答　出題項目＜32条＞　　答え（3）

電技第32条（支持物の倒壊の防止）からの出題である。

架空電線路又は架空電車線路の支持物の材料及び構造（支線を施設する場合は，当該支線に係るものを含む。）は，その支持物が支持する電線等による**引張荷重**，10分間平均で風速**40** m/sの風圧荷重及び当該設置場所において通常想定される地理的条件，**気象**の変化，振動，衝撃その他の外部環境の影響を考慮し，倒壊のおそれがないよう，安全なものでなければならない。ただし，人家が多く連なっている場所に施設する架空電線路にあっては，その施設場所を考慮して施設する場合は，10分間平均で風速**40** m/sの風圧荷重の**2分の1**の風圧荷重を考慮して施設することができる。

解説

電技第32条（支持物の倒壊の防止）は，電技解釈第58条（架空電線路の強度検討に用いる荷重）の根拠となる規定である。

本文中の風速40 m/sの風圧荷重は**甲種風圧荷重**のことである。人家が多く連なっている場所に施設する架空電線路にあっては，その施設場所を考慮して施設する場合は，風速40 m/sの風圧荷重の2分の1の風圧荷重を考慮して施設することができるとされているのは，**丙種風圧荷重**のことである。

参考 風圧荷重には，甲種・乙種・丙種風圧荷重がある。このうち，乙種風圧荷重は，架渉線の周囲に厚さ6 mm，比重0.9の氷雪が付着した状態に対し，甲種風圧荷重の0.5倍を基礎として計算したものである。

Point 平成26年，平成30年に関連した計算問題が出題されている。

令和4(2022)
令和3(2021)
令和2(2020)
令和元(2019)
平成30(2018)
平成29(2017)
平成28(2016)
平成27(2015)
平成26(2014)
平成25(2013)
平成24(2012)
平成23(2011)
平成22(2010)
平成21(2009)
平成20(2008)

問5 出題分野＜電技解釈＞ 難易度 ★★★ 重要度 ★★★

次の文章は，「電気設備技術基準の解釈」に基づく低圧配線及び高圧配線の施設に関する記述である。

a ケーブル工事により施設する低圧配線が，弱電流電線又は水管，ガス管若しくはこれらに類するもの(以下，「水管等」という。)と接近し又は交差する場合は，低圧配線が弱電流電線又は水管等と ＿＿(ア)＿＿ 施設すること。

b 高圧屋内配線工事は，がいし引き工事(乾燥した場所であって ＿＿(イ)＿＿ した場所に限る。)又は ＿＿(ウ)＿＿ により施設すること。

上記の記述中の空白箇所(ア)，(イ)及び(ウ)に当てはまる組合せとして，正しいものを次の(1)～(5)のうちから一つ選べ。

	(ア)	(イ)	(ウ)
(1)	接触しないように	隠ぺい	ケーブル工事
(2)	の離隔距離を 10 cm 以上となるように	展開	金属管工事
(3)	の離隔距離を 10 cm 以上となるように	隠ぺい	ケーブル工事
(4)	接触しないように	展開	ケーブル工事
(5)	接触しないように	隠ぺい	金属管工事

問6 出題分野＜電技解釈＞ 難易度 ★★★ 重要度 ★★★

次の文章は，接地工事に関する工事例である。「電気設備技術基準の解釈」に基づき正しいものを次の(1)～(5)のうちから一つ選べ。

(1) C種接地工事を施す金属体と大地との間の電気抵抗値が80Ωであったので，C種接地工事を省略した。

(2) D種接地工事の接地抵抗値を測定したところ1 200Ωであったので，低圧電路において地絡を生じた場合に0.5秒以内に当該電路を自動的に遮断する装置を施設することとした。

(3) D種接地工事に使用する接地線に直径1.2 mmの軟銅線を使用した。

(4) 鉄骨造の建物において，当該建物の鉄骨を，D種接地工事の接地極に使用するため，建物の鉄骨の一部を地中に埋設するとともに，等電位ボンディングを施した。

(5) 地中に埋設され，かつ，大地との間の電気抵抗値が5Ω以下の値を保っている金属製水道管路を，C種接地工事の接地極に使用した。

問 5 の解答　出題項目＜167, 168条＞

答え　(4)

　a は電技解釈第 167 条(低圧配線と弱電流電線等又は管との接近又は交差)，b は電技解釈第168 条(高圧配線の施設)からの出題である。

　a　ケーブル工事により施設する低圧配線が，弱電流電線又は水管，ガス管若しくはこれらに類するもの(以下，「水管等」という。)と接近し又は交差する場合は，低圧配線が弱電流電線又は水管等と**接触しないように**施設すること。

　b　高圧屋内配線工事は，がいし引き工事(乾燥した場所であって**展開**した場所に限る。)又は**ケーブル工事**により施設すること。

解説

　電技解釈第 167 条(低圧配線と弱電流電線等又は管との接近又は交差)では，弱電流電線又は水管，ガス管若しくはこれらに類するものと接近し又は交差する場合は，**低圧配線が弱電流電線又は水管等と接触しないように施設すること**とされている。

　規定の主旨は，漏電による感電・火災事故の発生を回避することにある。

　規定の**低圧配線**に該当するのは，問題のケーブル工事以外に，合成樹脂管工事，金属管工事，金属可とう電線管工事，金属線ぴ工事，金属ダクト工事，バスダクト工事，フロアダクト工事，セルラダクト工事，ライティングダクト工事，平形保護層工事がある。

　これらの工事のうち，金属製のものには次のような接地工事が義務づけられている。

　① 300 V 以下の場合：D 種接地工事
　② 300 V 超過の場合：C 種接地工事

　電技解釈第 168 条(高圧配線の施設)では，高圧屋内配線工事は，次に掲げる工事のいずれかにより施設することとされている。

　① がいし引き工事(乾燥した場所であって展開した場所に限る。)
　② ケーブル工事

　なお，電技解釈第 169 条(特別高圧配線の施設)では，特別高圧屋内配線の使用電圧は 100 000 V 以下で，配線はケーブル工事のみ施設できることを規定している。

Point　(低圧配線と弱電流電線等又は管との接近又は交差)の規定において，がいし引き工事は危険度が高いことから，最低離隔距離(原則 10 cm)を規定している。

問 6 の解答　出題項目＜17, 18条＞

答え　(4)

　(1)～(3)は電技解釈第 17 条(接地工事の種類及び施設方法)，(4)は電技解釈第 18 条(工作物の金属体を利用した接地工事)，(5)は電技解釈第 18 条(工作物の金属体を利用した接地工事)の改正で削除されたもので，これらからの出題である。

　(1)　誤。C 種接地工事を施す金属体と大地との間の電気抵抗値が**10 Ω 以下**である場合は，C 種接地工事を施したものとみなす。

　(2)　誤。D 種接地抵抗値は，**100 Ω**(低圧電路において，地絡を生じた場合に**0.5 秒以内**に当該電路を**自動的に遮断する装置を施設するとき**は，**500 Ω**)以下であること。

　(3)　誤。D 種接地工事に使用する接地線は，引張強さ 0.39 kN の容易に腐食し難い金属線又は直径 **1.6 mm 以上**の軟銅線であること。

　(4)　正。鉄骨等を接地工事その他の接地工事に係る共用の接地極に使用する場合には，建物の鉄骨又は鉄筋コンクリートの一部を地中に埋設するとともに，等電位ボンディングを施すこと。

　(5)　誤。従来，水道管は，接地極として使用することが認められていたが，改正によって認められなくなった。

解説

　等電位ボンディングとは，導電性部分間において，その部分間に発生する電位差を軽減するために施す電気的接続をいう。

Point　平成 24 年に関連問題が出題されている。

令和4(2022)　令和3(2021)　令和2(2020)　令和元(2019)　平成30(2018)　平成29(2017)　平成28(2016)　平成27(2015)　平成26(2014)　平成25(2013)　平成24(2012)　平成23(2011)　平成22(2010)　平成21(2009)　平成20(2008)

問 7　出題分野＜電技解釈＞　　難易度 ★★★　重要度 ★★★

「電気設備技術基準の解釈」に基づく常時監視をしない発電所の施設に関する記述として，誤っているものを次の（1）〜（5）のうちから一つ選べ。

（1）　随時巡回方式の技術員は，適当な間隔において発電所を巡回し，運転状態の監視を行う。

（2）　遠隔常時監視制御方式の技術員は，制御所に常時駐在し，発電所の運転状態の監視及び制御を遠隔で行う。

（3）　水力発電所に随時巡回方式を採用する場合に，発電所の出力を 3 000 kW とした。

（4）　風力発電所に随時巡回方式を採用する場合に，発電所の出力に制限はない。

（5）　太陽電池発電所に遠隔常時監視制御方式を採用する場合に，発電所の出力に制限はない。

問7の解答　　出題項目＜47条＞

電技解釈第47条（常時監視をしない発電所の施設）からの出題である。

（1）正。随時巡回方式の技術員には，巡回，監視することが義務づけられている。

（2）正。遠隔常時監視制御方式の技術員には，制御所に常駐し，監視，制御することが義務づけられている。

（3）誤。**水力発電所**に随時巡回方式を採用する場合は，**発電所の出力**は**2 000 kW 未満**でなければならない。

（4）正。風力発電所に随時巡回方式を採用する場合は，発電所の出力制限は設けられていない。

（5）正。太陽電池発電所に遠隔常時監視制御方式を採用する場合は，発電所の出力制限は設けられていない。

解説

燃料電池発電所は随時巡回方式，随時監視制御方式，遠隔常時監視制御方式により施設でき，発電所の出力制限は設けられていない。

地熱発電所は随時監視制御方式，遠隔常時監視制御方式により施設でき，発電所の出力制限は設けられていない。

ガスタービン発電所は随時巡回方式，随時監視制御方式，遠隔常時監視制御方式により施設で

き，発電所の出力は**10 000 kW 未満**でなければならない。

内燃力とその廃熱を回収するボイラーによる汽力を原動力とする発電所は随時監視制御方式により施設でき，**出力は2 000 kW 未満**でなければならない。

工場現場等に施設する移動用発電設備は，随時巡回方式により施設でき，**出力は10 kW 以上，880 kW 以下**でなければならない。なお，10 kW 未満の場合は一般用電気工作物（小出力発電設備）となり，発電所の取扱いを受けない。

参考　常時監視をしない発電所の制御方式

① **随時巡回方式**
　技術員が，適当な間隔をおいて発電所を巡回し運転状態の監視を行う。
② **随時監視制御方式**
　技術員が，必要に応じて発電所に出向き，運転状態の監視または制御その他必要な措置を行う。
③ **遠隔常時監視制御方式**
　技術員が，制御所に常時駐在し，発電所の運転状態の監視および制御を遠隔で行う。

Point 平成27年に類似問題が出題されている。

問8 　　出題分野＜電技解釈＞　　　　　　　　難易度 ★★★　　重要度 ★★★

　次のa～fの文章は低高圧架空電線の施設に関する記述である。

　これらの文章の内容について，「電気設備技術基準の解釈」に基づき，適切なものと不適切なものの組合せとして，正しいものを次の（1）～（5）のうちから一つ選べ。

　a　車両の往来が頻繁な道路を横断する低圧架空電線の高さは，路面上6m以上の高さを保持するよう施設しなければならない。

　b　車両の往来が頻繁な道路を横断する高圧架空電線の高さは，路面上6m以上の高さを保持するよう施設しなければならない。

　c　横断歩道橋の上に低圧架空電線を施設する場合，電線の高さは当該歩道橋の路面上3m以上の高さを保持するよう施設しなければならない。

　d　横断歩道橋の上に高圧架空電線を施設する場合，電線の高さは当該歩道橋の路面上3m以上の高さを保持するよう施設しなければならない。

　e　高圧架空電線をケーブルで施設するとき，他の低圧架空電線と接近又は交差する場合，相互の離隔距離は0.3m以上を保持するよう施設しなければならない。

　f　高圧架空電線をケーブルで施設するとき，他の高圧架空電線と接近又は交差する場合，相互の離隔距離は0.3m以上を保持するよう施設しなければならない。

	a	b	c	d	e	f
（1）	不適切	不適切	適切	不適切	適切	適切
（2）	不適切	不適切	適切	適切	適切	不適切
（3）	適切	適切	不適切	不適切	適切	不適切
（4）	適切	不適切	適切	適切	不適切	不適切
（5）	適切	適切	適切	不適切	不適切	不適切

問8の解答　　出題項目＜68，74条＞

　a～dは電技解釈第68条(低高圧架空電線の高さ)，e～fは電技解釈第74条(低高圧架空電線と他の低高圧架空電線との接近又は交差)からの出題である。

　a　適切。低圧線の道路横断は路面上6m以上。

　b　適切。高圧線の道路横断は路面上6m以上。

　c　適切。低圧線の横断歩道橋上の高さは路面上3m以上。

　d　不適切。高圧線の横断歩道橋上の高さは**路面上3.5m以上**。←低圧より0.5m高い

　e　不適切。高圧架空電線をケーブルで施設するとき，他の低圧架空電線と接近又は交差する場合の相互の離隔距離は**0.4m以上**。

　f　不適切。高圧架空電線をケーブルで施設するとき，他の高圧架空電線と接近又は交差する場合の相互の離隔距離は**0.4m以上**。

解説

　電技解釈第74条(低高圧架空電線と他の低高圧架空電線との接近又は交差)に定める離隔距離の規定には，次のルールが適用されている。

　① **低圧絶縁電線と低圧絶縁電線**

　0.6m以上(一方がケーブルの場合は0.3m以上)

　② **高圧絶縁電線と高圧絶縁電線**

　0.8m以上(一方がケーブルの場合は0.4m以上)

　③ **高圧絶縁電線と低圧絶縁電線**

　0.8m以上(一方がケーブルの場合は0.4m以上)

令和4 (2022)
令和3 (2021)
令和2 (2020)
令和元 (2019)
平成30 (2018)
平成29 (2017)
平成28 (2016)
平成27 (2015)
平成26 (2014)
平成25 (2013)
平成24 (2012)
平成23 (2011)
平成22 (2010)
平成21 (2009)
平成20 (2008)

問9 出題分野＜電技解釈＞ 難易度 ★★★ 重要度 ★★★

「電気設備技術基準の解釈」に基づく分散型電源の系統連系設備に関する記述として，誤っているものを次の（1）～（5）のうちから一つ選べ。

（1） 逆潮流とは，分散型電源設置者の構内から，一般送配電事業者が運用する電力系統側へ向かう有効電力の流れをいう。

（2） 単独運転とは，分散型電源が，連系している電力系統から解列された状態において，当該分散型電源設置者の構内負荷にのみ電力を供給している状態のことをいう。

（3） 単相3線式の低圧の電力系統に分散型電源を連系する際，負荷の不平衡により中性線に最大電流が生じるおそれがあるため，分散型電源を施設した構内の電路において，負荷及び分散型電源の並列点よりも系統側の3極に過電流引き外し素子を有する遮断器を施設した。

（4） 低圧の電力系統に分散型電源を連系する際，異常時に分散型電源を自動的に解列するための装置を施設した。

（5） 高圧の電力系統に分散型電源を連系する際，分散型電源設置者の技術員駐在箇所と電力系統を運用する一般送配電事業者の事業所との間に，停電時においても通話可能なものであること等の一定の要件を満たした電話設備を施設した。

問 9 の解答　出題項目＜220，225〜227 条＞　　　答え　（2）

（1），（2）は電技解釈第 220 条(分散型電源の系統連系設備に係る用語の定義)，（3）は電技解釈第 226 条(低圧連系時の施設要件)，（4）は電技解釈第 227 条(低圧連系時の系統連系用保護装置)，（5）は電技解釈第 225 条(一般送配電事業者との間の電話設備の施設)からの出題である。

（1）　正。逆潮流とは，分散型電源設置者の構内から，一般送配電事業者が運用する電力系統側に向かう**有効電力**の流れをいう。

（2）　誤。単独運転とは，**分散型電源を連系している電力系統が事故等によって系統電源と切り離された状態において，当該分散型電源が発電を継続し，線路負荷に有効電力を供給している状態**をいう。問題の記述は自立運転の定義である。

（3）　正。単相 3 線式系統への連系では，**負荷の不平衡があると中性線に最大電流が生じるおそれがあるので，中性線にも過電流引外し素子を有する遮断器(3 極 3 素子過電流遮断器)を施設**する必要がある。

（4）　正。低圧の電力系統への連系時には，**異常時に分散型電源を自動的に解列するための装置**を施設しなければならない。

（5）　正。高圧の電力系統への連系時には，**分散型電源設置者の技術員駐在所と一般送配電事業者の事業所との間に電話設備を施設**することが義務づけられている。

解説

図 9-1 のような状態が単独運転の状態である。

Point 平成 27 年に類似問題が出題されている。

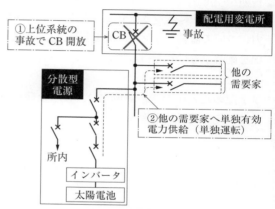

図 9-1　単独運転の状態

問 10 出題分野＜電気事業法, 電気施設管理＞　難易度 ★★★　重要度 ★☆☆

次の文章は，電力の需給に関する記述である。

電気は　(ア)　とが同時的であるため，不断の供給を使命とする電気事業においては，常に変動する需要に対処しうる供給力を準備しなければならない。

しかし，発電設備は事故発生の可能性があり，また，水力発電所の供給力は河川流量の豊渇水による影響で変化する。一方，太陽光発電，風力発電などの供給力は天候により変化する。さらに，原子力発電所や火力発電所も定期検査などの補修作業のため一定期間の停止を必要とする。このように供給力は変動する要因が多い。他方，需要も予想と異なるおそれもある。

したがって，不断の供給を維持するためには，想定される　(イ)　に見合う供給力を保有することに加え，常に適量の　(ウ)　を保持しなければならない。

電気事業法に基づき設立された電力広域的運営推進機関は毎年，各供給区域（エリア）及び全国の供給力について需給バランス評価を行い，この評価を踏まえてその後の需給の状況を監視し，対策の実施状況を確認する役割を担っている。

上記の記述中の空白箇所(ア)，(イ)及び(ウ)に当てはまる組合せとして，正しいものを次の(1)〜(5)のうちから一つ選べ。

	(ア)	(イ)	(ウ)
(1)	発生と消費	最大電力	送電容量
(2)	発電と蓄電	使用電力量	送電容量
(3)	発生と消費	最大電力	供給予備力
(4)	発電と蓄電	使用電力量	供給予備力
(5)	発生と消費	使用電力量	供給予備力

問 10 の解答　　出題項目＜28 条，広域運営＞　　　　　　　答え　（3）

　電気は**発生と消費**が同時的であるため，不断の供給を使命とする電気事業においては，常に変動する需要に対処しうる供給力を準備しなければならない。

　しかし，発電設備は事故発生の可能性があり，また，水力発電所の供給力は河川流量の豊渇水による影響で変化する。一方，太陽光発電，風力発電などの供給力は天候により変化する。

　さらに，原子力発電所や火力発電所も定期検査などの補修作業のため一定期間の停止を必要とする。このように供給力は変動する要因が多い。

　他方，需要も予想と異なるおそれもある。

　したがって，不断の供給を維持するためには，想定される**最大電力**に見合う供給力を保有することに加え，常に適量の**供給予備力**を保持しなければならない。

　電気事業法に基づき設立された電力広域的運営推進機関は毎年，各供給区域（エリア）及び全国の供給力について需給バランス評価を行い，この評価を踏まえてその後の需給の状況を監視し，対策の実施状況を確認する役割を担っている。

解説

　電力広域的運営推進機関（電気事業法第 28 条の 4）の主な役割を**図 10-1** に示す。

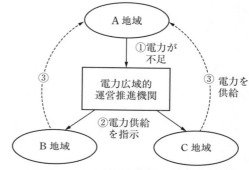

図 10-1　電力広域的運営推進機関の役割

B 問 題

(問11及び問12の配点は1問題当たり(a)6点, (b)7点, 計13点, 問13の配点は(a)7点, (b)7点, 計14点)

問11 出題分野＜電技解釈＞ 難易度 ★★★ 重要度 ★★★

電気使用場所の低圧幹線の施設について, 次の(a)及び(b)の問に答えよ。

(a) 次の表は, 一つの低圧幹線によって電気を供給される電動機又はこれに類する起動電流が大きい電気機械器具(以下この問において「電動機等」という。)の定格電流の合計値 I_M[A]と, 他の電気使用機械器具の定格電流の合計値 I_H[A]を示したものである。また, 「電気設備技術基準の解釈」に基づき, 当該低圧幹線に用いる電線に必要な許容電流は, 同表に示す I_C の値[A]以上でなければならない。ただし, 需要率, 力率等による修正はしないものとする。

I_M[A]	I_H[A]	I_M+I_H[A]	I_C[A]
47	49	96	96
48	48	96	(ア)
49	47	96	(イ)
50	46	96	(ウ)
51	45	96	102

上記の表中の空白箇所(ア), (イ)及び(ウ)に当てはまる組合せとして, 正しいものを次の(1)～(5)のうちから一つ選べ。

	(ア)	(イ)	(ウ)
(1)	96	109	101
(2)	96	108	109
(3)	96	109	109
(4)	108	108	109
(5)	108	109	101

(次々頁に続く)

問11 （a）の解答　　出題項目＜148条＞

　許容電流の求め方は，電技解釈第148条（低圧幹線の施設）に規定されている。当該低圧幹線に用いる電線に必要な許容電流 I_A は，**表11-1** に示す I_C の値以上でなければならない。

表11-1

$I_M[A]$	$I_H[A]$	$I_M + I_H[A]$	$I_C[A]$
47	49	96	96
48	48	96	**96** ←（ア）
49	47	96	**109** ←（イ）
50	46	96	**109** ←（ウ）
51	45	96	102

　表中の I_M は電動機等の定格電流の合計値[A]，I_H は他の電気使用機械器具の定格電流の合計値[A]である。（ア）～（ウ）のそれぞれの値は，以下のように求めることができる。

　（ア）　$I_H \geqq I_M$ に該当するので，

　　　$I_A \geqq I_M + I_H$

　　　∴　$I_C = \mathbf{96}[\mathbf{A}]$

　（イ）　$I_M > I_H$ で $I_M \leqq 50[A]$ に該当するので，

　　　$I_A \geqq 1.25 I_M + I_H = 1.25 \times 49 + 47$

　　　　　　　$= 108.25$

　　　∴　$I_C = \mathbf{109}[\mathbf{A}]$

　（ウ）　$I_M > I_H$ で $I_M \leqq 50[A]$ に該当するので，

　　　$I_A \geqq 1.25 I_M + I_H = 1.25 \times 50 + 46$

　　　　　　　$= 108.5$

　　　∴　$I_C = \mathbf{109}[\mathbf{A}]$

解説

　$I_M > I_H$ で $I_M > 50[A]$ に該当する場合の低圧幹線に用いる電線の許容電流 I_A の算出には，次式を用いなければならない。

　　　$I_A \geqq 1.1 I_M + I_H[A]$

　表11-1において，$I_M = 51[A] > 50[A]$ なので，

　　　$I_A \geqq 1.1 \times 51 + 45 = 101.1$

　　　∴　$I_C = 102[A]$

Point 平成24年に類似問題が出題されている。

令和
4
(2022)

令和
3
(2021)

令和
2
(2020)

令和
元
(2019)

平成
30
(2018)

平成
29
(2017)

平成
28
(2016)

平成
27
(2015)

平成
26
(2014)

平成
25
(2013)

平成
24
(2012)

平成
23
(2011)

平成
22
(2010)

平成
21
(2009)

平成
20
(2008)

(続き)

（b） 次の表は，「電気設備技術基準の解釈」に基づき，低圧幹線に電動機等が接続される場合における電動機等の定格電流の合計値 I_M[A]と，他の電気使用機械器具の定格電流の合計値 I_H[A]と，これらに電気を供給する一つの低圧幹線に用いる電線の許容電流 I_C'[A]と，当該低圧幹線を保護する過電流遮断器の定格電流の最大値 I_B[A]を示したものである。ただし，需要率，力率等による修正はしないものとする。

I_M[A]	I_H[A]	I_C'[A]	I_B[A]
60	20	88	（エ）
70	10	88	（オ）
80	0	88	（カ）

上記の表中の空白箇所(エ)，(オ)及び(カ)に当てはまる組合せとして，正しいものを次の(1)～(5)のうちから一つ選べ。

	（エ）	（オ）	（カ）
（1）	200	200	220
（2）	200	220	220
（3）	200	220	240
（4）	220	220	240
（5）	220	200	240

問11（b）の解答　　出題項目＜148条＞　　　　　答え　（2）

定格電流の求め方は，電技解釈第148条（低圧幹線の施設）で規定されている。

当該低圧幹線を保護する過電流遮断器の定格電流 I_B は，**表11-2** に示す値以下でなければならない。

表11-2

$I_M[\text{A}]$	$I_H[\text{A}]$	$I_C{}'[\text{A}]$	$I_B[\text{A}]$
60	20	88	**200** ←（エ）
70	10	88	**220** ←（オ）
80	0	88	**220** ←（カ）

表中の $I_C{}'(=I_A)$ は低圧幹線の許容電流[A]である。（エ）～（カ）のそれぞれの値は，次のように求めることができる。

（エ）　$I_B \leqq 3I_M + I_H = 3 \times 60 + 20 = 200[\text{A}]$

　　　$I_B \leqq 2.5I_A = 2.5 \times 88 = 220[\text{A}]$

小さい方の **200 A** を採択する。

（オ）　$I_B \leqq 3I_M + I_H = 3 \times 70 + 10 = 220[\text{A}]$

　　　$I_B \leqq 2.5I_A = 2.5 \times 88 = 220[\text{A}]$

両者同じ値であり，**220 A** を採択する。

（カ）　$I_B \leqq 3I_M + I_H = 3 \times 80 + 0 = 240[\text{A}]$

　　　$I_B \leqq 2.5I_A = 2.5 \times 88 = 220[\text{A}]$

小さい方の **220 A** を採択する。

解説

過電流遮断器の定格電流は，**図11-1** のフローを用いた計算によって求められる。

Point 平成24年に類似問題が出題されている。

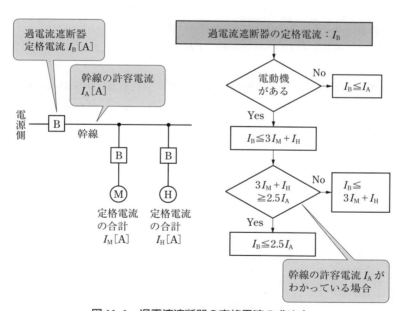

図11-1　過電流遮断器の定格電流の求め方

問 12　出題分野＜電気施設管理＞　　難易度 ★★★　重要度 ★★★

　三相3線式の高圧電路に300 kW，遅れ力率0.6の三相負荷が接続されている。この負荷と並列に進相コンデンサ設備を接続して力率改善を行うものとする。進相コンデンサ設備は図に示すように直列リアクトル付三相コンデンサとし，直列リアクトルSRのリアクタンス $X_L[\Omega]$ は，三相コンデンサSCのリアクタンス $X_C[\Omega]$ の6%とするとき，次の（a）及び（b）の問に答えよ。

　ただし，高圧電路の線間電圧は6 600 Vとし，無効電力によって電圧は変動しないものとする。

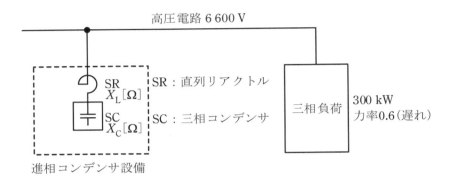

（a）　進相コンデンサ設備を高圧電路に接続したときに三相コンデンサSCの端子電圧の値[V]として，最も近いものを次の（1）〜（5）のうちから一つ選べ。

　（1）　6 410　　　（2）　6 795　　　（3）　6 807　　　（4）　6 995　　　（5）　7 021

（b）　進相コンデンサ設備を負荷と並列に接続し，力率を遅れ0.6から遅れ0.8に改善した。このとき，この設備の三相コンデンサSCの容量の値[kvar]として，最も近いものを次の（1）〜（5）のうちから一つ選べ。

　（1）　170　　　（2）　180　　　（3）　186　　　（4）　192　　　（5）　208

問12（a）の解答　出題項目＜進相コンデンサ＞　答え（5）

進相コンデンサ設備の1相分の等価回路は，図12-1 のように表すことができる。

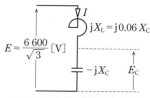

図 12-1　1 相分の等価回路

進相コンデンサ SC の相電圧 E_C は，

$$E_C = \frac{E}{jX_L - jX_C} \times (-jX_C)$$

$$= \frac{E}{X_L - X_C} \times (-X_C)$$

$$= \frac{\frac{6\,600}{\sqrt{3}}}{0.06X_C - X_C} \times (-X_C)$$

$$= \frac{6\,600}{\sqrt{3}} \times \frac{1}{0.94}\,[\mathrm{V}]$$

したがって，三相コンデンサの端子電圧 V_C は，

$$V_C = \sqrt{3}E_C = \frac{6\,600}{0.94} \fallingdotseq 7\,021\,[\mathrm{V}]$$

解説

進相コンデンサ設備の1相分の回路（Y 結線）の計算に着目するとわかりやすい。

Point 平成 26 年に類似問題が出題されている。

問12（b）の解答　出題項目＜進相コンデンサ＞　答え（3）

三相負荷の電力を $P\,[\mathrm{kW}]$，進相コンデンサ設備設置前の力率を $\cos\theta_1$（遅れ），進相コンデンサ設備の無効電力を $Q\,[\mathrm{kvar}]$，進相コンデンサ設備設置後の力率を $\cos\theta_2$（遅れ）として，電力ベクトルを描くと**図 12-2** のように表すことができる。

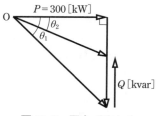

図 12-2　電力ベクトル

図より，進相コンデンサ設備の無効電力 Q は，

$$Q = P(\tan\theta_1 - \tan\theta_2)$$

$$= P\left(\frac{\sqrt{1-\cos^2\theta_1}}{\cos\theta_1} - \frac{\sqrt{1-\cos^2\theta_2}}{\cos\theta_2}\right)$$

$$= 300 \times \left(\frac{0.8}{0.6} - \frac{0.6}{0.8}\right)$$

$$= 300 \times \left(\frac{4}{3} - \frac{3}{4}\right) = 175\,[\mathrm{kvar}]$$

相電流を $I\,[\mathrm{A}]$ とすると，三相分の無効電力は $3XI^2$ の形で表され，無効電力はリアクタンスに比例する。したがって，三相進相コンデンサの容量を Q_C とすると，図 12-1 より，

$$0.94X_C : Q = X_C : Q_C$$

$$\therefore\ Q_C = \frac{Q}{0.94} = \frac{175}{0.94} \fallingdotseq 186\,[\mathrm{kvar}]$$

解説

進相コンデンサ設備の無効電力 Q と三相進相コンデンサの容量 Q_C の違いについて意識しながら解く必要がある。

Point 平成 24 年に類似問題が出題されている。

令和 4 (2022)　令和 3 (2021)　令和 2 (2020)　令和元 (2019)　平成 30 (2018)　平成 29 (2017)　平成 28 (2016)　平成 27 (2015)　平成 26 (2014)　平成 25 (2013)　平成 24 (2012)　平成 23 (2011)　平成 22 (2010)　平成 21 (2009)　平成 20 (2008)

問 13 出題分野＜電技解釈，電気施設管理＞ 　**難易度** ★★★ 　**重要度** ★★★

　図は三相3線式高圧電路に変圧器で結合された変圧器低圧側電路を示したものである。低圧側電路の一端子にはB種接地工事が施されている。この電路の一相当たりの対地静電容量をCとし接地抵抗をR_Bとする。

　低圧側電路の線間電圧200 V，周波数50 Hz，対地静電容量Cは0.1 μFとして，次の（a）及び（b）の問に答えよ。

　ただし，

（ア）　変圧器の高圧電路の1線地絡電流は5 Aとする。

（イ）　高圧側電路と低圧側電路との混触時に低圧電路の対地電圧が150 Vを超えた場合は1.3秒で自動的に高圧電路を遮断する装置が設けられているものとする。

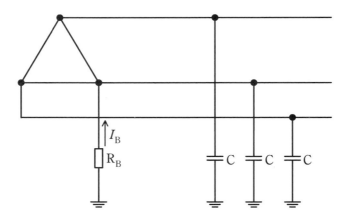

（a）　変圧器に施された，接地抵抗R_Bの抵抗値について「電気設備技術基準の解釈」で許容されている上限の抵抗値[Ω]として，最も近いものを次の（1）〜（5）のうちから一つ選べ。

（1）　20　　　（2）　30　　　（3）　40　　　（4）　60　　　（5）　100

（b）　接地抵抗R_Bの抵抗値を10 Ωとしたときに，R_Bに常時流れる電流I_Bの値[mA]として，最も近いものを次の（1）〜（5）のうちから一つ選べ。

　　　ただし，記載以外のインピーダンスは無視するものとする。

（1）　11　　　（2）　19　　　（3）　33　　　（4）　65　　　（5）　192

問 13 （ a ）の解答　　出題項目＜17 条＞　　　　　　答え　（4）

　高圧電路と低圧電路を結合する変圧器の低圧側電路の一端子に施す B 種接地抵抗値 R_B は，当該変圧器の高圧側電路と低圧側電路との混触により，低圧側電路の対地電圧が **150 V を超えた場合に 1 秒を超え 2 秒以内に，自動的に高圧電路を遮断する装置を設ける場合**は次式で計算する。

　ただし，I_g は 1 線地絡電流[A]である。

$$R_B \leqq \frac{300}{I_g} = \frac{300}{5} = 60\,[\Omega]$$

解説

　B 種接地抵抗値の計算式は，電技解釈第 17 条（接地工事の種類及び施設方法）に規定された式を用いている。法規独特の式であるが，出題の常連である。

　B 種接地抵抗値 R_B は，通常 $R_B \leqq \dfrac{150}{I_g}$ である。ただし，低圧電路の対地電圧が 150 V を超えた場合に，1 秒を超え 2 秒以内に自動遮断する場合は $R_B \leqq \dfrac{300}{I_g}$，1 秒以内に自動遮断する場合は $R_B \leqq \dfrac{600}{I_g}$ と規定されている。

Point 平成 30 年に関連問題が出題されている。

問 13 （ b ）の解答　　出題項目＜接地抵抗電流＞　　　　　　答え　（1）

　R_B に常時流れる電流 I_B を求めるのに，テブナンの定理を使用すると，**図 13-1** のように表すことができる。

　ここで，E は開放電圧で，低圧電路の線間電圧を V[V]とすると，$E = \dfrac{V}{\sqrt{3}}$ [V]（対地電圧）である。この等価回路は，周波数を f[Hz]とすると **図 13-2** のように表せる。

　この回路より I_B を求めると，

$$\dot{I}_B = \frac{\dfrac{\dot{V}}{\sqrt{3}}}{R_B + \dfrac{1}{\mathrm{j}3(2\pi f C)}}\,[\mathrm{A}]$$

$$I_B = \frac{\dfrac{V}{\sqrt{3}}}{\sqrt{R_B{}^2 + \left(\dfrac{1}{6\pi f C}\right)^2}}$$

$$= \frac{\dfrac{200}{\sqrt{3}}}{\sqrt{10^2 + \left(\dfrac{1}{6\pi \times 50 \times 0.1 \times 10^{-6}}\right)^2}}$$

$$\fallingdotseq \frac{\dfrac{200}{\sqrt{3}}}{10\,610.3} \fallingdotseq 0.010\,9\,[\mathrm{A}] \quad \rightarrow \quad 11\ \mathrm{mA}$$

解説

　テブナンの定理を用いた地絡電流計算の代表的な形態で解くことができる。高圧と低圧との混触が発生していないも関わらず，漏えい電流が流れる意外性のある問題である。

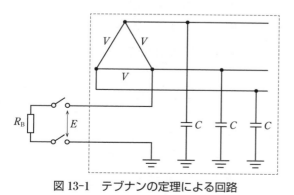

図 13-1　テブナンの定理による回路

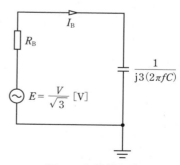

図 13-2　等価回路

法 規 | 平成 30 年度（2018 年度）

注1 問題文中に「電気設備技術基準」とあるのは，「電気設備に関する技術基準を定める省令」の略である。

注2 問題文中に「電気設備技術基準の解釈」とあるのは，「電気設備の技術基準の解釈における第1章〜第6章及び第8章」をいう。なお，「第7章 国際規格の取り入れ」の各規定について問う出題にあっては，問題文中にその旨を明示する。

A 問 題 （配点は1問題当たり6点）

問1 出題分野＜電気事業法＞ 難易度 ★★★ 重要度 ★★★

次のa，b及びcの文章は，「電気事業法」に基づく自家用電気工作物に関する記述である。

a 事業用電気工作物とは，　(ア)　電気工作物以外の電気工作物をいう。

b 自家用電気工作物とは，次に掲げる事業の用に供する電気工作物及び　(イ)　電気工作物以外の電気工作物をいう。

① 一般送配電事業

② 送電事業

③ 特定送配電事業

④ 　(ウ)　事業であって，その事業の用に供する　(ウ)　用の電気工作物が主務省令で定める要件に該当するもの

c 自家用電気工作物を設置する者は，その自家用電気工作物の　(エ)　，その旨を主務大臣に届け出なければならない。ただし，工事計画に係る認可又は届出に係る自家用電気工作物を使用する場合，設置者による事業用電気工作物の自己確認に係る届出に係る自家用電気工作物を使用する場合及び主務省令で定める場合は，この限りでない。

上記の記述中の空白箇所(ア)，(イ)，(ウ)及び(エ)に当てはまる組合せとして，正しいものを次の(1)〜(5)のうちから一つ選べ。

	(ア)	(イ)	(ウ)	(エ)
(1)	一般用	事業用	配電	使用前自主検査を実施し
(2)	一般用	一般用	発電	使用の開始の後，遅滞なく
(3)	自家用	事業用	配電	使用の開始の後，遅滞なく
(4)	自家用	一般用	発電	使用の開始の後，遅滞なく
(5)	一般用	一般用	配電	使用前自主検査を実施し

問1の解答　出題項目＜38，53条＞

答え　**(2)**

a，bは電気事業法第38条(定義)，cは電気事業法第53条(自家用電気工作物の使用の開始)からの出題である。

a　事業用電気工作物とは，**一般用**電気工作物以外の電気工作物をいう。

b　自家用電気工作物とは，次に掲げる事業の用に供する電気工作物及び**一般用**電気工作物以外の電気工作物をいう。

① 一般送配電事業

② 送電事業

③ 特定送配電事業

④ **発電**事業であって，その事業の用に供する**発電**用の電気工作物が主務省令で定める要件に該当するもの

c　自家用電気工作物を設置する者は，その自家用電気工作物の**使用の開始の後，遅滞なく**，その旨を主務大臣に届け出なければならない。

ただし，工事計画に係る認可又は届出に係る自家用電気工作物を使用する場合，設置者による事業用電気工作物の自己確認に係る届出に係る自家用電気工作物を使用する場合及び主務省令で定める場合は，この限りでない。

解 説

a，bの電気工作物の区分は**図1-1**のとおりである。図中の「電気事業の用に供する電気工作物」(事業用電気工作物)の部分が，電気事業法改正で①～④の表現で扱われている。

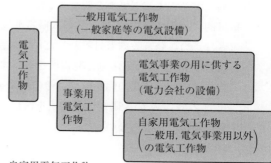

自家用電気工作物
＝電気工作物−(電気事業用電気工作物＋一般用電気工作物)

図1-1　電気工作物の区分

cは自家用電気工作物を設置する者に対し，使用開始の届出を自家用電気工作物の使用開始後，遅滞なく主務大臣に届け出なければならないことを規定している。ただし，工事計画の認可・届出をしたものなどは，届出が重複するため除外されている。

Point a，bは平成27年に類似問題が出題されている。

令和
4
(2022)

令和
3
(2021)

令和
2
(2020)

令和
元
(2019)

平成
30
(2018)

平成
29
(2017)

平成
28
(2016)

平成
27
(2015)

平成
26
(2014)

平成
25
(2013)

平成
24
(2012)

平成
23
(2011)

平成
22
(2010)

平成
21
(2009)

平成
20
(2008)

問2　出題分野＜電気事業法・施行規則＞　　難易度 ★★★　重要度 ★★★

　次のaからdの文章は，太陽電池発電所等の設置についての記述である。「電気事業法」及び「電気事業法施行規則」に基づき，適切なものと不適切なものの組合せとして，正しいものを次の（1）～（5）のうちから一つ選べ。

a　低圧で受電し，既設の発電設備のない需要家の構内に，出力20kWの太陽電池発電設備を設置する者は，電気主任技術者を選任しなければならない。

b　高圧で受電する工場等を新設する際に，その受電場所と同一の構内に設置する他の電気工作物と電気的に接続する出力40kWの太陽電池発電設備を設置する場合，これらの電気工作物全体の設置者は，当該発電設備も対象とした保安規程を経済産業大臣に届け出なければならない。

c　出力1000kWの太陽電池発電所を設置する者は，当該発電所が技術基準に適合することについて自ら確認し，使用の開始前に，その結果を経済産業大臣に届け出なければならない。

d　出力2000kWの太陽電池発電所を設置する者は，その工事の計画について経済産業大臣の認可を受けなければならない。

	a	b	c	d
（1）	適切	適切	不適切	不適切
（2）	適切	不適切	適切	適切
（3）	不適切	適切	適切	不適切
（4）	不適切	不適切	適切	不適切
（5）	適切	不適切	不適切	適切

問 2 の解答　　出題項目＜法 43，48，53 条，規則 52 条＞　　答え　(3)

電気事業法第 43 条(主任技術者)，電気事業法施行規則第 52 条(主任技術者の選任等)，電気事業法第 53 条(自家用電気工作物の使用の開始)，電気事業法第 48 条(工事計画)からの出題である。

a　不適切。低圧受電の一般用電気工作物に **50 kW 未満の太陽電池発電設備(小出力発電設備)** を設置しているので，一般用電気工作物となり，電気主任技術者の選任は不要である。

b　適切。**高圧で受電**する工場等は，自家用電気工作物に該当することから，保安規程の届出が必要である。

c　適切。**出力 50 kW 以上は事業用電気工作物**に該当するので，使用の開始前に経済産業大臣に届け出なければならない。

d　不適切。**出力 2 000 kW 以上**は設置工事の 30 日前までに経済産業大臣に**工事計画の届出**が必要である。

解説

太陽電池発電所の発電容量別の位置づけは，**表 2-1** のとおりである。

表 2-1　太陽電池発電所の位置づけ

発電容量	電気工作物	電気主任技術者
2 MW 以上	自家用	選任と届出が必要
50 kW 以上 2 MW 未満	自家用	外部委託が可能
50 kW 未満	一般用	不要

問 3 出題分野＜電技＞ 難易度 ★★☆ 重要度 ★★★

次の文章は，「電気設備技術基準」における（地中電線等による他の電線及び工作物への危険の防止）及び（地中電線路の保護）に関する記述である。

a 地中電線，屋側電線及びトンネル内電線その他の工作物に固定して施設する電線は，他の電線，弱電流電線等又は管（以下，「他の電線等」という。）と (ア) し，又は交さする場合には，故障時の (イ) により他の電線等を損傷するおそれがないように施設しなければならない。ただし，感電又は火災のおそれがない場合であって， (ウ) 場合は，この限りでない。

b 地中電線路は，車両その他の重量物による圧力に耐え，かつ，当該地中電線路を埋設している旨の表示等により掘削工事からの影響を受けないように施設しなければならない。

c 地中電線路のうちその内部で作業が可能なものには， (エ) を講じなければならない。

上記の記述中の空白箇所（ア），（イ），（ウ）及び（エ）に当てはまる組合せとして，正しいものを次の（1）～（5）のうちから一つ選べ。

	（ア）	（イ）	（ウ）	（エ）
（1）	接触	短絡電流	取扱者以外の者が容易に触れることがない	防火措置
（2）	接近	アーク放電	他の電線等の管理者の承諾を得た	防火措置
（3）	接近	アーク放電	他の電線等の管理者の承諾を得た	感電防止措置
（4）	接触	短絡電流	他の電線等の管理者の承諾を得た	防火措置
（5）	接近	短絡電流	取扱者以外の者が容易に触れることがない	感電防止措置

問 4 出題分野＜電技＞ 難易度 ★★☆ 重要度 ★★☆

次の文章は，電気使用場所における異常時の保護対策の工事例である。その内容として，「電気設備技術基準」に基づき，不適切なものを次の（1）～（5）のうちから一つ選べ。

（1） 低圧の幹線から分岐して電気機械器具に至る低圧の電路において，適切な箇所に開閉器を施設したが，当該電路における短絡事故により過電流が生じるおそれがないので，過電流遮断器を施設しなかった。

（2） 出退表示灯の損傷が公共の安全の確保に支障を及ぼすおそれがある場合，その出退表示灯に電気を供給する電路に，過電流遮断器を施設しなかった。

（3） 屋内に施設する出力 100 W の電動機に，過電流遮断器を施設しなかった。

（4） プール用水中照明灯に電気を供給する電路に，地絡が生じた場合に，感電又は火災のおそれがないよう，地絡遮断器を施設した。

（5） 高圧の移動電線に電気を供給する電路に，地絡が生じた場合に，感電又は火災のおそれがないよう，地絡遮断器を施設した。

問3の解答　出題項目＜30，47条＞

　aは電技第30条(地中電線等による他の電線及び工作物への危険の防止)，bとcは電技第47条(地中電線路の保護)からの出題である。

　a　地中電線，屋側電線及びトンネル内電線その他の工作物に固定して施設する電線は，他の電線，弱電流電線等又は管(以下，「他の電線等」という。)と**接近**し，又は交さする場合には，故障時の**アーク放電**により他の電線等を損傷するおそれがないように施設しなければならない。

　ただし，感電又は火災のおそれがない場合であって，**他の電線等の管理者の承諾を得た**場合は，この限りでない。

　b　地中電線路は，車両その他の重量物による圧力に耐え，かつ，当該地中電線路を埋設している旨の表示等により掘削工事からの影響を受けないように施設しなければならない。

　c　地中電線路のうちその内部で作業が可能なものには，**防火措置**を講じなければならない。

解説

　aの故障時のアーク放電による他の電線等の損傷防止のための施設方法には，相互の離隔距離を保持する方法，隔壁を設ける方法，管に収める方法がある。

　bの車両その他の重量物による圧力に耐えるため，管路式では JIS C 3653(電力ケーブルの地中埋設の施設方法)を定めており，直接埋設式では地中埋設深さ(土冠)を規定している。

　また，電技解釈第120条(地中電線路の施設)で，管路式と直接埋設式の高圧または特別高圧地中電線路の埋設表示を規定している(図3-1)。

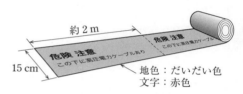

図3-1　埋設表示の例

問4の解答　出題項目＜63〜66条＞

　（1）と（2）は電技第63条(過電流からの低圧幹線等の保護措置)，（3）は電技第65条(電動機の過負荷保護)，（4）は電技第64条(地絡に対する保護措置)，（5）は電技第66条(異常時における高圧の移動電線及び接触電線における電路の遮断)からの出題である。

　（1）　正。当該電路における短絡事故のおそれがない場合の例には，**太陽光発電での単独回路**などがある。

　（2）　誤。**交通信号灯**，**出退表示灯**その他のその損傷により公共の安全の確保に支障を及ぼすおそれがあるものに電気を供給する電路には，過電流による過熱焼損からそれらの電線及び電気機械器具を保護できるよう，**過電流遮断器を施設**しなければならない。

　（3）　正。過電流遮断器を施設しなければならないのは，電動機の出力が0.2 kWを超えるものである。

　（4）　正。**ロードヒーティング等の電熱装置，プール用水中照明灯**その他の一般公衆の立ち入るおそれがある場所又は絶縁体に損傷を与えるおそれがある場所に施設するものに電気を供給する電路には，地絡が生じた場合に，感電又は火災のおそれがないよう，**地絡遮断器の施設**その他の適切な措置を講じなければならない。

　（5）　正。高圧の移動電線又は接触電線に電気を供給する電路には，**過電流遮断器**と**地絡遮断器**の施設が必要となる。

解説

　出退表示灯とは，出勤したとき机の上のボタンを押すと，在席状況がわかる表示ランプのことである。

問5　出題分野＜電技解釈＞　　難易度 ★★★　重要度 ★★★

次の文章は，「電気設備技術基準の解釈」に基づく接地工事の種類及び施工方法に関する記述である。

B種接地工事の接地抵抗値は次の表に規定する値以下であること。

接地工事を施す変圧器の種類	当該変圧器の高圧側又は特別高圧側の電路と低圧側の電路との （ア） により，低圧電路の対地電圧が （イ） Vを超えた場合に，自動的に高圧又は特別高圧の電路を遮断する装置を設ける場合の遮断時間		接地抵抗値（Ω）
下記以外の場合			（イ） /I
高圧又は35 000 V以下の特別高圧の電路と低圧電路を結合するもの	1秒を超え2秒以下		300/I
	1秒以下		（ウ） /I

（備考）　I は，当該変圧器の高圧側又は特別高圧側の電路の （エ） 電流（単位：A）

上記の記述中の空白箇所(ア)，(イ)，(ウ)及び(エ)に当てはまる組合せとして，正しいものを次の(1)～(5)のうちから一つ選べ。

	(ア)	(イ)	(ウ)	(エ)
(1)	混触	150	600	1線地絡
(2)	接近	200	600	許容
(3)	混触	200	400	1線地絡
(4)	接近	150	400	許容
(5)	混触	150	400	許容

問5の解答　出題項目＜17条＞

電技解釈第17条（接地工事の種類及び施設方法）第2項からの出題である。

B種接地工事の接地抵抗値は次の表に規定する値以下であること。

接地工事を施す変圧器の種類	当該変圧器の高圧側又は特別高圧側の電路と低圧側の電路との混触により，低圧電路の対地電圧が150Vを超えた場合に，自動的に高圧又は特別高圧の電路を遮断する装置を設ける場合の遮断時間	接地抵抗値 [Ω]
下記以外の場合		150/I
高圧又は35000V以下の特別高圧の電路と低圧電路を結合するもの	1秒を超え2秒以下	300/I
	1秒以下	600/I

（備考）　Iは，当該変圧器の高圧側又は特別高圧側の電路の**1線地絡**電流（単位：A）

解説

電技解釈第17条第2項はB種接地工事に関する規定で，B種接地工事は変圧器の低圧側電路の中性点または一端子に施す。

B種接地工事の目的は，変圧器の高圧側または特別高圧側の電路と低圧側の電路との混触時に，低圧側の機器の絶縁破壊を防止することである。

混触時の低圧側の電位上昇は原則として150V以下とするよう定められているが，混触時に速やかに遮断できれば低圧側の機器の絶縁破壊を防ぐことができるため，遮断時間によって電圧の上昇限度が300V，600Vと定められている。

35000V以下と定めているのは，いわゆる**20kV級配電**（22kV（33kV））に対応したものである。

Point 平成24年，平成25年に計算問題が，平成27年に関連問題が出題されている。

問6　出題分野＜電技解釈＞　　　　難易度 ★★★　重要度 ★★★

次の文章は，「電気設備技術基準の解釈」に基づく発電所等への取扱者以外の者の立入の防止に関する記述である。

高圧又は特別高圧の機械器具及び母線等（以下，「機械器具等」という。）を屋外に施設する発電所又は変電所，開閉所若しくはこれらに準ずる場所は，次により構内に取扱者以外の者が立ち入らないような措置を講じること。ただし，土地の状況により人が立ち入るおそれがない箇所については，この限りでない。

a　さく，へい等を設けること。

b　特別高圧の機械器具等を施設する場合は，上記 a のさく，へい等の高さと，さく，へい等から充電部分までの距離との和は，表に規定する値以上とすること。

充電部分の使用電圧の区分	さく，へい等の高さと，さく，へい等から充電部分までの距離との和
35 000 V 以下	（ア） m
35 000 V を超え 160 000 V 以下	（イ） m

c　出入口に立入りを　（ウ）　する旨を表示すること。

d　出入口に　（エ）　装置を施設して　（エ）　する等，取扱者以外の者の出入りを制限する措置を講じること。

上記の記述中の空白箇所（ア），（イ），（ウ）及び（エ）に当てはまる組合せとして，正しいものを次の（1）～（5）のうちから一つ選べ。

	（ア）	（イ）	（ウ）	（エ）
（1）	5	6	禁止	施錠
（2）	5	6	禁止	監視
（3）	4	5	確認	施錠
（4）	4	5	禁止	施錠
（5）	4	5	確認	監視

問6の解答　出題項目＜38条＞

電技解釈第38条(発電所等への取扱者以外の者の立入の防止)第1項からの出題である。

a　さく，へい等を設けること。

b　特別高圧の機械器具等を施設する場合は，上記aのさく，へい等の高さと，さく，へい等から充電部分までの距離との和は，表に規定する値以上とすること。

充電部分の使用電圧の区分	さく，へい等の高さと，さく，へい等から充電部分までの距離との和
35 000 V 以下	5 m
35 000 V を超え 160 000 V 以下	6 m

c　出入口に立入りを**禁止**する旨を表示すること。

d　出入口に**施錠**装置を施設して**施錠**する等，取扱者以外の者の出入りを制限する措置を講じること。

解説

bの離隔距離のイメージは**図6-1**のとおりである。

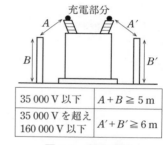

35 000 V 以下	$A+B \geqq 5\,\mathrm{m}$
35 000 V を超え 160 000 V 以下	$A'+B' \geqq 6\,\mathrm{m}$

図6-1　離隔距離

令和4(202
令和3(202
令和2(202
令和元(2019
平成30(2018
平成29(2017
平成28(2016
平成27(2015
平成26(2014
平成25(2013
平成24(2012
平成23(2011
平成22(2010
平成21(2009
平成20(2008

問 7　出題分野＜電技解釈＞　難易度 ★★★　重要度 ★★★

　次の文章は，「電気設備技術基準の解釈」における架空電線路の支持物の昇塔防止に関する記述である。

　架空電線路の支持物に取扱者が昇降に使用する足場金具等を施設する場合は，地表上 ［ (ア) ］ m 以上に施設すること。ただし，次のいずれかに該当する場合はこの限りでない。

a　足場金具等が ［ (イ) ］ できる構造である場合

b　支持物に昇塔防止のための装置を施設する場合

c　支持物の周囲に取扱者以外の者が立ち入らないように，さく，へい等を施設する場合

d　支持物を山地等であって人が ［ (ウ) ］ 立ち入るおそれがない場所に施設する場合

　上記の記述中の空白箇所(ア)，(イ)及び(ウ)に当てはまる組合せとして，正しいものを次の(1)～(5)のうちから一つ選べ。

	(ア)	(イ)	(ウ)
(1)	2.0	内部に格納	頻繁に
(2)	2.0	取り外し	頻繁に
(3)	2.0	内部に格納	容易に
(4)	1.8	取り外し	頻繁に
(5)	1.8	内部に格納	容易に

問 8　出題分野＜電技解釈＞　難易度 ★★★　重要度 ★★☆

　次の文章は，「電気設備技術基準の解釈」に基づく電動機の過負荷保護装置の施設に関する記述である。

　屋内に施設する電動機には，電動機が焼損するおそれがある過電流を生じた場合に ［ (ア) ］ これを阻止し，又はこれを警報する装置を設けること。ただし，次のいずれかに該当する場合はこの限りでない。

a　電動機を運転中，常時，［ (イ) ］ が監視できる位置に施設する場合

b　電動機の構造上又は負荷の性質上，その電動機の巻線に当該電動機を焼損する過電流を生じるおそれがない場合

c　電動機が単相のものであって，その電源側電路に施設する配線用遮断器の定格電流が ［ (ウ) ］ A 以下の場合

d　電動機の出力が ［ (エ) ］ kW 以下の場合

　上記の記述中の空白箇所(ア)，(イ)，(ウ)及び(エ)に当てはまる組合せとして，正しいものを次の(1)～(5)のうちから一つ選べ。

	(ア)	(イ)	(ウ)	(エ)
(1)	自動的に	取扱者	20	0.2
(2)	遅滞なく	取扱者	20	2
(3)	自動的に	取扱者	30	0.2
(4)	遅滞なく	電気係員	30	2
(5)	自動的に	電気係員	30	0.2

問7の解答　出題項目<53条>

答え　(5)

電技解釈第53条(架空電線路の支持物の昇塔防止)からの出題である。

架空電線路の支持物に取扱者が昇降に使用する足場金具等を施設する場合は，地表上 **1.8 m** 以上に施設すること。ただし，次のいずれかに該当する場合はこの限りでない。

a　足場金具等が**内部に格納**できる構造である場合

b　支持物に昇塔防止のための装置を施設する場合

c　支持物の周囲に取扱者以外の者が立ち入らないように，さく，へい等を施設する場合

d　支持物を山地等であって人が**容易**に立ち入るおそれがない場所に施設する場合

解説 ･･････････････････････････････････

架空電線路の支持物に一般公衆が昇塔すると，

電線に触れ感電する危険がある。このため，昇塔しにくくするため，地表上 1.8 m 未満には原則として足場金具などを設けてはならない。本問は，この例外規定について問うている。

例外規定は，主に架空電線路の保守員が迅速かつ安全に昇塔できるようにするためのものである。

なお，昇塔防止のための装置の例は**図7-1**に示すとおりである。

図7-1　鉄塔昇塔防止金具

Point 平成24年に類似問題が出題されている。

問8の解答　出題項目<153条>

答え　(1)

電技解釈第153条(電動機の過負荷保護装置の施設)からの出題である。

屋内に施設する電動機には，電動機が焼損するおそれがある過電流を生じた場合に**自動的に**これを阻止し，又はこれを警報する装置を設けること。ただし，次のいずれかに該当する場合はこの限りでない。

a　電動機を運転中，常時，**取扱者**が監視できる位置に施設する場合 ← 視覚や嗅覚でわかる

b　電動機の構造上又は負荷の性質上，その電動機の巻線に当該電動機を焼損する過電流を生じるおそれがない場合 ← 負荷が一定限度を超えると回転子が滑って過負荷に達しなくなる

c　電動機が単相のものであって，その電源側電路に施設する配線用遮断器の定格電流が **20 A** 以下の場合 ← 単相電動機は欠相運転の心配がなく電動機を十分に保護できる

d　電動機の出力が **0.2** kW 以下の場合

解説 ･･････････････････････････････････

電技第65条(電動機の過負荷保護)で，以下のように過負荷保護を行う理由などを示している。

屋内に施設する電動機(**出力が 0.2 kW 以下のものを除く。**)には，過電流による当該**電動機の焼損により火災が発生する**おそれがないよう，過電流遮断器の施設その他の**適切な措置**を講じなければならない。ただし，電動機の構造上又は負荷の性質上電動機を焼損するおそれがある過電流が生じるおそれがない場合は，この限りでない。

電技第65条本文中の適切な措置の具体的な内容などが電技解釈第153条で規定されている。

補足　cの詳細内容は，電技解釈では「電動機が単相のものであって，その電源側電路に施設する**過電流遮断器の定格電流が 15 A(配線用遮断器にあっては，20 A)以下の場合**」と規定している。

令和
4
(2022)

令和
3
(2021)

令和
2
(2020)

令和
元
(2019)

平成
30
(2018)

平成
29
(2017)

平成
28
(2016)

平成
27
(2015)

平成
26
(2014)

平成
25
(2013)

平成
24
(2012)

平成
23
(2011)

平成
22
(2010)

平成
21
(2009)

平成
20
(2008)

問9　出題分野＜電技解釈＞　難易度 ★★★　重要度 ★★★

次の文章は，「電気設備技術基準の解釈」における分散型電源の高圧連系時の系統連系用保護装置に関する記述の一部である。

高圧の電力系統に分散型電源を連系する場合は，次のa～cにより，異常時に分散型電源を自動的に解列するための装置を設置すること。

a　次に掲げる異常を保護リレー等により検出し，分散型電源を自動的に解列すること。

（a）　分散型電源の異常又は故障

（b）　連系している電力系統の短絡事故又は地絡事故

（c）　分散型電源の　（ア）

b　一般送配電事業者が運用する電力系統において　（イ）　が行われる場合は，当該　（イ）　時に，分散型電源が当該電力系統から解列されていること。

c　分散型電源の解列は，次によること。

（a）　次のいずれかで解列すること。

①　受電用遮断器

②　分散型電源の出力端に設置する遮断器又はこれと同等の機能を有する装置

③　分散型電源の　（ウ）　用遮断器

④　母線連絡用遮断器

（b）　複数の相に保護リレーを設置する場合は，いずれかの相で異常を検出した場合に解列すること。

上記の記述中の空白箇所(ア)，(イ)及び(ウ)に当てはまる組合せとして，正しいものを次の(1)～(5)のうちから一つ選べ。

	（ア）	（イ）	（ウ）
（1）	単独運転	系統切り替え	連絡
（2）	過出力	再閉路	保護
（3）	単独運転	系統切り替え	保護
（4）	過出力	系統切り替え	連絡
（5）	単独運転	再閉路	連絡

問9の解答　出題項目＜229条＞

電技解釈第229条(高圧連系時の系統連系用保護装置)からの出題である。

高圧の電力系統に分散型電源を連系する場合は，次のa〜cにより，異常時に分散型電源を自動的に解列するための装置を設置すること。

a　次に掲げる異常を保護リレー等により検出し，分散型電源を自動的に解列すること。

(a)　分散型電源の異常又は故障

(b)　連系している電力系統の短絡事故又は地絡事故

(c)　分散型電源の**単独運転**

b　一般送配電事業者が運用する電力系統において**再閉路**が行われる場合は，当該**再閉路**時に，分散型電源が当該電力系統から解列されていること。

c　分散型電源の解列は，次によること。

(a)　次のいずれかで解列すること。

①　受電用遮断器

②　分散型電源の出力端に設置する遮断器又はこれと同等の機能を有する装置

③　分散型電源の**連絡**用遮断器

④　母線連絡用遮断器

(b)　複数の相に保護リレーを設置する場合は，いずれかの相で異常を検出した場合に解列すること。

解説

図9-1のような状態が単独運転の状態である。

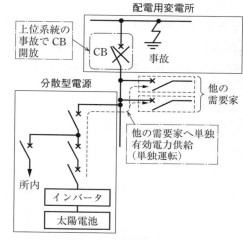

図9-1　単独運転の状態

問 10 　出題分野＜電気施設管理＞ 　　難易度 ★★★ 　重要度 ★★★

次の文章は，電力の需給に関する記述である。

電力システムにおいて，需要と供給の間に不均衡が生じると，周波数が変動する。これを防止するため，需要と供給の均衡を常に確保する必要がある。

従来は，電力需要にあわせて電力供給を調整してきた。

しかし，近年， (ア) 状況に応じ，スマートに (イ) パターンを変化させること，いわゆるディマンドリスポンス（「デマンドレスポンス」ともいう。以下同じ。）の重要性が強く認識されるようになっている。この取組の一つとして，電気事業者（小売電気事業者及び系統運用者をいう。以下同じ。）やアグリゲーター（複数の (ウ) を束ねて，ディマンドリスポンスによる (エ) 削減量を電気事業者と取引する事業者）と (ウ) の間の契約に基づき，電力の (エ) 削減の量や容量を取引する取組（要請による (エ) の削減量に応じて， (ウ) がアグリゲーターを介し電気事業者から報酬を得る。），いわゆるネガワット取引の活用が進められている。

上記の記述中の空白箇所(ア)，(イ)，(ウ)及び(エ)に当てはまる組合せとして，正しいものを次の(1)～(5)のうちから一つ選べ。

	(ア)	(イ)	(ウ)	(エ)
(1)	電力需要	発電	需要家	需要
(2)	電力供給	発電	発電事業者	供給
(3)	電力供給	消費	需要家	需要
(4)	電力需要	消費	発電事業者	需要
(5)	電力供給	発電	需要家	供給

問10の解答　　出題項目＜デマンドレスポンス＞　　　　答え　(3)

　電力システムにおいて，需要と供給の間に不均衡が生じると，周波数が変動する。周波数を維持するためには，需要と供給の均衡を常に確保する必要がある。

　従来は，周波数の維持のため電力需要にあわせて電力供給を調整してきた。

　しかし，近年，**電力供給**状況に応じ，スマートに**消費**パターンを変化させること，いわゆるディマンドリスポンス（「デマンドレスポンス」ともいう。以下同じ。）の重要性が強く認識されるようになっている。この取組の一つとして，電気事業者（小売電気事業者及び系統運用者をいう。以下同じ。）やアグリゲーター（複数の**需要家**を束ねて，ディマンドリスポンスによる**需要**削減量を電気事業者と取引する事業者）と**需要家**の間の契約に基づき，電力の**需要**削減の量や容量を取引する取組（要請による**需要**の削減量に応じて，**需要家**がアグリゲーターを介し電気事業者から報酬を得

る。），いわゆるネガワット取引の活用が進められている。

解説

　ネガワット取引は2017年から始まった制度で，電力需要のピークを抑制するために企業や家庭の節電を行うものである。そのしくみは**図10-1**のとおりである。

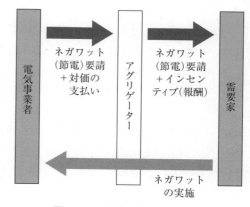

図10-1　ネガワットのしくみ

令和 4 (2022)
令和 3 (2021)
令和 2 (2020)
令和 元 (2019)
平成 30 (2018)
平成 29 (2017)
平成 28 (2016)
平成 27 (2015)
平成 26 (2014)
平成 25 (2013)
平成 24 (2012)
平成 23 (2011)
平成 22 (2010)
平成 21 (2009)
平成 20 (2008)

B 問 題

（問 11 及び問 12 の配点は 1 問題当たり（a）6 点，（b）7 点，計 13 点，問 13 の配点は（a）7 点，（b）7 点，計 14 点）

問 11　　出題分野＜電技解釈＞　　難易度 ★★★　　重要度 ★★★

　　人家が多く連なっている場所以外の場所であって，氷雪の多い地方のうち，海岸その他の低温季に最大風圧を生じる地方に設置されている公称断面積 60 mm²，仕上り外径 15 mm の 6 600 V 屋外用ポリエチレン絶縁電線（6 600 V OE）を使用した高圧架空電線路がある。この電線路の電線の風圧荷重について「電気設備技術基準の解釈」に基づき，次の（a）及び（b）の問に答えよ。

　　ただし，電線に対する甲種風圧荷重は 980 Pa，乙種風圧荷重の計算で用いる氷雪の厚さは 6 mm とする。

　（a）　低温季において電線 1 条，長さ 1 m 当たりに加わる風圧荷重の値［N］として，最も近いものを次の（1）～（5）のうちから一つ選べ。

　　　（1）　10.3　　　（2）　13.2　　　（3）　14.7　　　（4）　20.6　　　（5）　26.5

　（b）　低温季に適用される風圧荷重が乙種風圧荷重となる電線の仕上り外径の値［mm］として，最も大きいものを次の（1）～（5）のうちから一つ選べ。

　　　（1）　10　　　（2）　12　　　（3）　15　　　（4）　18　　　（5）　21

問11（a）の解答　出題項目＜58条＞

答え　（3）

　風圧荷重の適用区分は，電技解釈第58条（架空電線路の強度検討に用いる荷重）第1項より，**表11-1**に示すとおりである。

表11-1　風圧荷重の適用区分

季節	地方		適用する風圧荷重
高温季	全ての地方		甲種風圧荷重
低温季	氷雪の多い地方	海岸地その他の低温季に最大風圧を生じる地方	甲種風圧荷重又は乙種風圧荷重のいずれか大きいもの
		上記以外の地方	乙種風圧荷重
	氷雪の多い地方以外の地方		丙種風圧荷重

　人家が多く連なっている場所以外であって，氷雪の多い地方のうち，海岸その他の低温季に最大風圧を生じる地方では，**低温季には甲種風圧荷重又は乙種風圧荷重のいずれかの大きいもの**が適用される。

① 甲種風圧荷重の算出

　甲種風圧荷重

$$=980[\mathrm{Pa}]\times 垂直投影面積[\mathrm{m}^2]$$

$$=980[\mathrm{Pa}]\times(仕上がり外径\times1)[\mathrm{m}^2]$$

$$=980\times(15\times10^{-3}\times1)=14.7[\mathrm{N}]$$

② 乙種風圧荷重の算出

　乙種風圧荷重

$$=490[\mathrm{Pa}]\times 垂直投影面積[\mathrm{m}^2]$$

$$=490[\mathrm{Pa}]\times(外径\times1)[\mathrm{m}^2]$$

$$=490\times(27\times10^{-3}\times1)=13.23[\mathrm{N}]$$

③ 適用すべき風圧荷重

　乙種風圧荷重は13.23 Nで甲種風圧荷重の14.7 Nの方が大きいのでこれを採択する。

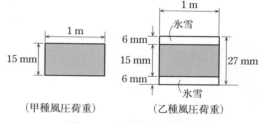

図11-1　垂直投影断面積

Point 平成26年に類似問題が出題されている。

問11（b）の解答　出題項目＜58条＞

答え　（2）

　低温季に適用される風圧荷重が乙種風圧荷重となる電線の仕上がり外径を$D[\mathrm{mm}]$とすると，図**11-2**より次式が成立する。

$$980[\mathrm{Pa}]\times 甲種の垂直投影面積[\mathrm{m}^2]$$

$$\leqq490[\mathrm{Pa}]\times 乙種の垂直投影面積[\mathrm{m}^2]$$

$$980\times(D\times10^{-3}\times1)\leqq490\times\{(D+12)\times10^{-3}\times1\}$$

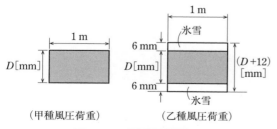

図11-2　垂直投影断面積

$$2D\leqq D+12$$

$$\therefore\ D\leqq12[\mathrm{mm}]$$

　したがって，最も大きい電線の仕上がり外径は12 mmとなる。

解説

　問題文のうち，「低温季に適用される風圧荷重が乙種風圧荷重となる」の部分の意味合いは，電線の仕上がり外径$D[\mathrm{mm}]$の値次第で甲種風圧荷重 $\leqq$ 乙種風圧荷重となることを示唆している。これに気づくことが，本問を解くに当たって特に重要となる。

Point 電線に対する甲種風圧荷重は980 Pa，乙種風圧荷重は490 Paである。また，$[\mathrm{Pa}]\times[\mathrm{m}^2]=[\mathrm{N}]$の形で単位を追うと計算できる。

令和4（2022）　令和3（2021）　令和2（2020）　令和元（2019）　平成30（2018）　平成29（2017）　平成28（2016）　平成27（2015）　平成26（2014）　平成25（2013）　平成24（2012）　平成23（2011）　平成22（2010）　平成21（2009）　平成20（2008）

問 12 　出題分野＜電気施設管理＞ 　難易度 ★★★ 　重要度 ★★★

　図のように電源側 S 点から負荷点 A を経由して負荷点 B に至る線路長 L[km]の三相3線式配電線路があり，A 点，B 点で図に示す負荷電流が流れているとする。S 点の線間電圧を 6 600 V，配電線路の1線当たりの抵抗を 0.32 Ω/km，リアクタンスを 0.2 Ω/km とするとき，次の（a）及び（b）の問に答えよ。

　ただし，計算においては S 点，A 点及び B 点における電圧の位相差が十分小さいとの仮定に基づき適切な近似式を用いるものとする。

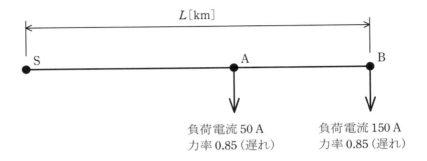

（a）　A-B 間の線間電圧降下を S 点線間電圧の 1 % としたい。このときの A-B 間の線路長の値[km]として，最も近いものを次の（1）～（5）のうちから一つ選べ。

　　（1）　0.39　　　　（2）　0.67　　　　（3）　0.75　　　　（4）　1.17　　　　（5）　1.30

（b）　A-B 間の線間電圧降下を S 点線間電圧の 1 % とし，B 点線間電圧を S 点線間電圧の 96 % としたときの線路長 L の値[km]として，最も近いものを次の（1）～（5）のうちから一つ選べ。

　　（1）　2.19　　　　（2）　2.44　　　　（3）　2.67　　　　（4）　3.79　　　　（5）　4.22

問 12 （a）の解答　出題項目＜電圧降下＞　　答え　（2）

線路長と電流の分布を図 **12-1** のように表す。ここで，力率 $\cos\theta$ は $\cos\theta_A = \cos\theta_B$ であり，本文中に S 点，A 点および B 点における電圧の位相差が十分小さいと与えられているので，S-A 間に流れる電流は I_A と I_B が同相であるとして扱えるため $(I_A + I_B)$ として表せる。

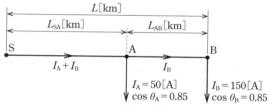

図 12-1　線路長と電流の分布

線路長 L_{AB}[km] の A-B 間の配電線路 1 線当たりの抵抗とリアクタンスをそれぞれ R_{AB}[Ω]，X_{AB}[Ω]（単位長さ当たりの抵抗とリアクタンスを

それぞれ r[Ω/km]，x[Ω/km]），S 点の線間電圧を V_S[V] とすると，A-B 間の電圧降下 v_{AB} は，

$$v_{AB} = \sqrt{3}\,I_B(R_{AB}\cos\theta_B + X_{AB}\sin\theta_B)$$
$$= \sqrt{3}\,I_B(rL_{AB}\cos\theta_B + xL_{AB}\sin\theta_B)$$
$$= \sqrt{3}\,I_B(r\cos\theta_B + x\sin\theta_B)L_{AB}$$
$$= 0.01V_S = 0.01 \times 6\,600$$
$$= 66\,[\text{V}]$$

$$\therefore\ L_{AB} = \frac{66}{\sqrt{3}\,I_B(r\cos\theta_B + x\sin\theta_B)}$$
$$= \frac{66}{\sqrt{3} \times 150(0.32 \times 0.85 + 0.2 \times \sqrt{1-0.85^2})}$$
$$\fallingdotseq 0.67\,[\text{km}]$$

解説 ┈┈┈┈┈┈┈┈┈┈┈┈┈┈┈┈┈┈┈┈

三相 3 線式配電線路の電圧降下の基本式を用いただけの簡単な問題である。

問 12 （b）の解答　出題項目＜電圧降下＞　　答え　（1）

線路長 L_{SA}[km] の S-A 間の配電線路 1 線当たりの抵抗とリアクタンスをそれぞれ R_{SA}[Ω]，X_{SA}[Ω]（単位長さ当たりの抵抗とリアクタンスをそれぞれ r[Ω/km]，x[Ω/km]），S 点の線間電圧を V_S[V] とすると，S-A 間の電圧降下 v_{SA} は，

$$v_{SA} = \sqrt{3}\{R_{SA}(I_A\cos\theta_A + I_B\cos\theta_B)$$
$$\qquad + X_{SA}(I_A\sin\theta_A + I_B\sin\theta_B)\}$$
$$= \sqrt{3}\{R_{SA}(I_A + I_B)\cos\theta$$
$$\qquad + X_{SA}(I_A + I_B)\sin\theta\}$$
$$= \sqrt{3}(R_{SA}\cos\theta + X_{SA}\sin\theta)(I_A + I_B)$$
$$= \sqrt{3}(r\cos\theta + x\sin\theta)L_{SA}(I_A + I_B)$$
$$= 0.04V_S - 0.01V_S = 0.03V_S$$
$$= 0.03 \times 6\,600 = 198\,[\text{V}]$$

$$\therefore\ L_{SA} = \frac{198}{\sqrt{3}(r\cos\theta + x\sin\theta)(I_A + I_B)}$$
$$= \frac{198}{\sqrt{3} \times (0.32 \times 0.85 + 0.2 \times \sqrt{1-0.85^2}) \times 200}$$
$$\fallingdotseq 1.51\,[\text{km}]$$

以上より，求める線路長 L は，
$$L = L_{SA} + L_{AB} = 0.67 + 1.51$$
$$\fallingdotseq 2.18\,[\text{km}] \quad \rightarrow \quad 2.19\ \text{km}$$

解説 ┈┈┈┈┈┈┈┈┈┈┈┈┈┈┈┈┈┈┈┈

分岐線路の電圧降下の計算は，計算量が多く計算ミスを犯しやすい。そこで，数値代入は計算式をシンプルに変形して最終形態としたところで行うように心がけなければならない。

Point 電力科目で平成 25 年，平成 27 年に類似の分岐線路の計算問題が出題されている。

問 13　　出題分野＜電気施設管理＞　　　難易度 ★★★　　重要度 ★★★

　ある需要家では，図 1 に示すように定格容量 300 kV·A，定格電圧における鉄損 430 W 及び全負荷銅損 2 800 W の変圧器を介して配電線路から定格電圧で受電し，需要家負荷に電力を供給している。この需要家には出力 150 kW の太陽電池発電所が設置されており，図 1 に示す位置で連系されている。

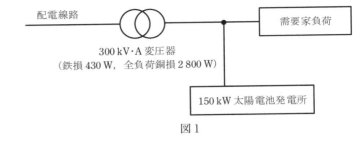

図 1

　ある日の需要家負荷の日負荷曲線が図 2 であり，太陽電池発電所の発電出力曲線が図 3 であるとするとき，次の(a)及び(b)の問に答えよ。

　ただし，需要家の負荷力率は 100 % とし，太陽電池発電所の運転力率も 100 % とする。なお，鉄損，銅損以外の変圧器の損失及び需要家構内の線路損失は無視するものとする。

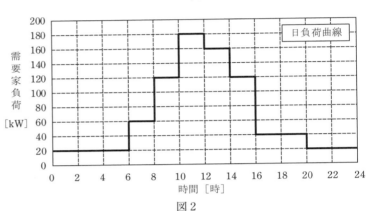

図 2

（ a ）　変圧器の 1 日の損失電力量の値［kW·h］として，最も近いものを次の(1)～(5)のうちから一つ選べ。
（ 1 ）　10.3　　（ 2 ）　11.8
（ 3 ）　13.2　　（ 4 ）　16.3
（ 5 ）　24.4

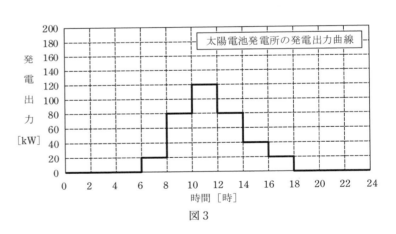

図 3

（ b ）　変圧器の全日効率の値［%］として，最も近いものを次の(1)～(5)のうちから一つ選べ。
（ 1 ）　97.5　　　（ 2 ）　97.8　　　（ 3 ）　98.7　　　（ 4 ）　99.0　　　（ 5 ）　99.4

問 13 （a）の解答　出題項目＜系統連系，変圧器＞　答え　（2）

問題の図 1 の電力系統図より，太陽電池発電所の発電出力と配電線路から供給する電力の和が需要家負荷である。したがって，図 2 の日負荷曲線に図 3 の太陽電池発電所の発電出力曲線を落とし込むと，**図 13-1** のように変圧器にかかる負荷を明確に表せる。以下，この図を用いて計算を行う。

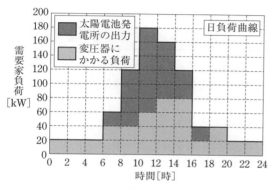

図 13-1　変圧器にかかる負荷

①　1 日の鉄損電力量の算出

鉄損を p_i[kW] とすると，1 日の鉄損電力量 w_i は，

$$w_i = 24p_i = 24 \times 0.43 = 10.32 [\text{kW} \cdot \text{h}]$$

②　1 日の銅損電力量の算出

図 13-1 より，変圧器にかかる 1 日の負荷は，20 kW が 12 時間，40 kW が 6 時間，60 kW が 2

時間，80 kW が 4 時間で，いずれも力率 1 である。全負荷銅損を p_c[kW]，負荷率を α，負荷率 α での使用時間を T とすると，1 日の銅損電力量 w_c は，

$$
\begin{aligned}
w_c &= p_c \times \sum(\alpha^2 T) \\
&= 2.8 \times \left\{ \left(\frac{20}{300}\right)^2 \times 12 + \left(\frac{40}{300}\right)^2 \times 6 \right. \\
&\quad \left. + \left(\frac{60}{300}\right)^2 \times 2 + \left(\frac{80}{300}\right)^2 \times 4 \right\} \\
&\fallingdotseq 1.468 [\text{kW} \cdot \text{h}]
\end{aligned}
$$

③　1 日の損失電力量の算出

1 日の損失電力量を w[kW・h] とすると，1 日の鉄損電力量 w_i と 1 日の銅損電力量 w_c を用いて，

$$
\begin{aligned}
w &= w_i + w_c = 10.32 + 1.468 \\
&= 11.788 \fallingdotseq 11.8 [\text{kW} \cdot \text{h}]
\end{aligned}
$$

解説

日負荷曲線に太陽電池発電所の発電出力曲線を落とし込む作業時には，ます目を間違えることなく慎重に行わないと初歩的なミスにつながるので注意しなければならない。計算量も多いので，時間があれば検算も欠かせない。

Point 平成 23 年，平成 25 年に類似の計算問題が出題されている。

問 13 （b）の解答　出題項目＜系統連系，変圧器＞　答え　（3）

図 13-1 より変圧器にかかる負荷は，20 kW が 12 時間，40 kW が 6 時間，60 kW が 2 時間，80 kW が 4 時間である。変圧器の 1 日の出力電力量を W[kW・h] とすると，

$$
\begin{aligned}
W &= 20 \times 12 + 40 \times 6 + 60 \times 2 + 80 \times 4 \\
&= 920 [\text{kW} \cdot \text{h}]
\end{aligned}
$$

全日効率を η_D とすると，

$$
\begin{aligned}
\eta_D &= \frac{1 \text{ 日の出力電力量}}{1 \text{ 日の（出力電力量＋損失電力量）}} \times 100 \\
&= \frac{W}{W+w} \times 100 = \frac{920}{920 + 11.8} \times 100 \\
&\fallingdotseq 98.7 [\%]
\end{aligned}
$$

解説

問題（a）と（b）は完全にリンクしており，（a）の結果が（b）の計算上に反映されている。規約効率は分母分子とも [kW]，全日効率は分母分子とも [kW・h] である。

Point 機械科目で平成 20 年に規約効率の計算が出題されており，過去から全日効率の計算問題は常連問題として有名である。

令和 4 (202) / 令和 3 (202) / 令和 2 (2020) / 令和 元 (2019) / 平成 30 (2018) / 平成 29 (2017) / 平成 28 (2016) / 平成 27 (2015) / 平成 26 (2014) / 平成 25 (2013) / 平成 24 (2012) / 平成 23 (2011) / 平成 22 (2010) / 平成 21 (2009) / 平成 20 (2008)

法　規 平成29年度(2017年度)

注1　問題文中に「電気設備技術基準」とあるのは，「電気設備に関する技術基準を定める省令」の略である。

注2　問題文中に「電気設備技術基準の解釈」とあるのは，「電気設備の技術基準の解釈における第1章～第6章及び第8章」である。なお，「第7章 国際規格の取り入れ」の各規定について問う出題にあっては，問題文中にその旨を明示する。

A 問 題 （配点は1問題当たり6点）

問1　出題分野＜電気事業法＞　難易度 ★★☆　重要度 ★★★

次の文章は，「電気事業法」における事業用電気工作物の技術基準への適合に関する記述の一部である。

a　事業用電気工作物を設置する者は，事業用電気工作物を主務省令で定める技術基準に適合するように　(ア)　しなければならない。

b　上記aの主務省令で定める技術基準では，次に掲げるところによらなければならない。

① 事業用電気工作物は，人体に危害を及ぼし，又は物件に損傷を与えないようにすること。

② 事業用電気工作物は，他の電気的設備その他の物件の機能に電気的又は　(イ)　的な障害を与えないようにすること。

③ 事業用電気工作物の損壊により一般送配電事業者の電気の供給に著しい支障を及ぼさないようにすること。

④ 事業用電気工作物が一般送配電事業の用に供される場合にあっては，その事業用電気工作物の損壊によりその一般送配電事業に係る電気の供給に著しい支障を生じないようにすること。

c　主務大臣は，事業用電気工作物が上記aの主務省令で定める技術基準に適合していないと認めるときは，事業用電気工作物を設置する者に対し，その技術基準に適合するように事業用電気工作物を修理し，改造し，若しくは移転し，若しくはその使用を　(ウ)　すべきことを命じ，又はその使用を制限することができる。

上記の記述中の空白箇所(ア)，(イ)及び(ウ)に当てはまる組合せとして，正しいものを次の(1)～(5)のうちから一つ選べ。

	(ア)	(イ)	(ウ)
(1)	設置	磁気	一時停止
(2)	維持	熱	禁止
(3)	設置	熱	禁止
(4)	維持	磁気	一時停止
(5)	設置	熱	一時停止

問1の解答　出題項目＜39, 40条＞　　　　　　　答え　（4）

a, b は電気事業法第 39 条（事業用電気工作物の維持），c は電気事業法第 40 条（技術基準適合命令）からの出題である。

a　事業用電気工作物を設置する者は，事業用電気工作物を主務省令で定める技術基準に適合するように**維持**しなければならない。

b　上記 a の主務省令で定める技術基準では，次に掲げるところによらなければならない。

①　事業用電気工作物は，人体に危害を及ぼし，又は物件に損傷を与えないようにすること。

②　事業用電気工作物は，他の電気的設備その他の物件の機能に電気的又は**磁気**的な障害を与えないようにすること。

③　事業用電気工作物の損壊により一般送配電事業者の電気の供給に著しい支障を及ぼさないようにすること。

④　事業用電気工作物が一般送配電事業の用に供される場合にあっては，その事業用電気工作物の損壊によりその一般送配電事業に係る電気の供給に著しい支障を生じないようにすること。

c　主務大臣は，事業用電気工作物が上記 a の主務省令で定める技術基準に適合していないと認めるときは，事業用電気工作物を設置する者に対し，その技術基準に適合するように事業用電気工作物を修理し，改造し，若しくは移転し，若しくはその使用を**一時停止**すべきことを命じ，又はその使用を制限することができる。

解説

a は，**事業用電気工作物**による危険や障害を防止するため，技術基準に適合するよう維持しなければならないことを規定している。

一般用電気工作物については，電気工事士が技術基準に定められたとおりに工事を実施する義務がある。

令和4 (202
令和3 (202
令和2 (2020
令和元 (2019
平成30 (2018
平成29 (2017
平成28 (2016
平成27 (2015
平成26 (2014
平成25 (2013
平成24 (2012
平成23 (2011
平成22 (2010
平成21 (2009
平成20 (2008

問 2 出題分野＜電気工事士法＞ 難易度 ★★☆ 重要度 ★★★

次の文章は，「電気工事士法」及び「電気工事士法施行規則」に基づく，同法の目的，特殊電気工事及び簡易電気工事に関する記述である。

a この法律は，電気工事の作業に従事する者の資格及び義務を定め，もって電気工事の （ア） による （イ） の発生の防止に寄与することを目的とする。

b この法律における自家用電気工作物に係る電気工事のうち特殊電気工事（ネオン工事又は （ウ） をいう。）については，当該特殊電気工事に係る特種電気工事資格者認定証の交付を受けている者でなければ，その作業（特種電気工事資格者が従事する特殊電気工事の作業を補助する作業を除く。）に従事することができない。

c この法律における自家用電気工作物（電線路に係るものを除く。以下同じ。）に係る電気工事のうち電圧 （エ） V 以下で使用する自家用電気工作物に係る電気工事については，認定電気工事従事者認定証の交付を受けている者は，その作業に従事することができる。

上記の記述中の空白箇所(ア)，(イ)，(ウ)及び(エ)に当てはまる組合せとして，正しいものを次の(1)～(5)のうちから一つ選べ。

	(ア)	(イ)	(ウ)	(エ)
(1)	不良	災害	内燃力発電装置設置工事	600
(2)	不良	事故	内燃力発電装置設置工事	400
(3)	欠陥	事故	非常用予備発電装置工事	400
(4)	欠陥	災害	非常用予備発電装置工事	600
(5)	欠陥	事故	内燃力発電装置設置工事	400

問 2 の解答　　出題項目＜1，3 条＞

a は電気工事士法第 1 条（目的），b は電気工事士法第 3 条（電気工事士等）第 3 項，c は電気工事士法第 3 条（電気工事士等）第 4 項からの出題である。

a　この法律は，電気工事の作業に従事する者の資格及び義務を定め，もって電気工事の**欠陥**による**災害**の発生の防止に寄与することを目的とする。

b　この法律における自家用電気工作物に係る電気工事のうち特殊電気工事（ネオン工事又は**非常用予備発電装置工事**をいう。）については，当該特殊電気工事に係る特種電気工事資格者認定証の交付を受けている者でなければ，その作業（特種電気工事資格者が従事する特殊電気工事の作業を補助する作業を除く。）に従事することができない。

c　この法律における自家用電気工作物（電線路に係るものを除く。以下同じ。）に係る電気工事のうち電圧 **600** V 以下で使用する自家用電気工作物に係る電気工事については，認定電気工事従事者認定証の交付を受けている者は，その作業に従事することができる。

解説

特種電気工事資格者や認定電気工事従事者の資格の作業対象は，**500 kW 未満の自家用電気工作物**である。第一種電気工事士や第二種電気工事士の免状の交付者は**都道府県知事**であるが，特種電気工事資格者や認定電気工事従事者の認定証の交付者は**経済産業大臣**である。

（類題：b，c. 平成 26 年度問 3）

令和4(202
令和3(202
令和2(2020
令和元(2019
平成30(2018
平成29(2017
平成28(2016
平成27(2015
平成26(2014
平成25(2013
平成24(2012
平成23(2011
平成22(2010
平成21(2009
平成20(2008

問 3　出題分野＜電技＞　　　　　難易度 ★★★　重要度 ★★★

次の文章は，「電気設備技術基準」における公害等の防止に関する記述の一部である。

a　発電用　(ア)　設備に関する技術基準を定める省令の公害の防止についての規定は，変電所，開閉所若しくはこれらに準ずる場所に設置する電気設備又は電力保安通信設備に附属する電気設備について準用する。

b　中性点　(イ)　接地式電路に接続する変圧器を設置する箇所には，絶縁油の構外への流出及び地下への浸透を防止するための措置が施されていなければならない。

c　急傾斜地の崩壊による災害の防止に関する法律の規定により指定された急傾斜地崩壊危険区域内に施設する発電所又は変電所，開閉所若しくはこれらに準ずる場所の電気設備，電線路又は電力保安通信設備は，当該区域内の急傾斜地の崩壊　(ウ)　するおそれがないように施設しなければならない。

d　ポリ塩化ビフェニルを含有する　(エ)　を使用する電気機械器具及び電線は，電路に施設してはならない。

上記の記述中の空白箇所(ア)，(イ)，(ウ)及び(エ)に当てはまる組合せとして，正しいものを次の(1)～(5)のうちから一つ選べ。

	(ア)	(イ)	(ウ)	(エ)
(1)	電気	直接	による損傷が発生	冷却材
(2)	火力	抵抗	を助長し又は誘発	絶縁油
(3)	電気	直接	を助長し又は誘発	冷却材
(4)	電気	抵抗	による損傷が発生	絶縁油
(5)	火力	直接	を助長し又は誘発	絶縁油

問 3 の解答　出題項目＜19 条＞

答え　（5）

電技第 19 条（公害等の防止）からの出題である。

第 1 項　発電用**火力**設備に関する技術基準を定める省令の公害の防止についての規定は，変電所，開閉所若しくはこれらに準ずる場所に設置する電気設備又は電力保安通信設備に附属する電気設備について準用する。

第 10 項　中性点**直接**接地式電路に接続する変圧器を設置する箇所には，絶縁油の構外への流出及び地下への浸透を防止するための措置が施されていなければならない。

第 13 項　急傾斜地の崩壊による災害の防止に関する法律の規定により指定された急傾斜地崩壊危険区域内に施設する発電所又は変電所，開閉所若しくはこれらに準ずる場所の電気設備，電線路又は電力保安通信設備は，当該区域内の急傾斜地の崩壊を**助長し又は誘発**するおそれがないように施設しなければならない。

第 14 項　ポリ塩化ビフェニルを含有する**絶縁油**を使用する電気機器器具及び電線は，電路に施設してはならない。

解説

a の準用例として，大気汚染防止法のばい煙排出量の引用規定などがある。

b の中性点直接接地式電路に接続する変圧器は，地絡事故時の大きなアークエネルギーにより変圧器のタンクが破損し，絶縁油の構外への流出による社会的影響を考慮し，これを防止する措置について規定したものである。

c の「急傾斜地」は，**傾斜度 30 度ある土地**が対象となっている。

d の PCB を含有する絶縁油を使用する電気機械器具や電線は，電路に施設してはならないとされており，流用や転用施設も禁止されている。

補足　電技解釈第 32 条（ポリ塩化ビフェニル使用電気機械器具及び電線の施設禁止）

ポリ塩化ビフェニルを含有する絶縁油とは，絶縁油に含まれるポリ塩化ビフェニルの量が試料**1 kg につき 0.5 mg 以下**である絶縁油以外のものである。

（類題：a，d．平成 24 年度問 3）

令和 4 (2022)
令和 3 (2021)
令和 2 (2020)
令和元 (2019)
平成 30 (2018)
平成 29 (2017)
平成 28 (2016)
平成 27 (2015)
平成 26 (2014)
平成 25 (2013)
平成 24 (2012)
平成 23 (2011)
平成 22 (2010)
平成 21 (2009)
平成 20 (2008)

問4　出題分野＜電技＞　　　　難易度 ★★★　重要度 ★★☆

次の文章は，「電気設備技術基準」におけるガス絶縁機器等の危険の防止に関する記述である。

発電所又は変電所，開閉所若しくはこれらに準ずる場所に施設するガス絶縁機器(充電部分が圧縮絶縁ガスにより絶縁された電気機械器具をいう。以下同じ。)及び開閉器又は遮断器に使用する圧縮空気装置は，次により施設しなければならない。

a　圧力を受ける部分の材料及び構造は，最高使用圧力に対して十分に耐え，かつ，　(ア)　であること。

b　圧縮空気装置の空気タンクは，耐食性を有すること。

c　圧力が上昇する場合において，当該圧力が最高使用圧力に到達する以前に当該圧力を　(イ)　させる機能を有すること。

d　圧縮空気装置は，主空気タンクの圧力が低下した場合に圧力を自動的に回復させる機能を有すること。

e　異常な圧力を早期に　(ウ)　できる機能を有すること。

f　ガス絶縁機器に使用する絶縁ガスは，可燃性，腐食性及び　(エ)　性のないものであること。

上記の記述中の空白箇所(ア)，(イ)，(ウ)及び(エ)に当てはまる組合せとして，正しいものを次の(1)〜(5)のうちから一つ選べ。

	(ア)	(イ)	(ウ)	(エ)
(1)	安全なもの	低下	検知	有毒
(2)	安全なもの	低下	減圧	爆発
(3)	耐火性のもの	抑制	検知	爆発
(4)	耐火性のもの	抑制	減圧	爆発
(5)	耐火性のもの	低下	検知	有毒

問 4 の解答　　出題項目＜33条＞

答え　（1）

電技第 33 条（ガス絶縁機器等の危険の防止）第 1 項からの出題である。

第一号　圧力を受ける部分の材料及び構造は，最高使用圧力に対して十分に耐え，かつ，**安全なもの**であること。

第二号　圧縮空気装置の空気タンクは，耐食性を有すること。

第三号　圧力が上昇する場合において，当該圧力が最高使用圧力に到達する以前に当該圧力を**低下**させる機能を有すること。

第四号　圧縮空気装置は，主圧力タンクの圧力が低下した場合に圧力を自動的に回復させる機能を有すること。

第五号　異常な圧力を早期に**検知**できる機能を有すること。

第六号　ガス絶縁機器に使用する絶縁ガスは，可燃性，腐食性及び**有毒**性のないものであること。

解説

高圧ガス保安法とボイラーおよび圧力容器安全規則では，電気工作物が適用除外となっているため，これに関する事項を電技で定めている。電技第 33 条で定めるガス絶縁機器には**六ふっ化硫黄（SF₆）ガスを用いた GCB や GIS** が該当し，変電所の小形化などに貢献している。また，開閉器または遮断器に使用する圧縮空気装置は，**開閉操作や消弧**の目的で使用されている。

補足　電技解釈第 40 条（ガス絶縁機器等の圧力容器の施設）で，施設方法を規定している。

令和 4 (2022)　令和 3 (2021)　令和 2 (2020)　令和元 (2019)　平成 30 (2018)　平成 29 (2017)　平成 28 (2016)　平成 27 (2015)　平成 26 (2014)　平成 25 (2013)　平成 24 (2012)　平成 23 (2011)　平成 22 (2010)　平成 21 (2009)　平成 20 (2008)

問5 出題分野＜風力電技＞ 難易度 ★★☆ 重要度 ★★☆

次の文章は，「発電用風力設備に関する技術基準を定める省令」に基づく風車の安全な状態の確保に関する記述である。

a 風車（発電用風力設備が一般用電気工作物である場合を除く。以下aにおいて同じ。）は，次の場合に安全かつ自動的に停止するような措置を講じなければならない。

① ＿＿（ア）＿＿ が著しく上昇した場合

② 風車の ＿＿（イ）＿＿ の機能が著しく低下した場合

b 最高部の ＿＿（ウ）＿＿ からの高さが20mを超える発電用風力設備には，＿＿（エ）＿＿ から風車を保護するような措置を講じなければならない。ただし，周囲の状況によって ＿＿（エ）＿＿ が風車を損傷するおそれがない場合においては，この限りでない。

上記の記述中の空白箇所(ア)，(イ)，(ウ)及び(エ)に当てはまる組合せとして，正しいものを次の(1)～(5)のうちから一つ選べ。

	(ア)	(イ)	(ウ)	(エ)
(1)	回転速度	制御装置	ロータ最低部	雷撃
(2)	発電電圧	圧油装置	地表	雷撃
(3)	発電電圧	制御装置	ロータ最低部	強風
(4)	回転速度	制御装置	地表	雷撃
(5)	回転速度	圧油装置	ロータ最低部	強風

問 5 の解答　　出題項目＜5 条＞

「発電用風力設備に関する技術基準を定める省令」第 5 条（風車の安全な状態の確保）からの出題である。

第 1 項　風車は，次の場合に安全かつ自動的に停止するような措置を講じなければならない。

一　**回転速度**が著しく上昇した場合

二　**風車の制御装置**の機能が著しく低下した場合

第 3 項　最高部の**地表**からの高さが 20 m を超える発電用風力設備には，**雷撃**から風車を保護するような措置を講じなければならない。ただし，周囲の状況によって**雷撃**が風車を損傷するおそれがない場合においては，この限りでない。

解説

a では，風車を安全かつ自動的に停止するような措置を講じなければならないと定めているが，具体的にはそれぞれ次の場合が該当する。

①　回転速度が著しく上昇した場合：非常調速装置が作動する回転速度に達した場合をいう。

②　風車の制御装置の機能が著しく低下した場合：風車の制御用圧油装置の油圧，圧縮空気装置の空気圧または電動式制御装置の電源電圧が著しく低下した場合をいう。

b では，周囲の状況によって雷撃が風車を損傷するおそれがない場合においては，雷撃から風車保護する措置が除外されている。これは，当該風車を保護するように避雷塔，避雷針その他避雷設備が施設されている場合を含むものをいう。

補足

最高部の地表からの高さが 20 m を超える発電用風力設備には，雷撃から風車を保護するような措置を講じなければならないとされている。建築基準法では，高さ 20 m を超える建物には避雷針を設ける旨の規定がされており，整合がとれている。

問 6　　出題分野＜電技解釈＞　　　　　　　　　　　難易度 ★★★　　重要度 ★★★

次の文章は，「電気設備技術基準の解釈」における用語の定義に関する記述の一部である。

a 「　（ア）　」とは，電気を使用するための電気設備を施設した，1 の建物又は 1 の単位をなす場所をいう。

b 「　（イ）　」とは，　（ア）　を含む 1 の構内又はこれに準ずる区域であって，発電所，変電所及び開閉所以外のものをいう。

c 「引込線」とは，架空引込線及び　（イ）　の　（ウ）　の側面等に施設する電線であって，当該　（イ）　の引込口に至るものをいう。

d 「　（エ）　」とは，人により加工された全ての物体をいう。

e 「　（ウ）　」とは，　（エ）　のうち，土地に定着するものであって，屋根及び柱又は壁を有するものをいう。

上記の記述中の空白箇所（ア），（イ），（ウ）及び（エ）に当てはまる組合せとして，正しいものを次の（1）～（5）のうちから一つ選べ。

	（ア）	（イ）	（ウ）	（エ）
（1）	需要場所	電気使用場所	工作物	建造物
（2）	電気使用場所	需要場所	工作物	造営物
（3）	需要場所	電気使用場所	建造物	工作物
（4）	需要場所	電気使用場所	造営物	建造物
（5）	電気使用場所	需要場所	造営物	工作物

問 6 の解答　　出題項目＜1 条＞

電技解釈第 1 条（用語の定義）からの出題である。

第四号　「**電気使用場所**」とは，電気を使用するための電気設備を施設した，1 の建物又は 1 の単位をなす場所をいう。

第五号　「**需要場所**」とは，**電気使用場所**を含む 1 の構内又はこれに準ずる区域であって，発電所，変電所及び開閉所以外のものをいう。

第十号　「**引込線**」とは，架空引込線及び**需要場所**の**造営物**の側面等に施設する電線であって，当該**需要場所**の引込口に至るものをいう。

第二十二号　「**工作物**」とは，人により加工された全ての物体をいう。

第二十三号　「**造営物**」とは，**工作物**のうち，土地に定着するものであって，屋根及び柱又は壁を有するものをいう。

解説

問に登場する用語は，具体的には次のような内容である。

電気使用場所：発電所・変電所・開閉所・受電所または配電盤は含まれない。屋外において，一つの作業所としてまとまっている場所などは，一つの電気使用場所と考えてよい。

引込線：架空引込線，地中引込線および連接引込線の総称をいう。

工作物：人が作ったものが対象となっている。

造営物：工作物のうち，建物，広告塔など土地に定着するものであって，屋根および柱または壁を有するものをいう。

補足

電技解釈第 1 条（用語の定義）で，ほかに関連する用語として，建造物が次のように規定されている。

建造物：造営物のうち，人が居住若しくは勤務し，又は頻繁に出入し若しくは来集するもの。

令和 4 (202
令和 3 (202
令和 2 (2020)
令和元 (2019)
平成 30 (2018)
平成 29 (2017)
平成 28 (2016)
平成 27 (2015)
平成 26 (2014)
平成 25 (2013)
平成 24 (2012)
平成 23 (2011)
平成 22 (2010)
平成 21 (2009)
平成 20 (2008)

問 7　　出題分野＜電技解釈＞　　　　　難易度 ★★★　重要度 ★★★

次の文章は，「電気設備技術基準の解釈」における低圧幹線の施設に関する記述の一部である。

低圧幹線の電源側電路には，当該低圧幹線を保護する過電流遮断器を施設すること。ただし，次のいずれかに該当する場合は，この限りでない。

a　低圧幹線の許容電流が，当該低圧幹線の電源側に接続する他の低圧幹線を保護する過電流遮断器の定格電流の 55 ％ 以上である場合

b　過電流遮断器に直接接続する低圧幹線又は上記 a に掲げる低圧幹線に接続する長さ ［　(ア)　］ m 以下の低圧幹線であって，当該低圧幹線の許容電流が，当該低圧幹線の電源側に接続する他の低圧幹線を保護する過電流遮断器の定格電流の 35 ％ 以上である場合

c　過電流遮断器に直接接続する低圧幹線又は上記 a 若しくは上記 b に掲げる低圧幹線に接続する長さ ［　(イ)　］ m 以下の低圧幹線であって，当該低圧幹線の負荷側に他の低圧幹線を接続しない場合

d　低圧幹線に電気を供給する電源が ［　(ウ)　］ のみであって，当該低圧幹線の許容電流が，当該低圧幹線を通過する ［　(エ)　］ 電流以上である場合

上記の記述中の空白箇所(ア)，(イ)，(ウ)及び(エ)に当てはまる組合せとして，正しいものを次の(1)～(5)のうちから一つ選べ。

	(ア)	(イ)	(ウ)	(エ)
(1)	10	5	太陽電池	最大短絡
(2)	8	5	太陽電池	定格出力
(3)	10	5	燃料電池	定格出力
(4)	8	3	太陽電池	最大短絡
(5)	8	3	燃料電池	定格出力

問 7 の解答　出題項目＜148 条＞

電技解釈第 148 条（低圧幹線の施設）第 1 項第四号からの出題である。

低圧幹線の電源側電路には，当該低圧幹線を保護する過電流遮断器を施設すること。ただし，次のいずれかに該当する場合は，この限りでない。

a　低圧幹線の許容電流が，当該低圧幹線の電源側に接続する他の低圧幹線を保護する過電流遮断器の定格電流の 55 ％以上である場合

b　過電流遮断器に直接接続する低圧幹線又は上記 a に掲げる低圧幹線に接続する長さ **8** m 以下の低圧幹線であって，当該低圧幹線の許容電流が，当該低圧幹線の電源側に接続する他の低圧幹線を保護する過電流遮断器の定格電流の 35 ％以上である場合

c　過電流遮断器に直接接続する低圧幹線又は上記 a 若しくは b に掲げる低圧幹線に接続する長さ **3** m 以下の低圧幹線であって，当該低圧幹線の負荷側に他の低圧幹線を接続しない場合

d　低圧幹線に電気を供給する電源が**太陽電池**のみであって，当該低圧幹線の許容電流が，当該低圧幹線を通過する**最大短絡**電流以上である場合

解説

a〜c の内容を図示すると，図 7-1 のようになる。なお，d は太陽電池は定電流源であり，短絡電流は定格電流の 1.1〜1.3 倍程度であることを考慮して規定されたものである。

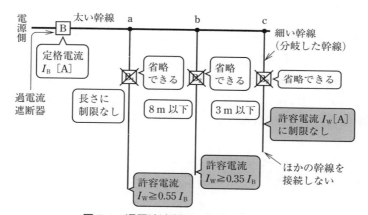

図 7-1　過電流遮断器の施設の省略条件

問8 出題分野＜電技解釈＞

　次の文章は，「電気設備技術基準の解釈」における架空弱電流電線路への誘導作用による通信障害の防止に関する記述の一部である。

1　低圧又は高圧の架空電線路（き電線路を除く。）と架空弱電流電線路とが　（ア）　する場合は，誘導作用により通信上の障害を及ぼさないように，次により施設すること。

　a　架空電線と架空弱電流電線との離隔距離は，　（イ）　以上とすること。

　b　上記aの規定により施設してもなお架空弱電流電線路に対して誘導作用により通信上の障害を及ぼすおそれがあるときは，更に次に掲げるものその他の対策のうち1つ以上を施すこと。

　　①　架空電線と架空弱電流電線との離隔距離を増加すること。

　　②　架空電線路が交流架空電線路である場合は，架空電線を適当な距離で　（ウ）　すること。

　　③　架空電線と架空弱電流電線との間に，引張強さ5.26 kN以上の金属線又は直径4 mm以上の硬銅線を2条以上施設し，これに　（エ）　接地工事を施すこと。

　　④　架空電線路が中性点接地式高圧架空電線路である場合は，地絡電流を制限するか，又は2以上の接地箇所がある場合において，その接地箇所を変更する等の方法を講じること。

2　次のいずれかに該当する場合は，上記1の規定によらないことができる。

　a　低圧又は高圧の架空電線が，ケーブルである場合

　b　架空弱電流電線が，通信用ケーブルである場合

　c　架空弱電流電線路の管理者の承諾を得た場合

3　中性点接地式高圧架空電線路は，架空弱電流電線路と　（ア）　しない場合においても，大地に流れる電流の　（オ）　作用により通信上の障害を及ぼすおそれがあるときは，上記1のbの①から④までに掲げるものその他の対策のうち1つ以上を施すこと。

　上記の記述中の空白箇所（ア），（イ），（ウ），（エ）及び（オ）に当てはまる組合せとして，正しいものを次の（1）～（5）のうちから一つ選べ。

	（ア）	（イ）	（ウ）	（エ）	（オ）
（1）	並行	3 m	遮へい	D種	電磁誘導
（2）	接近又は交差	2 m	遮へい	A種	静電誘導
（3）	並行	2 m	ねん架	D種	電磁誘導
（4）	接近又は交差	3 m	ねん架	A種	電磁誘導
（5）	並行	3 m	ねん架	A種	静電誘導

問 8 の解答　　出題項目＜52条＞

　電技解釈第52条(架空弱電流電線路への誘導作用による通信障害の防止)第1項〜第3項からの出題である。

　1　低圧又は高圧の架空電線路(き電線路を除く。)と架空弱電流電線路とが**並行**する場合は，誘導作用により通信上の障害を及ぼさないように，次により施設すること。

　a　架空電線と架空弱電流電線との離隔距離は，**2 m**以上とすること。

　b　上記 a の規定により施設してもなお架空弱電流電線路に対して誘導作用により通信上の障害を及ぼすおそれがあるときは，更に次に掲げるものその他の対策のうち1つ以上を施すこと。

　①　架空電線と架空弱電流電線との離隔距離を増加すること。

　②　架空電線路が交流架空電線路である場合は，架空電線を適当な距離で**ねん架**すること。

　③　架空電線と架空弱電流電線との間に，引張強さ5.26 kN以上の金属線又は直径4 mm以上の硬銅線を2条以上施設し，これに**D種**接地工事を施すこと。

　④　架空電線路が中性点接地式高圧架空電線路である場合は，地絡電流を制限するか，又は2以上の接地箇所がある場合において，その接地箇所を変更する等の方法を講じること。

　2　次のいずれかに該当する場合は，上記1の規定によらないことができる。

　a　低圧又は高圧の架空電線が，ケーブルである場合

　b　架空弱電流電線が，通信用ケーブルである場合

　c　架空弱電流電線路の管理者の承諾を得た場合

　3　中性点接地式高圧架空電線路は，架空弱電流電線路と**並行**しない場合においても，大地に流れる電流の**電磁誘導**作用により通信上の障害を及ぼすおそれがあるときは，上記1のbの①から④までに掲げるものその他の対策のうち1つ以上を施すこと。

解説

　低圧や高圧の架空電線路は電圧が比較的に低いため，架空弱電流電線路に対する誘導障害のうち，静電誘導障害より**電磁誘導障害が主体**で，本条ではその対策を規定している。

補足　bの通信線への誘導障害対策としての離隔距離の増加やねん架については，電力の科目でも出題の常連で，お馴染みである。

問9　出題分野＜電技解釈＞　難易度 ★★★　重要度 ★★★

次の文章は、「電気設備技術基準の解釈」に基づく低圧連系時の系統連系用保護装置に関する記述である。

低圧の電力系統に分散型電源を連系する場合は、次により、異常時に分散型電源を自動的に （ア） するための装置を施設すること。

a　次に掲げる異常を保護リレー等により検出し、分散型電源を自動的に （ア） すること。

　① 分散型電源の異常又は故障

　② 連系している電力系統の短絡事故、地絡事故又は高低圧混触事故

　③ 分散型電源の （イ） 又は逆充電

b　一般送配電事業者が運用する電力系統において再閉路が行われる場合は、当該再閉路時に、分散型電源が当該電力系統から （ア） されていること。

c　「逆変換装置を用いて連系する場合」において、「逆潮流有りの場合」の保護リレー等は、次によること。

　　表に規定する保護リレー等を受電点その他異常の検出が可能な場所に設置すること。

表

検出する異常	種類	補足事項
発電電圧異常上昇	過電圧リレー	※1
発電電圧異常低下	（ウ） リレー	※1
系統側短絡事故	（ウ） リレー	※2
系統側地絡事故・高低圧混触事故（間接）	（イ） 検出装置	※3
（イ） 又は逆充電	（イ） 検出装置	
	（エ） 上昇リレー	
	（エ） 低下リレー	

※1：分散型電源自体の保護用に設置するリレーにより検出し、保護できる場合は省略できる。

※2：発電電圧異常低下検出用の （ウ） リレーにより検出し、保護できる場合は省略できる。

※3：受動的方式及び能動的方式のそれぞれ1方式以上を含むものであること。系統側地絡事故・高低圧混触事故（間接）については、 （イ） 検出用の受動的方式等により保護すること。

上記の記述中の空白箇所（ア）、（イ）、（ウ）及び（エ）に当てはまる組合せとして、正しいものを次の（1）～（5）のうちから一つ選べ。

	（ア）	（イ）	（ウ）	（エ）
（1）	解列	単独運転	不足電力	周波数
（2）	遮断	自立運転	不足電圧	電力
（3）	解列	単独運転	不足電圧	周波数
（4）	遮断	単独運転	不足電圧	電力
（5）	解列	自立運転	不足電力	電力

問 9 の解答　　出題項目＜227 条＞

答え　（3）

電技解釈第 227 条（低圧連系時の系統連系用保護装置）第 1 項からの出題である。

低圧の電力系統に分散型電源を連系する場合は，次の各号により，異常時に分散型電源を自動的に**解列**するための装置を施設すること。

a　次に掲げる異常を保護リレー等により検出し，分散型電源を自動的に**解列**すること。

①　分散型電源の異常又は故障

②　連系している電力系統の短絡事故，地絡事故又は高低圧混触事故

③　分散型電源の**単独運転**又は逆充電

b　一般送配電事業者が運用する電力系統において再閉路が行われる場合は，当該再閉路時に，分散型電源が当該電力系統から**解列**されていること。

c　「逆変換装置を用いて連系する場合」において，「逆潮流有りの場合」の保護リレー等は，次によること。表に規定する保護リレー等を受電点その他異常の検出が可能な場所に設置すること。

解 説 ··

表

検出する異常	種類	補足事項
発電電圧異常	過電圧リレー	※ 1
発電電圧異常低下	**不足電圧**リレー	※ 1
系統側短絡事故	**不足電圧**リレー	※ 2
系統側地絡事故・高低圧混触事故（間接）	**単独運転**検出装置	※ 3
単独運転又は逆充電	**単独運転**検出装置	
	周波数上昇リレー	
	周波数低下リレー	

※ 1：分散型電源自体の保護用に設置するリレーにより検出し，保護できる場合は省略できる。

※ 2：発電電圧異常低下検出用の**不足電圧**リレーにより検出し，保護できる場合は省略できる。

※ 3：受動的方式及び能動的方式のそれぞれ 1 方式以上を含むものであること。系統側地絡事故・高低圧混触事故（間接）については，**単独運転**検出用の受動的方式等により保護すること。

低圧の電力系統に分散型電源を連系する場合に，電力系統との間でとるべき保護協調の基本的な考え方を規定している。

令和
4
(202

令和
3
(202

令和
2
(202

令和
元
(2019

平成
30
(2018

平成
29
(2017

平成
28
(2016

平成
27
(2015

平成
26
(2014

平成
25
(2013

平成
24
(2012,

平成
23
(2011

平成
22
(2010)

平成
21
(2009)

平成
20
(2008)

問10　出題分野＜電気事業法＞　　難易度 ★★☆　　重要度 ★★★

　次のa，b，c及びdの文章は，再生可能エネルギー発電所等を計画し，建設する際に，公共の安全を確保し，環境の保全を図ることなどについての記述である。

　これらの文章の内容について，「電気事業法」に基づき，適切なものと不適切なものの組合せとして，正しいものを次の（1）～（5）のうちから一つ選べ。

a　太陽電池発電所を建設する場合，その出力規模によって設置者は工事計画の届出を行い，使用前自主検査を行うとともに，当該自主検査の実施に係る主務大臣が行う審査を受けなければならない。

b　風力発電所を建設する場合，その出力規模によって設置者は環境影響評価を行う必要がある。

c　小出力発電設備を有さない一般用電気工作物の設置者が，その構内に小出力発電設備となる水力発電設備を設置し，これを一般用電気工作物の電線路と電気的に接続して使用する場合，これらの電気工作物は自家用電気工作物となる。

d　66 000 Vの送電線路と連系するバイオマス発電所を建設する場合，電気主任技術者を選任しなければならない。

	a	b	c	d
（1）	不適切	適切	適切	適切
（2）	適切	不適切	適切	不適切
（3）	適切	適切	不適切	不適切
（4）	適切	適切	不適切	適切
（5）	不適切	不適切	適切	不適切

問 10 の解答　出題項目＜38，43，46条の2，48，49条＞　　　　答え　（4）

　a は電気事業法第 48 条（工事計画）第 1 項および第 49 条（使用前検査）第 1 項，b は第 46 条の 2（事業用電気工作物に係る環境影響評価），c は第 38 条（定義）第 2 項，d は第 43 条（電気主任技術者）第 1 項からの出題である。

　a　適切。**出力 2 000 kW 以上の太陽電池発電所**の設置は，工事計画の事前届出の対象である。

　b　適切。風力発電所は，第 1 種事業（出力 10 000 kW 以上）と第 2 種事業（出力 7 500 kW 以上 10 000 kW 未満）がある。**環境アセスメントの手続きは，第 1 種事業ではいるが，第 2 種事業で**は個別に判断することとされている。

　c　不適切。小出力発電設備となる水力発電設備（**出力 20 kW，最大使用水量 1 m³/s 未満，ダムのないもの**）を設置し，これを一般用電気工作物の電線路と電気的に接続して使用する場合，これらの電気工作物は一般用電気工作物となる。

　d　適切。66 000 V の送電線と連系するバイオマス発電所を建設する場合には，50 000 V 以上 170 000 V 未満であるので，**第二種電気主任技術者を選任**しなければならない。

令和4 (2022)　令和3 (202)　令和2 (2020)　令和元 (2019)　平成30 (2018)　平成29 (2017)　平成28 (2016)　平成27 (2015)　平成26 (2014)　平成25 (2013)　平成24 (2012)　平成23 (2011)　平成22 (2010)　平成21 (2009)　平成20 (2008)

B 問 題

（問11及び問12の配点は1問題当たり(a)6点，(b)7点，計13点，問13の配点は(a)7点，(b)7点，計14点）

問11　　出題分野＜電技，電技解釈＞　　｜難易度 ★☆★｜　｜重要度 ★★★｜

電気使用場所の配線に関し，次の（a）及び（b）の問に答えよ。

（a）　次の文章は，「電気設備技術基準」における電気使用場所の配線に関する記述の一部である。

①　配線は，施設場所の　（ア）　及び電圧に応じ，感電又は火災のおそれがないように施設しなければならない。

②　配線の使用電線（裸電線及び　（イ）　で使用する接触電線を除く。）には，感電又は火災のおそれがないよう，施設場所の　（ア）　及び電圧に応じ，使用上十分な　（ウ）　及び絶縁性能を有するものでなければならない。

③　配線は，他の配線，弱電流電線等と接近し，又は　（エ）　する場合は，　（オ）　による感電又は火災のおそれがないように施設しなければならない。

上記の記述中の空白箇所（ア），（イ），（ウ），（エ）及び（オ）に当てはまる組合せとして，正しいものを次の（1）～（5）のうちから一つ選べ。

	（ア）	（イ）	（ウ）	（エ）	（オ）
（1）	状況	特別高圧	耐熱性	接触	混触
（2）	環境	高圧又は特別高圧	強度	交さ	混触
（3）	環境	特別高圧	強度	接触	電磁誘導
（4）	環境	高圧又は特別高圧	耐熱性	交さ	電磁誘導
（5）	状況	特別高圧	強度	交さ	混触

（b）　周囲温度が50℃の場所において，定格電圧210Vの三相3線式で定格消費電力15kWの抵抗負荷に電気を供給する低圧屋内配線がある。金属管工事により絶縁電線を同一管内に収めて施設する場合に使用する電線（各相それぞれ1本とする。）の導体の公称断面積［mm²］の最小値は，「電気設備技術基準の解釈」に基づけば，いくらとなるか。正しいものを次の（1）～（5）のうちから一つ選べ。

ただし，使用する絶縁電線は，耐熱性を有する600Vビニル絶縁電線（軟銅より線）とし，表1の許容電流及び表2の電流減少係数を用いるとともに，この絶縁電線の周囲温度による許容電流補正係数の計算式は $\sqrt{\dfrac{75-\theta}{30}}$ （θ は周囲温度で，単位は℃）を用いるものとする。

表1

導体の公称断面積［mm²］	許容電流［A］
3.5	37
5.5	49
8	61
14	88
22	115

表2

同一管内の電線数	電流減少係数
3以下	0.70
4	0.63
5又は6	0.56

（1）　3.5　　　　（2）　5.5　　　　（3）　8　　　　（4）　14　　　　（5）　22

令和4(2022)
令和3(2021)
令和2(2020)
令和元(2019)
平成30(2018)
平成29(2017)
平成28(2016)
平成27(2015)
平成26(2014)
平成25(2013)
平成24(2012)
平成23(2011)
平成22(2010)
平成21(2009)
平成20(2008)

問11（a）の解答　出題項目＜電技 56, 57, 62 条＞　答え（5）

①は電技第 56 条（配線の感電又は火災の防止）第 1 項，②は電技第 57 条（配線の使用電線）第 1 項，③は電技第 62 条（配線による他の配線等又は工作物への危険の防止）第 1 項からの出題である。

① 配線は，施設場所の**状況**及び電圧に応じ，感電又は火災のおそれがないように施設しなければならない。

② 配線の使用電線（裸電線及び**特別高圧**で使用する接触電線を除く。）には，感電又は火災のおそれがないよう，施設場所の**状況**及び電圧に応じ，使用上十分な**強度**及び絶縁性能を有するものでなければならない。

③ 配線は，他の配線，弱電流電線等と接近し，又は**交さ**する場合は，**混触**による感電又は火災のおそれがないように施設しなければならない。

解説

屋内配線，屋側配線，屋外配線，接触電線，移動電線などは，その施設場所の状況に応じ，また，使用される電圧に応じ，それぞれ施設方法が定められている。電技第 56 条（配線の感電又は火災の防止）は，これらに対する一般規定である。

（類題：（a）-②．平成 25 年度問 3）

問11（b）の解答　出題項目＜解釈 146, 148 条＞　答え（4）

三相抵抗負荷の定格消費電力 P_n[W]は，定格電圧を V_n[V]，定格電流を I_n[A]とすると，

$$P_n = \sqrt{3}\,V_n I_n\,[\text{W}]$$

$$\therefore\ I_n = \frac{P_n}{\sqrt{3}\,V_n} = \frac{15\times10^3}{\sqrt{3}\times210} \fallingdotseq 41.2\,[\text{A}]$$

絶縁電線の周囲温度による許容電流補正係数 α は，周囲温度 θ が 50℃ であるので，

$$\alpha = \sqrt{\frac{75-\theta}{30}} = \sqrt{\frac{75-50}{30}} = \sqrt{\frac{25}{30}} \fallingdotseq 0.91$$

電流減少係数 β は，三相 3 線式の場合，金属管に収める電線数が 3 本であるので，問題中の表 2 から $\beta = 0.70$ であることがわかる。

したがって，絶縁電線の許容電流 I_W は，

$$I_W \times \alpha \times \beta \geqq I_n$$

$$\therefore\ I_W \geqq \frac{I_n}{\alpha\beta} = \frac{41.2}{0.91\times0.70} \fallingdotseq 64.7\,[\text{A}]$$

これを満足する導体の公称断面積は，問題中の表 1 より，14 mm² であることがわかる。

解説

電技解釈第 148 条（低圧幹線の施設）第二号では，電線の許容電流は，低圧幹線の各部分ごとに，その部分を通じて供給される電気使用機械器具の**定格電流の合計値以上**であることと規定している。

また，電技解釈第 146 条（低圧配線に使用する電線）第 2 項では，低圧配線に使用する，**600 V ビニル絶縁電線**，600 V ポリエチレン絶縁電線，600 V ふっ素樹脂絶縁電線及び 600 V ゴム絶縁電線の許容電流を定めている。

補足 ①周囲温度による許容電流補正係数

補正係数 α は，絶縁体の材料及び施設場所の区分に応じて定められており，周囲温度が 30℃ 以下の場合には，$\theta = 30$ として計算することとされているので注意が必要である。

②電流減少係数

電流減少係数 β は，絶縁電線を絶縁管に収めて使用すると，**本数が多いほど熱放散が悪くなる**ことを考慮して定められている。問題中の表 2 は，金属管のほか合成樹脂管，金属可とう電線管，金属線ぴに収めて使用する場合にも適用できる。

（類題：平成 27 年度問 12）

問12　出題分野＜電気施設管理＞　　　難易度 ★★★　　重要度 ★★★

　図に示す自家用電気設備で変圧器二次側(210 V側)F点において三相短絡事故が発生した。次の(a)及び(b)の問に答えよ。

　ただし，高圧配電線路の送り出し電圧は6.6 kVとし，変圧器の仕様及び高圧配電線路のインピーダンスは表のとおりとする。なお，変圧器二次側からF点までのインピーダンス，その他記載の無いインピーダンスは無視するものとする。

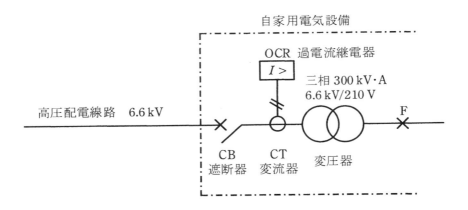

表

変圧器定格容量/相数	300 kV・A/三相
変圧器定格電圧	一次 6.6 kV/二次 210 V
変圧器百分率抵抗降下	2 %(基準容量 300 kV・A)
変圧器百分率リアクタンス降下	4 %(基準容量 300 kV・A)
高圧配電線路百分率抵抗降下	20 %(基準容量 10 MV・A)
高圧配電線路百分率リアクタンス降下	40 %(基準容量 10 MV・A)

(a)　F点における三相短絡電流の値[kA]として，最も近いものを次の(1)～(5)のうちから一つ選べ。

(1) 1.2　　(2) 1.7　　(3) 5.2　　(4) 11.7　　(5) 14.2

(b)　変圧器一次側(6.6 kV側)に変流器CTが接続されており，CT二次電流が過電流継電器OCRに入力されているとする。三相短絡事故発生時のOCR入力電流の値[A]として，最も近いものを次の(1)～(5)のうちから一つ選べ。

　ただし，CTの変流比は75 A/5 Aとする。

(1) 12　　(2) 18　　(3) 26　　(4) 30　　(5) 42

問12 （a）の解答　出題項目＜短絡電流＞　　答え　（5）

　高圧配電線路の百分率抵抗降下および百分率リアクタンス降下の値を $300\,\mathrm{kV\cdot A}$ を基準容量とした値に換算したものを $\%r_1$，$\%x_1[\%]$ とすると，

$$\%r_1=20\times\frac{300}{10\,000}=0.6[\%]$$

$$\%x_1=40\times\frac{300}{10\,000}=1.2[\%]$$

となる。変圧器の百分率抵抗降下および百分率リアクタンス降下の値（$300\,\mathrm{kV\cdot A}$ を基準容量とした値）を $\%r_2$，$\%x_2[\%]$ とすると，インピーダンスマップは，**図 12-1** のように直列接続の形で表される。

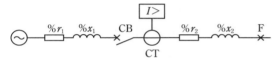

図 12-1　インピーダンスマップ（$300\,\mathrm{kV\cdot A}$ ベース）

　電源から F 点までの百分率抵抗降下および百分率リアクタンス降下をそれぞれ $\%r$，$\%x$ とすると，

$$\%r=\%r_1+\%r_2=0.6+2=2.6[\%]$$

$$\%x=\%x_1+\%x_2=1.2+4=5.2[\%]$$

であるので，電源から F 点までの百分率インピーダンス $\%z$ は，

$$\%z=\sqrt{(\%r)^2+(\%x)^2}=\sqrt{2.6^2+5.2^2}\fallingdotseq5.81[\%]$$

　基準容量を $P_\mathrm{n}[\mathrm{V\cdot A}]$，変圧器二次定格電圧を $V_\mathrm{n}[\mathrm{V}]$，変圧器二次定格電流を $I_\mathrm{n}[\mathrm{A}]$ とすると，

$$P_\mathrm{n}=\sqrt{3}\,V_\mathrm{n}I_\mathrm{n}[\mathrm{V\cdot A}]$$

であるので，

$$I_\mathrm{n}=\frac{P_\mathrm{n}}{\sqrt{3}\,V_\mathrm{n}}=\frac{300\times10^3}{\sqrt{3}\times210}\fallingdotseq824.8[\mathrm{A}]$$

　したがって，F 点における三相短絡電流 I_s は，

$$I_\mathrm{s}=\frac{100}{\%z}\times I_\mathrm{n}=\frac{100}{5.81}\times824.8\fallingdotseq14\,196[\mathrm{A}]$$

$$\rightarrow\quad 14.2\,\mathrm{kA}$$

解説

　問題中の表の中で，基準容量が $300\,\mathrm{kV\cdot A}$ と $10\,\mathrm{MV\cdot A}$ の 2 種類があるので，どちらか一方の基準容量に百分率抵抗降下および百分率リアクタンス降下の値を換算する必要がある。

　解答では，$300\,\mathrm{kV\cdot A}$ を基準容量としているが，もちろん $10\,\mathrm{MV\cdot A}$ を基準容量としてもよい。

問12 （b）の解答　出題項目＜短絡電流＞　　答え　（4）

　三相短絡事故発生時の OCR 入力電流を I_i とすると，OCR は変圧器の一次側に取り付けられているので，

$$I_i=三相短絡時のCT一次側電流\times\frac{1}{変流比}$$

$$=\left(三相短絡電流\times\frac{1}{変圧器の変圧比}\right)\times\frac{1}{変流比}$$

$$=\left(14\,196\times\frac{210}{6\,600}\right)\times\frac{5}{75}\fallingdotseq30[\mathrm{A}]$$

解説

　変圧器の変圧比と変流比から過電流継電器（OCR）の入力電流を求める。変圧比と変流比の意味をよく理解したうえで，計算式を立てなければならない。

問13　出題分野＜電気施設管理＞　難易度 ★★★　重要度 ★★★

　自家用水力発電所をもつ工場があり，電力系統と常時系統連系している。

　ここでは，自家用水力発電所の発電電力は工場内において消費させ，同電力が工場の消費電力よりも大きくなり余剰が発生した場合，その余剰分は電力系統に逆潮流（送電）させる運用をしている。

　この工場のある日（0時〜24時）の消費電力と自家用水力発電所の発電電力はそれぞれ図1及び図2のように推移した。次の（a）及び（b）の問に答えよ。

　なお，自家用水力発電所の所内電力は無視できるものとする。

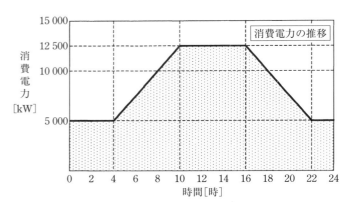

0時〜　4時	5 000 kW 一定
4時〜10時	5 000 kW から 12 500 kW まで直線的に増加
10時〜16時	12 500 kW 一定
16時〜22時	12 500 kW から 5 000 kW まで直線的に減少
22時〜24時	5 000 kW 一定

図1

（a）　この日の電力系統への送電電力量の値［MW·h］と電力系統からの受電電力量の値［MW·h］の組合せとして，最も近いものを次の（1）〜（5）のうちから一つ選べ。

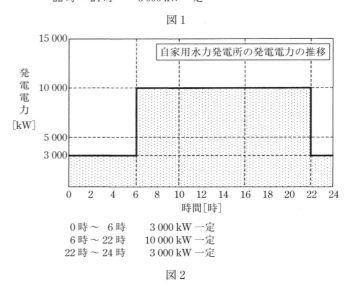

0時〜　6時	3 000 kW 一定
6時〜22時	10 000 kW 一定
22時〜24時	3 000 kW 一定

図2

	送電電力量［MW·h］	受電電力量［MW·h］
（1）	12.5	26.0
（2）	12.5	38.5
（3）	26.0	38.5
（4）	38.5	26.0
（5）	26.0	12.5

（b）　この日，自家用水力発電所で発電した電力量のうち，工場内で消費された電力量の比率［%］として，最も近いものを次の（1）〜（5）のうちから一つ選べ。

　　　（1）　18.3　　　　（2）　32.5　　　　（3）　81.7　　　　（4）　87.6　　　　（5）　93.2

問13 （a）の解答　　出題項目＜水力発電，系統連系＞　　答え　（2）

図1の消費電力の推移に図2の発電電力の推移を重ね合わせて作図すると**図13-1**のようになり，以下この図を用いて計算を行う。

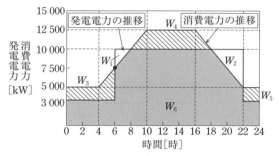

図 13-1　消費電力と発電電力の推移

① 電力系統への送電電力量 W_T の算出

発電電力が消費電力を上回る 6〜8 時と 18〜22 時の時間帯は電力系統に送電できる。それぞれの送電電力量を W_1，W_2 とすると，両方とも三角形の面積計算で求められるので，

$$W_1 = \frac{1}{2}(2\,500\,\mathrm{kW} \times 2\,\mathrm{h}) = 2\,500\,[\mathrm{kW \cdot h}]$$

$$W_2 = \frac{1}{2}(5\,000\,\mathrm{kW} \times 4\,\mathrm{h}) = 10\,000\,[\mathrm{kW \cdot h}]$$

$$\therefore\ W_\mathrm{T} = W_1 + W_2 = 2\,500 + 10\,000$$
$$= 12\,500\,[\mathrm{kW \cdot h}] = 12.5\,[\mathrm{MW \cdot h}]$$

② 電力系統からの受電電力量 W_R の算出

消費電力が発電電力を上回る 0〜6 時と 8〜18 時，22〜24 時の受電電力量を，それぞれ W_3，W_4，W_5 とすると，これらは図 13-1 の斜線部に相当する。W_3 は，長方形と三角形の組み合わせでできているので，

$$W_3 = 2\,000\,\mathrm{kW} \times 6\,\mathrm{h} + \frac{1}{2}(2\,500\,\mathrm{kW} \times 2\,\mathrm{h})$$

$$= 14\,500\,[\mathrm{kW \cdot h}]$$

W_4 は，台形であり，二つの三角形部分をまとめると，全体として長方形となるので，

$$W_4 = 2\,500\,\mathrm{kW} \times 8\,\mathrm{h} = 20\,000\,[\mathrm{kW \cdot h}]$$
$$W_5 = 2\,000\,\mathrm{kW} \times 2\,\mathrm{h} = 4\,000\,[\mathrm{kW \cdot h}]$$
$$\therefore\ W_\mathrm{R} = W_3 + W_4 + W_5$$
$$= 14\,500 + 20\,000 + 4\,000$$
$$= 38\,500\,[\mathrm{kW \cdot h}] = 38.5\,[\mathrm{MW \cdot h}]$$

解説

三角形の面積 S の求め方

$$S = \frac{\text{底辺} \times \text{高さ}}{2}$$

（類題：平成 25 年度問 12（太陽電池発電所との系統連系））

問13 （b）の解答　　出題項目＜水力発電，系統連系＞　　答え　（5）

自家用水力発電所での発電電力量を W_G，このうち工場内で消費された電力量を W_6 とする。

図2より，W_G は三つの長方形の面積の和で計算できるので，

$$W_\mathrm{G} = 3\,\mathrm{MW} \times 6\,\mathrm{h} + 10\,\mathrm{MW} \times 16\,\mathrm{h}$$
$$+ 3\,\mathrm{MW} \times 2\,\mathrm{h} = 184\,[\mathrm{MW \cdot h}]$$

作図した図 13-1 より，

$$W_6 = 3\,\mathrm{MW} \times 6\,\mathrm{h} + (10\,\mathrm{MW} \times 16\,\mathrm{h} - W_1 - W_2)$$
$$+ 3\,\mathrm{MW} \times 2\,\mathrm{h} = 18 + (160 - 2.5 - 10) + 6$$
$$= 171.5\,[\mathrm{MW \cdot h}]$$

$$\therefore\ \frac{W_6}{W_\mathrm{G}} \times 100 = \frac{171.5}{184} \times 100 \fallingdotseq 93.2\,[\%]$$

解説

このように，系統連系が絡んだ送電電力量や受電電力量の計算には，消費電力の推移と発電電力の推移を重ね合わせて作図する作業が必ず伴う。作図を間違うと命取りになるので，まずは確実にトレースすることが大切である。

法　規 平成 28 年度（2016 年度）

注1　問題文中に「電気設備技術基準」とあるのは，「電気設備に関する技術基準を定める省令」の略である。

注2　問題文中に「電気設備技術基準の解釈」とあるのは，「電気設備の技術基準の解釈において第1章～第6章及び第8章」である。なお，「第7章 国際規格の取り入れ」の各規定について問う出題にあっては，問題文中にその旨を明示する。

A 問 題 （配点は1問題当たり6点）

問1　出題分野＜電気事業法施行規則＞　難易度 ★★☆　重要度 ★★★

次の文章は，「電気事業法」及び「電気事業法施行規則」に基づく主任技術者の選任等に関する記述である。

自家用電気工作物を設置する者は，自家用電気工作物の工事，維持及び運用に関する保安の監督をさせるため主任技術者を選任しなければならない。

ただし，一定の条件を満たす自家用電気工作物に係る事業場のうち，当該自家用電気工作物の工事，維持及び運用に関する保安の監督に係る業務を委託する契約が，電気事業法施行規則で規定した要件に該当する者と締結されているものであって，保安上支障のないものとして経済産業大臣（事業場が一の産業保安監督部の管轄区域内のみにある場合は，その所在地を管轄する産業保安監督部長）の承認を受けたものについては，電気主任技術者を選任しないことができる。

下記 a～d のうち，上記の記述中の下線部の「一定の条件を満たす自家用電気工作物に係る事業場」として，適切なものと不適切なものの組合せとして，正しいものを次の（1）～（5）のうちから一つ選べ。

a　電圧 22 000 V で送電線路と連系をする出力 2 000 kW の内燃力発電所

b　電圧 6 600 V で送電する出力 3 000 kW の水力発電所

c　電圧 6 600 V で配電線路と連系をする出力 500 kW の太陽電池発電所

d　電圧 6 600 V で受電する需要設備

	a	b	c	d
（1）	適　切	不適切	適　切	適　切
（2）	不適切	不適切	適　切	適　切
（3）	適　切	不適切	不適切	適　切
（4）	不適切	適　切	適　切	不適切
（5）	適　切	適　切	不適切	不適切

問1の解答　出題項目＜52条＞

電気事業法施行規則第52条(主任技術者の選任等)からの出題である。

a　不適切。**出力1000kW未満の発電所**(水力発電所，火力発電所，太陽電池発電所及び風力発電所**以外**のもの。)であって**電圧7000V以下で連系等**をするものは，一定の条件を満たす自家用電気工作物に係る事業場に該当する。

b　不適切。**出力2000kW未満の発電所**(**水力発電所**，火力発電所，太陽電池発電所及び風力発電所に限る。)であって**電圧7000V以下で連系等をするもの**は，一定の条件を満たす自家用電気工作物に係る事業場に該当する。

c　適切。**出力2000kW未満の発電所**(水力発電所，火力発電所，**太陽電池発電所**及び風力発電所に限る。)であって**電圧7000V以下で連系等を**するものは，一定の条件を満たす自家用電気工作物に係る事業場に該当する。

d　適切。**電圧7000V以下で受電する需要設備**は，一定の条件を満たす自家用電気工作物に係る事業場に該当する。

解説

電気事業法第43条(主任技術者)

第2項では，**自家用電気工作物を設置する者は，主務大臣の許可を受けて，主任技術者免状の交付を受けていない者を主任技術者として選任することができる**としている。

補足　電気事業法施行規則第52条(主任技術者の選任等)では，**電圧600V以下の配電線路(当該配電線路を管理する事業場)**も一定の条件を満たす自家用電気工作物に係る事業場に該当することを規定している。

Point　電気主任技術者の外部委託承認制度に関する問題である。

令和4 (2022)
令和3 (2021)
令和2 (2020)
令和元 (2019)
平成30 (2018)
平成29 (2017)
平成28 (2016)
平成27 (2015)
平成26 (2014)
平成25 (2013)
平成24 (2012)
平成23 (2011)
平成22 (2010)
平成21 (2009)
平成20 (2008)

問2 出題分野＜電技解釈＞ 難易度 ★★★ 重要度 ★★★

次の文章は，「電気設備技術基準の解釈」に基づく電路に係る部分に接地工事を施す場合の，接地点に関する記述である。

a 電路の保護装置の確実な動作の確保，異常電圧の抑制又は対地電圧の低下を図るために必要な場合は，次の各号に掲げる場所に接地を施すことができる。

① 電路の中性点（ (ア) 電圧が 300 V 以下の電路において中性点に接地を施し難いときは，電路の一端子）

② 特別高圧の (イ) 電路

③ 燃料電池の電路又はこれに接続する (イ) 電路

b 高圧電路又は特別高圧電路と低圧電路とを結合する変圧器には，次の各号により B 種接地工事を施すこと。

① 低圧側の中性点

② 低圧電路の (ア) 電圧が 300 V 以下の場合において，接地工事を低圧側の中性点に施し難いときは，低圧側の 1 端子

c 高圧計器用変成器の 2 次側電路には， (ウ) 接地工事を施すこと。

d 電子機器に接続する (ア) 電圧が (エ) V 以下の電路，その他機能上必要な場所において，電路に接地を施すことにより，感電，火災その他の危険を生じることのない場合には，電路に接地を施すことができる。

上記の記述中の空白箇所(ア)，(イ)，(ウ)及び(エ)に当てはまる組合せとして，正しいものを次の(1)～(5)のうちから一つ選べ。

	(ア)	(イ)	(ウ)	(エ)
(1)	使 用	直 流	A 種	300
(2)	対 地	交 流	A 種	150
(3)	使 用	直 流	D 種	150
(4)	対 地	交 流	D 種	300
(5)	使 用	交 流	A 種	150

問 2 の解答　　出題項目＜19，24，28 条＞

答え　（3）

a，d は電技解釈第 19 条（保安上又は機能上必要な場合における電路の接地），b は電技解釈第 24 条（高圧又は特別高圧と低圧との混触による危険防止施設），c は電技解釈第 28 条（計器用変成器の 2 次側電路の接地）からの出題である。

a　電路の保護装置の確実な動作の確保，異常電圧の抑制又は対地電圧の低下を図るために必要な場合は，次の各号に掲げる場所に接地を施すことができる。

①　電路の中性点（**使用**電圧が 300 V 以下の電路において中性点に接地を施し難いときは，電路の一端子）

②　特別高圧の**直流**電路

③　燃料電池の電路又はこれに接続する**直流**電路

b　高圧電路又は特別高圧電路と低圧電路とを結合する変圧器には，次の各号により B 種接地工事を施すこと。

①　低圧側の中性点

②　低圧電路の**使用**電圧が 300 V 以下の場合において，接地工事を低圧側の中性点に施し難いときは，低圧側の 1 端子

c　高圧計器用変成器の 2 次側電路には，**D 種**接地工事を施すこと。

d　電子機器に接続する**使用**電圧が **150 V** 以下の電路，その他機能上必要な場所において，電路に接地を施すことにより，感電，火災その他の危険を生じることのない場合には，電路に接地を施すことができる。

解説

b の **B 種接地工事**は，低圧電路が非接地である場合においては，高圧巻線又は特別高圧巻線と低圧巻線との間に設けた**金属製の混触防止板**にも適用される。

c の計器用変成器の 2 次側電路の接地では，**特別高圧計器用変成器の 2 次側電路**には，**A 種接地工事**を施すことが規定されている。

令和
4
(202

令和
3
(202

令和
2
(202

令和
元
(201

平成
30
(2018

平成
29
(2017

平成
28
(2016

平成
27
(2015

平成
26
(2014

平成
25
(2013

平成
24
(2012

平成
23
(2011

平成
22
(2010

平成
21
(2009

平成
20
(2008

問 3 出題分野＜電技解釈＞ ［難易度 ★★☆］ ［重要度 ★★★］

次の文章は，高圧の機械器具（これに附属する高圧電線であってケーブル以外のものを含む。）の施設（発電所又は変電所，開閉所若しくはこれらに準ずる場所に施設する場合を除く。）の工事例である。その内容として，「電気設備技術基準の解釈」に基づき，不適切なものを次の(1)～(5)のうちから一つ選べ。

(1) 機械器具を屋内であって，取扱者以外の者が出入りできないように措置した場所に施設した。

(2) 工場等の構内において，人が触れるおそれがないように，機械器具の周囲に適当なさく，へい等を設けた。

(3) 工場等の構内以外の場所において，機械器具に充電部が露出している部分があるので，簡易接触防護措置を施して機械器具を施設した。

(4) 機械器具に附属する高圧電線にケーブルを使用し，機械器具を人が触れるおそれがないように地表上5mの高さに施設した。

(5) 充電部分が露出しない機械器具を温度上昇により，又は故障の際に，その近傍の大地との間に生じる電位差により，人若しくは家畜又は他の工作物に危険のおそれがないように施設した。

問 4 出題分野＜電技，電技解釈＞ ［難易度 ★★★］ ［重要度 ★★★］

次の文章は，「電気設備技術基準」及び「電気設備技術基準の解釈」に基づく移動電線の施設に関する記述である。

a 移動電線を電気機械器具と接続する場合は，接続不良による感電又は ［(ア)］ のおそれがないように施設しなければならない。

b 高圧の移動電線に電気を供給する電路には， ［(イ)］ が生じた場合に，当該高圧の移動電線を保護できるよう， ［(イ)］ 遮断器を施設しなければならない。

c 高圧の移動電線と電気機械器具とは ［(ウ)］ その他の方法により堅ろうに接続すること。

d 特別高圧の移動電線は，充電部分に人が触れた場合に人に危険を及ぼすおそれがない電気集じん応用装置に附属するものを ［(エ)］ に施設する場合を除き，施設しないこと。

上記の記述中の空白箇所(ア)，(イ)，(ウ)及び(エ)に当てはまる組合せとして，正しいものを次の(1)～(5)のうちから一つ選べ。

	(ア)	(イ)	(ウ)	(エ)
(1)	火 災	地 絡	差込み接続器使用	屋 内
(2)	断 線	過電流	ボルト締め	屋 外
(3)	火 災	過電流	ボルト締め	屋 内
(4)	断 線	地 絡	差込み接続器使用	屋 外
(5)	断 線	過電流	差込み接続器使用	屋 外

問 3 の解答　出題項目＜21 条＞　　　　　　答え（3）

電技解釈第 21 条（高圧の機械器具の施設）からの出題である。

（1）　正。屋内であって，取扱者以外の者が出入りできないように措置した場所に施設すること。

（2）　正。工場等の構内においては，人が触れるおそれがないように，機械器具の周囲に適当なさく，へい等を設けること。

（3）　誤。**充電部分が露出しない機械器具**を，次のいずれかにより施設することを規定している。（第五号）

イ　**簡易接触防護措置**を施すこと。

ロ　**温度上昇**により，又は**故障**の際に，その近傍の大地との間に生じる電位差により，**人若しくは家畜又は他の工作物に危険のおそれがないように施設**すること。

（4）　正。機械器具に附属する高圧電線にケーブル又は引下げ用高圧絶縁電線を使用し，機械器具を人が触れるおそれがないように**地表上 4.5 m（市街地外においては 4 m）以上の高さ**に施設すること。

（5）　正。（3）の規定どおり。

解説 ……………………………………

（3）の工場等の構内以外の場所において，機械器具に充電部分が露出している部分がある場合には，次により施設することを規定している。（第二号）

イ　人が触れるおそれがないように，機械器具の周囲に適当なさく，へい等を設けること。

ロ　イの規定により施設するさく，へい等の高さと，当該さく，へい等から機械器具の充電部分までの距離との和を **5 m 以上**とすること。

ハ　**危険である旨の表示**をすること。

補足　電技第 9 条（高圧又は特別高圧の電気機械器具の危険の防止）の詳細規定である。

問 4 の解答　出題項目＜電技 56，66 条，解釈 171，191 条＞　　　答え（3）

a は電技第 56 条（配線の感電又は火災の防止），b は電技第 66 条（異常時における高圧の移動電線及び接触電線における電路の遮断），c は電技解釈第 171 条（移動電線の施設），d は電技解釈第 191 条（電気集じん装置等の施設）からの出題である。

a　移動電線を電気機械器具と接続する場合は，接続不良による感電又は**火災**のおそれがないように施設しなければならない。

b　高圧の移動電線に電気を供給する電路には，**過電流**が生じた場合に，当該高圧の移動電線を保護できるよう，**過電流**遮断器を施設しなければならない。

c　高圧の移動電線と電気機械器具とは，**ボルト締め**その他の方法により堅ろうに接続すること。

d　特別高圧の移動電線は，充電部分に人が触れた場合に人に危険を及ぼすおそれがない電気集じん応用装置に附属するものを**屋内**に施設する場合を除き，施設しないこと。

解説 ……………………………………

移動電線とは，電気使用場所に施設する電線のうち，造営物に固定しないものをいい，電球線および電気使用機器内の電線は除かれている。

電技第 56 条（配線の感電又は火災の防止）では，**移動電線**について次のように規定している。

第 2 項　移動電線を**電気機械器具と接続する場合は，接続不良による感電又は火災のおそれがないように施設**しなければならない。

第 3 項　**特別高圧の移動電線**は，第 1 項（省略）及び前項の規定にかかわらず，**施設してはならない**。ただし，充電部分に人が触れた場合に人体に危害を及ぼすおそれがなく，移動電線と接続することが必要不可欠な電気機械器具に接続するものは，この限りでない。

令和4（202）
令和3（202）
令和2（2020）
令和元（2019）
平成30（2018）
平成29（2017）
平成28（2016）
平成27（2015）
平成26（2014）
平成25（2013）
平成24（2012）
平成23（2011）
平成22（2010）
平成21（2009）
平成20（2008）

問5 出題分野＜電技解釈＞ 難易度 ★★★ 重要度 ★★★

次の文章は，「電気設備技術基準の解釈」における蓄電池の保護装置に関する記述である。

発電所又は変電所若しくはこれに準ずる場所に施設する蓄電池(常用電源の停電時又は電圧低下発生時の非常用予備電源として用いるものを除く。)には，次の各号に掲げる場合に，自動的にこれを電路から遮断する装置を施設すること。

a 蓄電池に ＿(ア)＿ が生じた場合

b 蓄電池に ＿(イ)＿ が生じた場合

c ＿(ウ)＿ 装置に異常が生じた場合

d 内部温度が高温のものにあっては，断熱容器の内部温度が著しく上昇した場合

上記の記述中の空白箇所(ア)，(イ)及び(ウ)に当てはまる組合せとして，正しいものを次の(1)～(5)のうちから一つ選べ。

	(ア)	(イ)	(ウ)
(1)	過電圧	過電流	制 御
(2)	過電圧	地 絡	充 電
(3)	短 絡	過電流	制 御
(4)	地 絡	過電流	制 御
(5)	短 絡	地 絡	充 電

問6 出題分野＜電技解釈＞ 難易度 ★★★ 重要度 ★★★

次の文章は，「電気設備技術基準の解釈」に基づく太陽電池モジュールの絶縁性能及び太陽電池発電所に施設する電線に関する記述の一部である。

a 太陽電池モジュールは，最大使用電圧の ＿(ア)＿ 倍の直流電圧又は ＿(イ)＿ 倍の交流電圧(500 V未満となる場合は，500 V)を充電部分と大地との間に連続して ＿(ウ)＿ 分間加えたとき，これに耐える性能を有すること。

b 太陽電池発電所に施設する高圧の直流電路の電線(電気機械器具内の電線を除く。)として，取扱者以外の者が立ち入らないような措置を講じた場所において，太陽電池発電設備用直流ケーブルを使用する場合，使用電圧は直流 ＿(エ)＿ V以下であること。

上記の記述中の空白箇所(ア)，(イ)，(ウ)及び(エ)に当てはまる組合せとして，正しいものを次の(1)～(5)のうちから一つ選べ。

	(ア)	(イ)	(ウ)	(エ)
(1)	1.5	1	1	1 000
(2)	1.5	1	10	1 500
(3)	2	1	10	1 000
(4)	2	1.5	10	1 000
(5)	2	1.5	1	1 500

問 5 の解答　出題項目＜44 条＞
答え　（1）

電技解釈第 44 条（蓄電池の保護装置）からの出題である。

発電所又は変電所若しくはこれに準ずる場所に施設する蓄電池（常用電源の停電時又は電圧低下発生時の非常用予備電源として用いるものを除く。）には，次の各号に掲げる場合に，自動的にこれを電路から遮断する装置を施設すること。

a　蓄電池に**過電圧**が生じた場合

b　蓄電池に**過電流**が生じた場合

c　**制御装置**に異常が生じた場合

d　内部温度が高温のものにあっては，断熱容器の内部温度が著しく上昇した場合

解説

電技第 44 条（発変電設備等の損傷による供給支障の防止）では，次のように規定している。

第 1 項　発電機，燃料電池又は常用電源として用いる**蓄電池**には，当該電気機械器具を著しく損壊するおそれがあり，又は一般送配電事業に係る電気の供給に著しい支障を及ぼすおそれがある異常が当該電気機械器具に生じた場合に自動的にこれを**電路**から**遮断する装置**を施設しなければならない。

補足　① 蓄電池の保護装置の規定の背景

電力系統の負荷率の改善のため，ベースロードを担う発電所の夜間の電力を利用した電力貯蔵装置などの大形蓄電設備を充電しておき，ピーク負荷時に放電させる 3〜5 MW のものが施設されていることにある。これらの設備に対する規定である。内部温度が高温になる蓄電池にはナトリウム硫黄（NaS）電池がある。

② 電技解釈第 45 条（燃料電池等の施設）

燃料電池について，自動的に電路から遮断する装置を施設するよう規定されている。

問 6 の解答　出題項目＜16, 46 条＞
答え　（2）

a は電技解釈第 16 条（機械器具等の回路の絶縁性能）第 5 項，b は電技解釈第 46 条（太陽電池発電所の電線等の施設）第 1 項からの出題である。

a　太陽電池モジュールは，最大使用電圧の**1.5** 倍の直流電圧又は **1** 倍の交流電圧（500 V 未満となる場合は，500 V）を充電部分と大地との間に連続して **10** 分間加えたとき，これに耐える性能を有すること。

b　太陽電池発電所に施設する高圧の直流電路の電線（電気機械器具内の電線を除く。）として，取扱者以外の者が立ち入らないような措置を講じた場所において，太陽電池発電設備用直流ケーブルを使用する場合は，使用電圧は，直流 **1 500** V 以下であること。

解説

電技解釈第 16 条（機械器具等の電路の絶縁性能）第 5 項では，太陽電池モジュールの絶縁耐力について規定している。解釈における太陽電池モジュール（**図 6-1**）は，複数個の太陽電池セルを直列および並列に接続したものを樹脂や強化ガラス，金属枠で保護したものである。

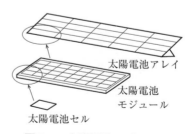

図 6-1　太陽電池モジュール

電技解釈第 46 条（太陽電池発電所の電線等の施設）第 1 項では，**メガソーラー**などの太陽電池発電所への対応のため，**直流ケーブルの使用電圧を 1 500 V 以下**と規定している。

問7　出題分野＜電技解釈＞

難易度 ★★★　　重要度 ★★★

次の文章は，「電気設備技術基準の解釈」に基づく高圧架空引込線の施設に関する記述の一部である。

a　電線は，次のいずれかのものであること。

① 引張強さ 8.01 kN 以上のもの又は直径 ［　(ア)　］ mm 以上の硬銅線を使用する，高圧絶縁電線又は特別高圧絶縁電線

② ［　(イ)　］ 用高圧絶縁電線

③ ケーブル

b　電線が絶縁電線である場合は，がいし引き工事により施設すること。

c　電線の高さは，「低高圧架空電線の高さ」の規定に準じること。ただし，次に適合する場合は，地表上 ［　(ウ)　］ m 以上とすることができる。

① 次の場合以外であること。

・道路を横断する場合

・鉄道又は軌道を横断する場合

・横断歩道橋の上に施設する場合

② 電線がケーブル以外のものであるときは，その電線の ［　(エ)　］ に危険である旨の表示をすること。

上記の記述中の空白箇所(ア)，(イ)，(ウ)及び(エ)に当てはまる組合せとして，正しいものを次の(1)～(5)のうちから一つ選べ。

	(ア)	(イ)	(ウ)	(エ)
(1)	5	引下げ	2.5	下　方
(2)	4	引下げ	3.5	近　傍
(3)	4	引上げ	2.5	近　傍
(4)	5	引上げ	5	下　方
(5)	5	引下げ	3.5	下　方

問 7 の解答　**出題項目＜117 条＞**　　　　　　　答え　(5)

電技解釈第 117 条(高圧架空引込線等の施設)第 1 項からの出題である。

a　電線は，次のいずれかのものであること。

①　引張強さ 8.01 kN 以上のもの又は直径 **5** mm 以上の硬銅線を使用する，高圧絶縁電線又は特別高圧絶縁電線

②　**引下げ**用高圧絶縁電線

③　ケーブル

b　電線が絶縁電線である場合は，がいし引き工事により施設すること。

c　電線の高さは，「低高圧架空電線の高さ」の規定に準じること。ただし，次に適合する場合は，地表上 **3.5** m 以上とすることができる。

①　次の場合以外であること。

・道路を横断する場合

・鉄道又は軌道を横断する場合

・横断歩道橋の上に施設する場合

②　電線がケーブル以外のものであるときは，その電線の**下方**に危険である旨の表示をすること。

解説 ……………………………………………

高圧架空引込線(**図 7-1**)は，電圧が高く危険なため，低圧架空引込線ほど規定が緩和されていない。しかし，危険のおそれがないときに限って，直接引き込んだ造営物との離隔距離や地表上の高さを緩和している。

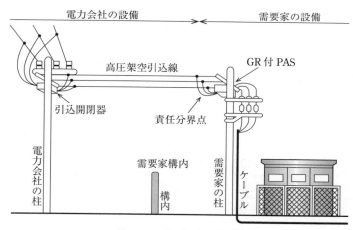

図 7-1　高圧架空引込線

問8 出題分野＜電技解釈＞ 難易度 ★★★ 重要度 ★★★

　次の文章は，「電気設備技術基準の解釈」における地中電線と他の地中電線等との接近又は交差に関する記述の一部である。

　低圧地中電線と高圧地中電線とが接近又は交差する場合，又は低圧若しくは高圧の地中電線と特別高圧地中電線とが接近又は交差する場合は，次の各号のいずれかによること。ただし，地中箱内についてはこの限りでない。

　a　地中電線相互の離隔距離が，次に規定する値以上であること。

　　①　低圧地中電線と高圧地中電線との離隔距離は，　（ア）　m

　　②　低圧又は高圧の地中電線と特別高圧地中電線との離隔距離は，　（イ）　m

　b　地中電線相互の間に堅ろうな　（ウ）　の隔壁を設けること。

　c　　（エ）　の地中電線が，次のいずれかに該当するものであること。

　　①　不燃性の被覆を有すること。

　　②　堅ろうな不燃性の管に収められていること。

　d　　（オ）　の地中電線が，次のいずれかに該当するものであること。

　　①　自消性のある難燃性の被覆を有すること。

　　②　堅ろうな自消性のある難燃性の管に収められていること。

　上記の記述中の空白箇所（ア），（イ），（ウ），（エ）及び（オ）に当てはまる組合せとして，正しいものを次の（1）～（5）のうちから一つ選べ。

	（ア）	（イ）	（ウ）	（エ）	（オ）
（1）	0.15	0.3	耐火性	いずれか	それぞれ
（2）	0.15	0.3	耐火性	それぞれ	いずれか
（3）	0.1	0.2	耐圧性	いずれか	それぞれ
（4）	0.1	0.2	耐圧性	それぞれ	いずれか
（5）	0.1	0.3	耐火性	いずれか	それぞれ

問 8 の解答　出題項目＜125 条＞

電技解釈第 125 条（地中電線と他の地中電線等との接近又は交差）第 1 項からの出題である。

低圧地中電線と高圧地中電線とが接近又は交差する場合，又は低圧若しくは高圧の地中電線と特別高圧地中電線とが接近又は交差する場合は，次の各号のいずれかによること。ただし，地中箱内についてはこの限りでない。

a　地中電線相互の離隔距離が，次に規定する値以上であること。

①　低圧地中電線と高圧地中電線との離隔距離は，**0.15** m

②　低圧又は高圧の地中電線と特別高圧地中電線との離隔距離は，**0.3** m

b　地中電線相互の間に堅ろうな**耐火性**の隔壁を設けること。

c　**いずれか**の地中電線が，次のいずれかに該当するものであること。

①　不燃性の被覆を有すること。

②　堅ろうな不燃性の管に収められていること。

d　**それぞれ**の地中電線が，次のいずれかに該当するものであること。

①　自消性のある難燃性の被覆を有すること。

②　堅ろうな自消性のある難燃性の管に収められていること。

解説

地中電線の故障時に，アーク放電によって他の地中電線に損傷を与えるのを防止するための規定である。第 2 項では，**地中電線と地中弱電流電線等との離隔距離を低圧又は高圧では 0.3 m 以上，特別高圧では 0.6 m 以上**と規定している。

Point 離隔距離と離隔距離が確保できない場合の措置方法についての規定である。

令和4 (2022)
令和3 (2021)
令和2 (2020)
令和元 (2019)
平成30 (2018)
平成29 (2017)
平成28 (2016)
平成27 (2015)
平成26 (2014)
平成25 (2013)
平成24 (2012)
平成23 (2011)
平成22 (2010)
平成21 (2009)
平成20 (2008)

問 9　出題分野＜電技，電技解釈＞　　難易度 ★★★　重要度 ★★★

　次の文章は，「電気設備技術基準」における電気さくの施設の禁止に関する記述である。

　電気さく(屋外において裸電線を固定して施設したさくであって，その裸電線に充電して使用するものをいう。)は，施設してはならない。ただし，田畑，牧場，その他これに類する場所において野獣の侵入又は家畜の脱出を防止するために施設する場合であって，絶縁性がないことを考慮し，　(ア)　のおそれがないように施設するときは，この限りでない。

　次の文章は，「電気設備技術基準の解釈」における電気さくの施設に関する記述である。

　電気さくは，次のaからfに適合するものを除き施設しないこと。

a　田畑，牧場，その他これに類する場所において野獣の侵入又は家畜の脱出を防止するために施設するものであること。

b　電気さくを施設した場所には，人が見やすいように適当な間隔で　(イ)　である旨の表示をすること。

c　電気さくは，次のいずれかに適合する電気さく用電源装置から電気の供給を受けるものであること。

　①　電気用品安全法の適用を受ける電気さく用電源装置

　②　感電により人に危険を及ぼすおそれのないように出力電流が制限される電気さく用電源装置であって，次のいずれかから電気の供給を受けるもの

　　・電気用品安全法の適用を受ける直流電源装置

　　・蓄電池，太陽電池その他これらに類する直流の電源

d　電気さく用電源装置(直流電源装置を介して電気の供給を受けるものにあっては，直流電源装置)が使用電圧　(ウ)　V以上の電源から電気の供給を受けるものである場合において，人が容易に立ち入る場所に電気さくを施設するときは，当該電気さくに電気を供給する電路には次に適合する漏電遮断器を施設すること。

　①　電流動作型のものであること。

　②　定格感度電流が　(エ)　mA以下，動作時間が0.1秒以下のものであること。

e　電気さくに電気を供給する電路には，容易に開閉できる箇所に専用の開閉器を施設すること。

f　電気さく用電源装置のうち，衝撃電流を繰り返して発生するものは，その装置及びこれに接続する電路において発生する電波又は高周波電流が無線設備の機能に継続的かつ重大な障害を与えるおそれがある場所には，施設しないこと。

　上記の記述中の空白箇所(ア)，(イ)，(ウ)及び(エ)に当てはまる組合せとして，正しいものを次の(1)～(5)のうちから一つ選べ。

	(ア)	(イ)	(ウ)	(エ)
(1)	感電又は火災	危険	100	15
(2)	感電又は火災	電気さく	30	10
(3)	損壊	電気さく	100	15
(4)	感電又は火災	危険	30	15
(5)	損壊	電気さく	100	10

問 9 の解答　　出題項目＜電技 74 条，解釈 192 条＞　　　　　　答え　(4)

電技第 74 条(電気さくの施設の禁止)および電技解釈第 192 条(電気さくの施設)からの出題である。

電気さく(屋外において裸電線を固定して施設したさくであって，その裸電線に充電して使用するものをいう。)は，施設してはならない。ただし，田畑，牧場，その他これに類する場所において野獣の侵入又は家畜の脱出を防止するために施設する場合であって，絶縁性がないことを考慮し，**感電又は火災**のおそれがないように施設するときは，この限りでない。

b　電気さくを施設した場所には，人が見やすいように適当な間隔で**危険**である旨の表示をすること。

d　電気さく用電源装置(直流電源装置を介して電気の供給を受けるものにあっては，直流電源装置)が使用電圧 **30** V 以上の電源から電気の供給を受けるものである場合において，人が容易に立ち入る場所に電気さくを施設するときは，当該電気さくに電気を供給する電路には次に適合する漏電遮断器を施設すること。

①　電流動作型のものであること。

②　定格感度電流が **15** mA 以下，動作時間が 0.1 秒以下のものであること。

解　説

電気さく(**図 9-1**)は，動物が触れた際に電気ショックを与える機構を付加したさくであるが，施設が適切でないと感電事故を招くおそれがあることから，規定が強化されている。

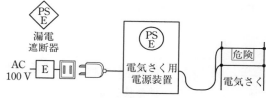

図 9-1　電気さくの施設の例

令和 4 (2022) 令和 3 (2021) 令和 2 (2020) 令和 元 (2019) 平成 30 (2018) 平成 29 (2017) 平成 28 (2016) 平成 27 (2015) 平成 26 (2014) 平成 25 (2013) 平成 24 (2012) 平成 23 (2011) 平成 22 (2010) 平成 21 (2009) 平成 20 (2008)

問 10　　出題分野＜電気事業法施行規則＞　　　難易度 ★★★　重要度 ★★★

　次の文章は，「電気事業法施行規則」に基づく自家用電気工作物を設置する者が保安規程に定めるべき事項の一部に関しての記述である。

a　自家用電気工作物の工事，維持又は運用に関する業務を管理する者の　(ア)　に関すること。

b　自家用電気工作物の工事，維持又は運用に従事する者に対する　(イ)　に関すること。

c　自家用電気工作物の工事，維持及び運用に関する保安のための　(ウ)　及び検査に関すること。

d　自家用電気工作物の運転又は操作に関すること。

e　発電所の運転を相当期間停止する場合における保全の方法に関すること。

f　災害その他非常の場合に採るべき　(エ)　に関すること。

g　自家用電気工作物の工事，維持及び運用に関する保安についての　(オ)　に関すること。

　上記の記述中の空白箇所(ア)，(イ)，(ウ)，(エ)及び(オ)に当てはまる組合せとして，正しいものを次の(1)～(5)のうちから一つ選べ。

	（ア）	（イ）	（ウ）	（エ）	（オ）
（1）	権限及び義務	勤務体制	巡視，点検	指揮命令	記　録
（2）	職務及び組織	勤務体制	整備，補修	措　置	届　出
（3）	権限及び義務	保安教育	整備，補修	指揮命令	届　出
（4）	職務及び組織	保安教育	巡視，点検	措　置	記　録
（5）	権限及び義務	勤務体制	整備，補修	指揮命令	記　録

問 10 の解答　　出題項目＜50 条＞

答え　（4）

電気事業法施行規則第 50 条（保安規程）からの出題である。

a　自家用電気工作物の工事，維持又は運用に関する業務を管理する者の**職務及び組織**に関すること。

b　自家用電気工作物の工事，維持又は運用に従事する者に対する**保安教育**に関すること。

c　自家用電気工作物の工事，維持及び運用に関する保安のための**巡視，点検**及び検査に関すること。

f　災害その他非常の場合に採るべき**措置**に関すること。

g　自家用電気工作物の工事，維持及び運用に関する保安についての**記録**に関すること。

解説 ....

電気事業法第 42 条（保安規程）

第 1 項　事業用電気工作物を設置する者は，事業用電気工作物の工事，維持及び運用に関する保安を確保するため，主務省令で定めるところにより，保安を一体的に確保することが必要な**事業用電気工作物の組織ごとに保安規程**を定め，当該組織における事業用電気工作物の**使用の開始前に，主務大臣に届け出**なければならない。

第 2 項　事業用電気工作物を設置する者は，**保安規程を変更**したときは，**遅滞なく**，変更した事項を主務大臣に**届け出**なければならない。

第 3 項　**主務大臣**は，事業用電気工作物の工事，維持及び運用に関する保安を確保するため必要があると認めるときは，事業用電気工作物を設置する者に対し，**保安規程を変更すべきことを命ずることができる**。

第 4 項　**事業用電気工作物を設置する者及びその従業者**は，保安規程を守らなければならない。

令和4 (2022)
令和3 (2021)
令和2 (2020)
令和元 (2019)
平成30 (2018)
平成29 (2017)
平成28 (2016)
平成27 (2015)
平成26 (2014)
平成25 (2013)
平成24 (2012)
平成23 (2011)
平成22 (2010)
平成21 (2009)
平成20 (2008)

B 問 題

（問11及び問12の配点は1問題当たり(a)6点，(b)7点，計13点，問13の配点は(a)7点，(b)7点，計14点）

問11　出題分野＜電技解釈＞　　難易度 ★★★　重要度 ★★★

「電気設備技術基準の解釈」に基づく地絡遮断装置の施設に関する記述について，次の(a)及び(b)の問に答えよ。

（a）　金属製外箱を有する使用電圧が60Vを超える低圧の機械器具に接続する電路には，電路に地絡を生じたときに自動的に電路を遮断する装置を原則として施設しなければならないが，この装置を施設しなくてもよい場合として，誤っているものを次の(1)～(5)のうちから一つ選べ。

　(1)　機械器具に施されたC種接地工事又はD種接地工事の接地抵抗値が3Ω以下の場合

　(2)　電路の系統電源側に絶縁変圧器（機械器具側の線間電圧が300V以下のものに限る。）を施設するとともに，当該絶縁変圧器の機械器具側の電路を非接地とする場合

　(3)　機械器具内に電気用品安全法の適用を受ける過電流遮断器を取り付け，かつ，電源引出部が損傷を受けるおそれがないように施設する場合

　(4)　機械器具に簡易接触防護措置（金属製のものであって，防護措置を施す機械器具と電気的に接続するおそれがあるもので防護する方法を除く。）を施す場合

　(5)　機械器具を乾燥した場所に施設する場合

（b）　高圧又は特別高圧の電路には，下表の左欄に掲げる箇所又はこれに近接する箇所に，同表中欄に掲げる電路に地絡を生じたときに自動的に電路を遮断する装置を施設すること。ただし，同表右欄に掲げる場合はこの限りでない。

　　表内の下線部(ア)から(ウ)のうち，誤っているものを次の(1)～(5)のうちから一つ選べ。

表

地絡遮断装置を施設する箇所	電路	地絡遮断装置を施設しなくても良い場合
発電所又は変電所若しくはこれに準ずる場所の引出口	発電所又は変電所若しくはこれに準ずる場所から引出される電路	発電所又は変電所相互間の電線路が，いずれか一方の発電所又は変電所の母線の延長とみなされるものである場合において，計器用変成器を母線に施設すること等により，当該電線路に地絡を生じた場合に電源側(ア)の電路を遮断する装置を施設するとき
他の者から供給を受ける受電点	受電点の負荷側の電路	他の者から供給を受ける電気を全てその受電点に属する受電場所において変成し，又は使用する場合
配電用変圧器（単巻変圧器を除く。）の施設箇所	配電用変圧器の負荷側の電路	配電用変圧器の電源側(イ)に地絡を生じた場合に，当該配電用変圧器の施設箇所の電源側(ウ)の発電所又は変電所で当該電路を遮断する装置を施設するとき

　上記表において，引出口とは，常時又は事故時において，発電所又は変電所若しくはこれに準ずる場所から電線路へ電流が流出する場所をいう。

　(1)　(ア)のみ　　　(2)　(イ)のみ　　　(3)　(ウ)のみ　　　(4)　(ア)と(イ)の両方
　(5)　(イ)と(ウ)の両方

問11（a）の解答　出題項目<36条>　答え（3）

電技解釈第36条（地絡遮断装置の施設）第1項からの出題である。地絡事故が発生すると機器の損傷や感電，火災などのおそれがあるので，地絡遮断装置の設置が義務付けられている。

低圧の場合は，60 Vを超える金属製外箱を有する機械器具に接続する電路に施設しなければならないが，危険の少ない場合には地絡遮断装置を省略できる。

（1）　正。第四号で規定されている。機械器具に施された接地工事の接地抵抗値が低ければ，地絡が起こっても，外箱に発生する電圧を低く抑えることができるからである。

（2）　正。第五号で規定されている。非接地式電路では，電路の充電部分に人が触れた場合で

も，地絡電流の帰路が構成されないので感電防止として有効なためである。

（3）　誤。第六号で規定されている。**漏電遮断器**を内蔵した機器を電源引出部が損傷を受けるおそれがないように施設する場合は，地絡遮断装置を省略できる。ただし，問題では**過電流遮断器**となっているので誤り。

（4）　正。第一号に規定されている。簡易接触防護措置を施す場合には，人が容易に触れるおそれがないことから，地絡遮断装置を省略できる。

（5）　正。第二号ロに規定されている。乾燥した場所は機械器具の漏電による危険性が低いことから，地絡遮断装置を省略できる。

問11（b）の解答　出題項目<36条>　答え（2）

電技解釈第36条（地絡遮断装置の施設）第4項からの出題である。

高圧又は特別高圧の電路には，**図11-1**の○印の箇所に地絡遮断装置を施設することになっている。

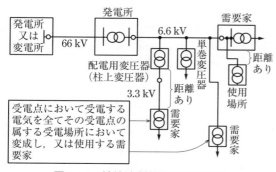

図11-1　地絡遮断装置の設置個所

（1）　発電所又は変電所若しくはこれに準ずる場所の引出口は電線路が出て行く所なので，設置が義務付けられている。

ただし，全ての引出口に遮断器を設置することは経済的ではないため，発変電所等の相互間の電

線路が短かく母線の延長とみなされるものについては地絡を生じた場合に**電源側（ア）**の電路を遮断する装置を施設する場合は省略できる。

（2）　他の者から供給を受ける受電点に設置するのは，受電点の負荷側の地絡が電源側に影響を与えるのを防ぐためである。ただし，他の者から供給を受ける電気を全てその受電点に属する受電場所において変成し，又は使用する場合は，設備が比較的単純で，故障が発生することが少ないので，省略できる。

（3）　配電用変圧器の施設箇所に地絡遮断装置を施設するのは，配電用変圧器に絶縁変圧器を使用している場合には，上位の発電所や変電所で負荷側の地絡を検出できないためである。ただし，配電用変圧器の**負荷側（イ）**で地絡を生じた時に，キャリアリレー等を使用して**電源側（ウ）**の発電所又は変電所で当該電路を遮断する装置を施設する場合には，省略できる。

問題では**（イ）**が**電源側**となっているので誤り。

問 12 出題分野＜電技解釈, 電気施設管理＞ 難易度 ★★★ 重要度 ★★★

「電気設備技術基準の解釈」に基づいて, 使用電圧 6 600 V, 周波数 50 Hz の電路に接続する高圧ケーブルの交流絶縁耐力試験を実施する。次の(a)及び(b)の問に答えよ。

ただし, 試験回路は図のとおりとする。高圧ケーブルは 3 線一括で試験電圧を印加するものとし, 各試験機器の損失は無視する。また, 被試験体の高圧ケーブルと試験用変圧器の仕様は次のとおりとする。

【高圧ケーブルの仕様】

　ケーブルの種類：6 600 V トリプレックス形架橋ポリエチレン絶縁ビニルシースケーブル(CVT)

　公称断面積：100 mm², ケーブル

のこう長：87 m

　1 線の対地静電容量：0.45 μF/km

【試験用変圧器の仕様】

　定格入力電圧：AC 0-120 V, 定

格出力電圧：AC 0-12 000 V

　入力電源周波数：50 Hz

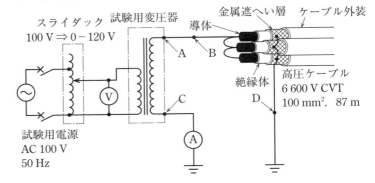

(a)　この交流絶縁耐力試験に必要な皮相電力(以下, 試験容量という。)の値[kV・A]として, 最も近いものを次の(1)〜(5)のうちから一つ選べ。

　(1)　1.4　　　　(2)　3.0　　　　(3)　4.0　　　　(4)　4.8　　　　(5)　7.0

(b)　上記(a)の計算の結果, 試験容量が使用する試験用変圧器の容量よりも大きいことがわかった。そこで, この試験回路に高圧補償リアクトルを接続し, 試験容量を試験用変圧器の容量より小さくすることができた。

　このとき, 同リアクトルの接続位置(図中の A〜D のうちの 2 点間)と, 試験用変圧器の容量の値[kV・A]の組合せとして, 正しいものを次の(1)〜(5)のうちから一つ選べ。

　ただし, 接続する高圧補償リアクトルの仕様は次のとおりとし, 接続する台数は 1 台とする。また, 同リアクトルによる損失は無視し, A-B 間に同リアクトルを接続する場合は, 図中の A-B 間の電線を取り除くものとする。

【高圧補償リアクトルの仕様】

　定格容量：3.5 kvar, 定格周波数：50 Hz, 定格電圧：12 000 V

　電流：292 mA(12 000 V　50 Hz 印加時)

	高圧補償リアクトル接続位置	試験用変圧器の容量[kV・A]
(1)	A-B 間	1
(2)	A-C 間	1
(3)	C-D 間	2
(4)	A-C 間	2
(5)	A-B 間	3

問 12 （a）の解答　出題項目＜1，15条，絶縁試験電源容量＞　答え　（3）

高圧ケーブルの絶縁耐力試験時の試験電圧は，電技解釈第 15 条（高圧又は特別高圧の電路の絶縁性能）第 1 項第一号で規定されており，最大使用電圧が 7 000 V 以下の交流電路の場合は，**最大使用電圧の 1.5 倍**となっている。

また，最大使用電圧は電技解釈第 1 条（用語の定義）第 1 項第二号で規定されており，使用電圧が 1 000 V を超え 500 000 V 未満の場合には，

$$最大使用電圧 ＝ 使用電圧 \times \frac{1.15}{1.1}[V]$$

したがって，試験電圧 $V_T[V]$ は，

$$V_T = 6\,600 \times \frac{1.15}{1.1} \times 1.5 = 10\,350[V]$$

高圧ケーブルの対地静電容量 $C[\mu F]$ は，1 線の1 km 当たりの値が与えられているので，3 線一括では，

$$C = 0.45 \times \frac{87}{1\,000} \times 3 = 0.117\,45[\mu F]$$

したがって，試験時に流れる電流 $I_C[A]$ は，

$$I_C = 2\pi fCV_T = 2\pi \times 50 \times 0.117\,45 \times 10^{-6} \times 10\,350$$
$$\fallingdotseq 0.381\,9[A]$$

このときの皮相電力 $Q[kV\cdot A]$ は，

$$Q = I_C \times V_T = 0.381\,9 \times 10\,350 \times 10^{-3}$$
$$\fallingdotseq 3.953[kV\cdot A]$$

必要な試験容量は 3.953 kV·A の直近上位の，4 kV·A となる。

（類題：平成 24 年度問 11）

問 12 （b）の解答　出題項目＜絶縁試験電源容量＞　答え　（4）

補償リアクトルは，**図 12-1** のように被試験体の静電容量を打ち消すので，試験用変圧器の容量を小さくできる。

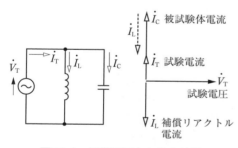

図 12-1　補償リアクトルの効果

このため，補償リアクトルを被試験体と並列になるように挿入する必要があるので，A–C 間か A–D 間のどちらかとなる。ただし，A–D 間に接続すると被試験体のみに流れる電流を測定できないので，**A–C 間**に入れるのが正しい。

試験回路は図 12-2 のようになる。

補償リアクトルに流れる電流は，電圧に比例するので，試験電圧 10 350 V での $I_L[A]$ は，

$$I_L = 0.292 \times \frac{10\,350}{12\,000} = 0.251\,85[A]$$

したがって，試験用変圧器に流れる電流 $I_T[A]$ は，

$$I_T = I_C - I_L = 0.38 - 0.251\,85 = 0.128\,15[A]$$

試験用変圧器の容量 $P[kV\cdot A]$ は，

$$P = 0.128\,15 \times 10\,350 \times 10^{-3} \fallingdotseq 1.33[kV\cdot A]$$

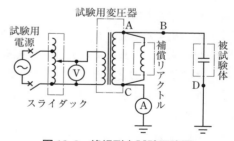

図 12-2　絶縁耐力試験回路図

必要な変圧器容量は 1.33 kV·A の直近上位の，2 kV·A となる。

令和4 令和3 令和2 令和元 平成30 平成29 平成28 平成27 平成26 平成25 平成24 平成23 平成22 平成21 平成20

問 13 出題分野＜電気施設管理＞ 難易度 ★★★ 重要度 ★★★

図は，線間電圧 V[V]，周波数 f[Hz]の中性点非接地方式の三相 3 線式高圧配電線路及びある需要設備の高圧地絡保護システムを簡易に示した単線図である。高圧配電線路一相の全対地静電容量を C_1[F]，需要設備一相の全対地静電容量を C_2[F]とするとき，次の（a）及び（b）に答えよ。

ただし，図示されていない負荷，線路定数及び配電用変電所の制限抵抗は無視するものとする。

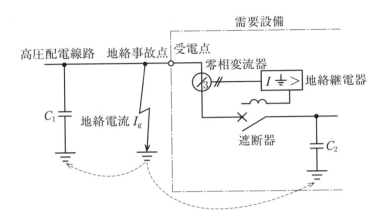

（a） 図の配電線路において，遮断器が「入」の状態で地絡事故点に一線完全地絡事故が発生し地絡電流 I_g[A]が流れた。このとき I_g の大きさを表す式として正しいものは次のうちどれか。

ただし，間欠アークによる影響等は無視するものとし，この地絡事故によって遮断器は遮断しないものとする。

（1） $\dfrac{2}{\sqrt{3}}V\pi f\sqrt{(C_1{}^2+C_2{}^2)}$　　　（2） $2\sqrt{3}\,V\pi f\sqrt{(C_1{}^2+C_2{}^2)}$　　　（3） $\dfrac{2}{\sqrt{3}}V\pi f(C_1+C_2)$

（4） $2\sqrt{3}\,V\pi f(C_1+C_2)$　　　（5） $2\sqrt{3}\,V\pi f\sqrt{C_1C_2}$

（b） 上記（a）の地絡電流 I_g は高圧配電線路側と需要設備側に分流し，需要設備側に分流した電流は零相変流器を通過して検出される。上記のような需要設備構外の事故に対しても，零相変流器が検出する電流の大きさによっては地絡継電器が不必要に動作する場合があるので注意しなければならない。地絡電流 I_g が高圧配電線路側と需要設備側に分流する割合は C_1 と C_2 の比によって決まるものとしたとき，I_g のうち需要設備の零相変流器で検出される電流の値[mA]として，最も近いものを次の（1）～（5）のうちから一つ選べ。

ただし，$V=6\,600$ V，$f=60$ Hz，$C_1=2.3\,\mu$F，$C_2=0.02\,\mu$F とする。

（1） 54　　　（2） 86　　　（3） 124　　　（4） 152　　　（5） 256

問13（a）の解答　出題項目＜地絡電流＞　　　　　　答え（4）

　問題の回路は図13-1のように表せる。この図から，鳳-テブナンの定理を使用して1線完全地絡事故時の地絡電流 I_g[A]を求める。

　地絡点から見た対地間の合成インピーダンス

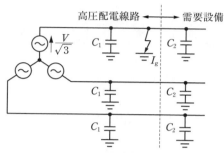

図13-1　地絡時の等価回路

Z_0[Ω]は，C_1 と C_2 が並列なので，

$$Z_0 = \frac{1}{2\pi f \times 3(C_1 + C_2)}[\Omega]$$

　地絡前の地絡点の対地電圧 E_0 は，相電圧なので $E_0 = V/\sqrt{3}$[V]，また完全地絡なので，地絡抵抗 Z_1[Ω]は，$Z_1 = 0$[Ω]である。

　したがって，地絡電流 I_g[A]は，

$$I_g = \frac{E_0}{Z_0 + Z_1} = \frac{\dfrac{V}{\sqrt{3}}}{\dfrac{1}{2\pi f \times 3(C_1 + C_2)} + 0}$$
$$= 2\sqrt{3}\, V\pi f(C_1 + C_2)[\mathrm{A}]$$

問13（b）の解答　出題項目＜地絡電流＞　　　　　　答え（2）

　地絡事故時の電流分布は図13-2のようになる。

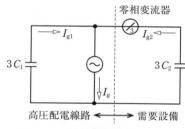

図13-2　高圧配電線路側の地絡

　地絡電流 I_g[A]は，（a）の解答より，

$$I_g = 2\sqrt{3}\, V\pi f(C_1 + C_2)[\mathrm{A}]$$

数値を代入すると，

$$I_g = 2\sqrt{3} \times 6\,600 \times \pi \times 60 \times (2.3 + 0.02) \times 10^{-6}$$
$$\fallingdotseq 9.998[\mathrm{A}]$$

この地絡電流 I_g[A]が，高圧配電線路側と需要設備側に分流する割合は C_1 と C_2 の比になる。需要設備の零相変流器で検出される電流 I_{g2} は，

$$I_{g2} = \frac{3C_2}{3(C_1 + C_2)} \times I_g$$
$$= \frac{3 \times 0.02}{3(2.3 + 0.02)} \times 9.998 \fallingdotseq 0.086[\mathrm{A}]$$
$$\rightarrow \quad 86\ \mathrm{mA}$$

解　説 ....

　問題の地絡事故点は高圧配電線路側であるが，需要設備側で地絡事故が発生したときの電流分布は，図13-3のようになる。

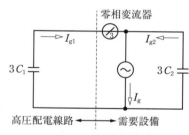

図13-3　需要設備側の地絡

　この場合，需要設備の零相変流器で検出される電流は I_{g1}[A]であり，図13-2の I_{g2}[A]と流れる方向が逆になることが分かる。

　地絡継電器は地絡電流の大きさだけで動作するので，高圧配電線路側の地絡事故には**不必要動作**する場合がある。これを防止するため，地絡電流の大きさと向きにより動作する**地絡方向継電器**が使用される。

法 規 | 平成27年度(2015年度)

注1 問題文中に「電気設備技術基準」とあるのは,「電気設備に関する技術基準を定める省令」の略である。

注2 問題文中に「電気設備技術基準の解釈」とあるのは,「電気設備の技術基準の解釈」の略である。

A 問 題 (配点は1問題当たり6点)

問1 出題分野＜電気事業法＞ 難易度 ★★★ 重要度 ★★★

次の文章は,「電気事業法」に規定される自家用電気工作物に関する説明である。

自家用電気工作物とは,電気事業の用に供する電気工作物及び一般用電気工作物以外の電気工作物であって,次のものが該当する。

a. (ア) 以外の発電用の電気工作物と同一の構内(これに準ずる区域内を含む。以下同じ。)に設置するもの

b. 他の者から (イ) 電圧で受電するもの

c. 構内以外の場所(以下「構外」という。)にわたる電線路を有するものであって,受電するための電線路以外の電線路により (ウ) の電気工作物と電気的に接続されているもの

d. 火薬類取締法に規定される火薬類(煙火を除く。)を製造する事業場に設置するもの

e. 鉱山保安法施行規則が適用される石炭坑に設置するもの

上記の記述中の空白箇所(ア),(イ)及び(ウ)に当てはまる組合せとして,正しいものを次の(1)～(5)のうちから一つ選べ。

	(ア)	(イ)	(ウ)
(1)	小出力発電設備	600 V を超え 7 000 V 未満の	需要場所
(2)	再生可能エネルギー発電設備	600 V を超える	構 内
(3)	小出力発電設備	600 V 以上 7 000 V 以下の	構 内
(4)	再生可能エネルギー発電設備	600 V 以上の	構 外
(5)	小出力発電設備	600 V を超える	構 外

問 1 の解答　出題項目＜38条＞

電気事業法第 38 条(定義)からの出題である。問題の空白部を埋めると，次のようになる。

自家用電気工作物とは，電気事業の用に供する電気工作物及び一般用電気工作物以外の電気工作物であって，次のものが該当する。

a.　**小出力発電設備**以外の発電用の電気工作物と同一の構内(これに準ずる区域内を含む。以下同じ。)に設置するもの

b.　他の者から **600 V を超える**電圧で受電するもの

c.　構内以外の場所(以下「構外」という。)にわたる電線路を有するものであって，受電するための電線路以外の電線路により**構外**の電気工作物と電気的に接続されているもの

d.　火薬類取締法に規定される火薬類(煙火を除く。)を製造する事業場に設置するもの

e.　鉱山保安法施行規則が適用される石炭坑に設置するもの

解説

電気事業法第 38 条(定義)では，自家用電気工作物を以下の位置づけとしている。

第 4 項　この法律において「自家用電気工作物」とは，電気事業の用に供する電気工作物及び一般用電気工作物以外の電気工作物をいう。

第 1 項では，「一般用電気工作物」の定義を規定している。

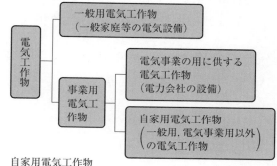

自家用電気工作物
＝電気工作物－(電気事業用電気工作物＋一般用電気工作物)

図 1-1　電気工作物の区分

令和
4
(202

令和
3
(202

令和
2
(202

令和
元
(2011

平成
30
(2018

平成
29
(2017

平成
28
(2016

平成
27
(2015

平成
26
(2014

平成
25
(2013

平成
24
(2012

平成
23
(2011)

平成
22
(2010)

平成
21
(2009)

平成
20
(2008)

問 2 出題分野＜電気用品安全法＞ 難易度 ★★☆ 重要度 ★★☆

次の文章は，「電気用品安全法」に基づく電気用品の電線に関する記述である。

a. （ア） 電気用品は，構造又は使用方法その他の使用状況からみて特に危険又は障害が発生するおそれが多い電気用品であって，具体的な電線については電気用品安全法施行令で定めるものをいう。

b. 定格電圧が （イ） V 以上 600 V 以下のコードは，導体の公称断面積及び線心の本数に関わらず， （ア） 電気用品である。

c. 電気用品の電線の製造又は （ウ） の事業を行う者は，その電線を製造し又は （ウ） する場合においては，その電線が経済産業省令で定める技術上の基準に適合するようにしなければならない。

d. 電気工事士は，電気工作物の設置又は変更の工事に （ア） 電気用品の電線を使用する場合，経済産業省令で定める方式による記号がその電線に表示されたものでなければ使用してはならない。 （エ） はその記号の一つである。

上記の記述中の空白箇所(ア)，(イ)，(ウ)及び(エ)に当てはまる組合せとして，正しいものを次の(1)～(5)のうちから一つ選べ。

	(ア)	(イ)	(ウ)	(エ)
(1)	特 定	30	販 売	JIS
(2)	特 定	30	販 売	＜PS＞E
(3)	甲 種	60	輸 入	＜PS＞E
(4)	特 定	100	輸 入	＜PS＞E
(5)	甲 種	100	販 売	JIS

問 2 の解答　　出題項目＜2，8，28 条＞

　電気用品安全法第 2 条（定義），電気用品安全法施行令（別表第一），電気用品安全法第 8 条（基準適合義務等）および同法第 28 条（使用の制限）からの出題である。

　問題の空白部を埋めると，次のようになる。

　a.　**特定**電気用品は，構造又は使用方法他の使用状況からみて特に危険又は障害の発生するそれが多い電気用品であって，具体的な電線については電気用品安全法施行令で定めるものをいう。

　b.　定格電圧が **100 V** 以上 600 V 以下のコードは，導体の公称断面積及び線心の本数に関わらず，**特定**電気用品である。

　c.　電気用品の製造又は**輸入**の事業を行う者は，その電線を製造し又は**輸入**する場合においては，その電線が経済産業省令で定める技術上の基準に適合するようにしなければならない。

　d.　電気工事士は，電気工作物の設置又は変更の工事に**特定**電気用品の電線を使用する場合，経済産業省令で定める方式による記号がその電線に表示されたものでなければ使用してはならない。**＜PS＞E** はその記号の一つである。

　補 足　　電気用品安全法では，特定電気用品および特定電気用品以外の用品を規定している。

　①　**特定電気用品**：構造または使用方法その他の使用状況からみて特に**危険**または**障害の発生するおそれが多い電気用品**である。

　（対象）　長時間，もっぱら監視のない状態で使用する電線，配線器具，人体に直接接触して使用する治療器具など。

　②　**特定電気用品以外の用品**：特定電気用品と比べ，危険度の低い電気用品である。

　（対象）　テレビ，電気冷蔵庫，電気スタンドなど

令和
4
(202)

令和
3
(202)

令和
2
(2020)

令和
元
(2019)

平成
30
(2018)

平成
29
(2017)

平成
28
(2016)

平成
27
(2015)

平成
26
(2014)

平成
25
(2013)

平成
24
(2012)

平成
23
(2011)

平成
22
(2010)

平成
21
(2009)

平成
20
(2008)

問3　出題分野＜電技＞ 　難易度 ★★★　重要度 ★★★

次の文章は，「電気設備技術基準」における，電気機械器具等からの電磁誘導作用による影響の防止に関する記述の一部である。

変電所又は開閉所は，通常の使用状態において，当該施設からの電磁誘導作用により　(ア)　の　(イ)　に影響を及ぼすおそれがないよう，当該施設の付近において，　(ア)　によって占められる空間に相当する空間の　(ウ)　の平均値が，商用周波数において　(エ)　以下になるように施設しなければならない。

上記の記述中の空白箇所(ア)，(イ)，(ウ)及び(エ)に当てはまる組合せとして，正しいものを次の(1)～(5)のうちから一つ選べ。

	(ア)	(イ)	(ウ)	(エ)
(1)	通信設備	機　能	磁界の強さ	200 A/m
(2)	人	健　康	磁界の強さ	100 A/m
(3)	無線設備	機　能	磁界の強さ	100 A/m
(4)	人	健　康	磁束密度	200 μT
(5)	通信設備	機　能	磁束密度	200 μT

問4　出題分野＜電技＞ 　難易度 ★★★　重要度 ★★★

次の文章は，「電気設備技術基準」における高圧及び特別高圧の電路の避雷器等の施設についての記述である。

雷電圧による電路に施設する電気設備の損壊を防止できるよう，当該電路中次の各号に掲げる箇所又はこれに近接する箇所には，避雷器の施設その他の適切な措置を講じなければならない。ただし，雷電圧による当該電気設備の損壊のおそれがない場合は，この限りでない。

a.　発電所又は　(ア)　若しくはこれに準ずる場所の架空電線引込口及び引出口

b.　架空電線路に接続する　(イ)　であって，　(ウ)　の設置等の保安上の保護対策が施されているものの高圧側及び特別高圧側

c.　高圧又は特別高圧の架空電線路から　(エ)　を受ける　(オ)　の引込口

上記の記述中の空白箇所(ア)，(イ)，(ウ)，(エ)及び(オ)に当てはまる組合せとして，正しいものを次の(1)～(5)のうちから一つ選べ。

	(ア)	(イ)	(ウ)	(エ)	(オ)
(1)	開閉所	配電用変圧器	開閉器	引込み	需要設備
(2)	変電所	配電用変圧器	過電流遮断器	供　給	需要場所
(3)	変電所	配電用変圧器	開閉器	供　給	需要設備
(4)	受電所	受電用設備	過電流遮断器	引込み	使用場所
(5)	開閉所	受電用設備	過電圧継電器	供　給	需要場所

問3の解答　出題項目＜27条の2＞

電技第 27 条の 2（電気機械器具等からの電磁誘導作用による人の健康影響の防止）からの出題である。

問題の空白部を埋めると，次のようになる。

変電所又は開閉所は，通常の使用状態において，当該施設からの電磁誘導作用により**人**の**健康**に影響を及ぼすおそれがないよう，当該施設の付近において，**人**によって占められる空間に相当する空間の**磁束密度**の平均値が，商用周波数において **200 μT** 以下になるように施設しなければならない。

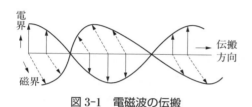

図 3-1　電磁波の伝搬

解 説

電技では，電力設備から発生する電界と磁界に制限値を規定している。

① 電界の制限値：送電線の下の地表から 1 m の高さで電界の強さを 3 kV/m 以下となるようにしなければならない。この値は，電界による刺激の防止の観点から決められたものである。

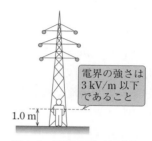

図 3-2　電界の強さの制限

② 磁界の制限値：電力設備のそれぞれの付近において磁束密度の平均値を 200 μT 以下となるようにしなければならない。この値は，国際非電離放射線防護委員会（ICNIRP）のガイドラインの制限値を採用したものである。

問4の解答　出題項目＜49条＞

電技第 49 条（高圧及び特別高圧の電路の避雷器等の施設）からの出題である。

問題の空白部を埋めると，次のようになる。

雷電圧による電路に施設する電気設備の損壊を防止できるよう，当該電路中次の各号に掲げる箇所又はこれに近接する箇所には，避雷器の施設その他の適切な措置を講じなければならない。ただし，雷電圧による当該電気設備の損壊のおそれがない場合は，この限りでない。

a.　発電所又は**変電所**若しくはこれに準ずる場所の架空電線引込口及び引出口

b.　架空電線路に接続する**配電用変圧器**であって，**過電流遮断器**の設置等の保安上の保護対策が施されているものの高圧側及び特別高圧側

c.　高圧又は特別高圧の架空電線路から<u>供給</u>を受ける**需要場所**の引込口

解 説

電技解釈第 37 条（避雷器等の施設）では，具体的に施設箇所を**図 4-1** のように定めている。

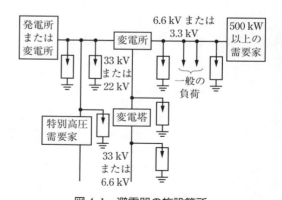

図 4-1　避雷器の施設箇所

令和4 (2022)
令和3 (2021)
令和2 (2020)
令和元 (2019)
平成30 (2018)
平成29 (2017)
平成28 (2016)
平成27 (2015)
平成26 (2014)
平成25 (2013)
平成24 (2012)
平成23 (2011)
平成22 (2010)
平成21 (2009)
平成20 (2008)

問5　出題分野＜電技解釈＞　難易度 ★★☆　重要度 ★★★

　次の文章は，「電気設備技術基準の解釈」に基づく，高圧電路又は特別高圧電路と低圧電路とを結合する変圧器(鉄道若しくは軌道の信号用変圧器又は電気炉若しくは電気ボイラーその他の常に電路の一部を大地から絶縁せずに使用する負荷に電気を供給する専用の変圧器を除く。)に施す接地工事に関する記述の一部である。

　高圧電路又は特別高圧電路と低圧電路とを結合する変圧器には，次のいずれかの箇所に　(ア)　接地工事を施すこと。

a.　低圧側の中性点

b.　低圧電路の使用電圧が　(イ)　V 以下の場合において，接地工事を低圧側の中性点に施し難いときは，　(ウ)　の 1 端子

c.　低圧電路が非接地である場合においては，高圧巻線又は特別高圧巻線と低圧巻線との間に設けた金属製の　(エ)

　上記の記述中の空白箇所(ア)，(イ)，(ウ)及び(エ)に当てはまる組合せとして，正しいものを次の(1)～(5)のうちから一つ選べ。

	(ア)	(イ)	(ウ)	(エ)
(1)	B種	150	低圧側	混触防止板
(2)	A種	150	低圧側	接地板
(3)	A種	300	高圧側又は特別高圧側	混触防止板
(4)	B種	300	高圧側又は特別高圧側	接地板
(5)	B種	300	低圧側	混触防止板

問6　出題分野＜電技解釈＞　難易度 ★★☆　重要度 ★★★

　次の文章は，「電気設備技術基準の解釈」に基づく，常時監視をしない発電所に関する記述の一部である。

a.　随時巡回方式は，　(ア)　が，　(イ)　発電所を巡回し，　(ウ)　の監視を行うものであること。

b.　随時監視制御方式は，　(ア)　が，　(エ)　発電所に出向き，　(ウ)　の監視又は制御その他必要な措置を行うものであること。

c.　遠隔常時監視制御方式は，　(ア)　が，　(オ)　に常時駐在し，発電所の　(ウ)　の監視及び制御を遠隔で行うものであること。

　上記の記述中の空白箇所(ア)，(イ)，(ウ)，(エ)及び(オ)に当てはまる組合せとして，正しいものを次の(1)～(5)のうちから一つ選べ。

	(ア)	(イ)	(ウ)	(エ)	(オ)
(1)	技術員	適当な間隔をおいて	運転状態	必要に応じて	制御所
(2)	技術員	必要に応じて	運転状態	適当な間隔をおいて	制御所
(3)	技術員	必要に応じて	計測装置	適当な間隔をおいて	駐在所
(4)	運転員	適当な間隔をおいて	計測装置	必要に応じて	駐在所
(5)	運転員	必要に応じて	計測装置	適当な間隔をおいて	制御所

問5の解答　出題項目＜24条＞　　　　答え　（5）

電技解釈第24条（高圧又は特別高圧と低圧との混触による危険防止施設）からの出題である。

問題の空白部を埋めると，次のようになる。

高圧電路又は特別高圧電路と低圧電路とを結合する変圧器には，次のいずれかの箇所に**B種接地工事**を施すこと。

a.　低圧側の中性点

b.　低圧電路の使用電圧が**300 V**以下の場合において，接地工事を低圧側の中性点に施し難い

ときは，**低圧側**の1端子

c.　低圧電路が非接地である場合においては，高圧巻線又は特別高圧巻線と低圧巻線との間に設けた金属製の**混触防止板**

補足　低圧電路に施すB種接地工事の目的は，高圧又は特別高圧電路と低圧電路の混触による低圧側の対地電圧の上昇電位を150 V以下に抑制して低圧機器の絶縁破壊を防止することである。

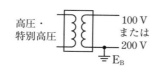

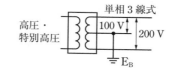

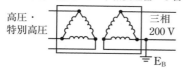

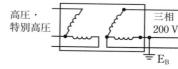

図5-1　B種接地工事の施設例

問6の解答　出題項目＜47条＞　　　　答え　（1）

電技解釈第47条（常時監視をしない発電所の施設）からの出題である。

問題の空白部を埋めると，次のようになる。

a.　随時巡回方式は，**技術員**が，**適当な間隔をおいて**発電所を巡回し，**運転状態**の監視を行うものであること。

b.　随時監視制御方式は，**技術員**が，**必要に応じて**発電所に出向き，監視又は制御その他必要な措置を行うものであること。

c.　遠隔常時監視制御方式は，**技術員**が**制御所**に常時駐在し，発電所の**運転状態**の監視及び制御を遠隔で行うものであること。

補足　類似の規定として，電技解釈第48条（常時監視をしない変電所の施設）では，4つの監視制御方式について次のように定義づけている。

①　簡易監視制御方式：技術員が必要に応じて変電所へ出向いて，変電所の監視及び機器の操作を行うものであること。

②　断続監視制御方式：技術員が当該変電所又はこれから300 m以内にある技術員駐在所に常時駐在し，断続的に変電所へ出向いて変電所の監視及び機器の操作を行うものであること。

③　遠隔断続監視制御方式：技術員が変電制御所又はこれから300 m以内にある技術員駐在所に常時駐在し，断続的に変電制御所へ出向いて変電所の監視及び機器の操作を行うものであること。

④　遠隔常時監視制御方式：技術員が変電制御所に常時駐在し，変電所の監視及び機器の操作を行うものであること。

令和4 (2022)
令和3 (2021)
令和2 (2020)
令和元 (2019)
平成30 (2018)
平成29 (2017)
平成28 (2016)
平成27 (2015)
平成26 (2014)
平成25 (2013)
平成24 (2012)
平成23 (2011)
平成22 (2010)
平成21 (2009)
平成20 (2008)

問7 出題分野＜電技解釈＞ 難易度 ★★★ 重要度 ★★★

　次の文章は，低高圧架空電線の高さ及び建造物等との離隔距離に関する記述である。その記述内容として，「電気設備技術基準の解釈」に基づき，不適切なものを次の（1）～（5）のうちから一つ選べ。

（1）　高圧架空電線を車両の往来が多い道路の路面上 7 m の高さに施設した。

（2）　低圧架空電線にケーブルを使用し，車両の往来が多い道路の路面上 5 m の高さに施設した。

（3）　建造物の屋根（上部造営材）から 1.2 m 上方に低圧架空電線を施設するために，電線にケーブルを使用した。

（4）　高圧架空電線の水面上の高さは，船舶の航行等に危険を及ぼさないようにした。

（5）　高圧架空電線を，平時吹いている風等により，植物に接触しないように施設した。

問8 出題分野＜電技解釈＞ 難易度 ★★★ 重要度 ★★★

　次の文章は，可燃性のガスが漏れ又は滞留し，電気設備が点火源となり爆発するおそれがある場所の屋内配線に関する工事例である。「電気設備技術基準の解釈」に基づき，不適切なものを次の（1）～（5）のうちから一つ選べ。

（1）　金属管工事により施設し，薄鋼電線管を使用した。

（2）　金属管工事により施設し，管相互及び管とボックスその他の附属品とを 5 山以上ねじ合わせて接続する方法により，堅ろうに接続した。

（3）　ケーブル工事により施設し，キャブタイヤケーブルを使用した。

（4）　ケーブル工事により施設し，MI ケーブルを使用した。

（5）　電線を電気機械器具に引き込むときは，引込口で電線が損傷するおそれがないようにした。

問7の解答　　出題項目＜68, 71, 79条＞

答え　（2）

電技解釈第68条(低高圧架空電線の高さ)，第71条(低高圧架空電線と建造物との接近)，第79条(低高圧架空電線と植物との接近)からの出題である。

（1）　正。低高圧架空電線が道路(車両の往来がまれであるもの及び歩行の用にのみ供される部分を除く。)を横断する場合の高さは，**路面上6m以上**としなければならない。問題では，車両の往来が多い道路であるので，これに該当する。

（2）　誤。低高圧架空電線が道路(車両の往来がまれであるもの及び歩行の用にのみ供される部分を除く。)を横断する場合の高さは，**路面上6m以上**としなければならない。問題では，5mとなっており，高さ不足である。

（3）　正。低高圧架空電線と建造物の造営材との離隔距離のうち，架空電線がケーブルである場合で上部造営材の上方に施設するときには，離隔距離を**1m以上**としなければならない。問題では，1.2mであるので，これに該当する。

（4）　正。低高圧架空電線を水面上に施設する

場合は，電線の水面上の高さを**船舶の航行等に危険をおよぼさないように保持**しなければならない。

（5）　正。低高圧架空電線は，**平時吹いている風等により，植物に接触しないように施設**しなければならない。

補足　低高圧架空電線の高さの規定の代表的なものは，**図7-1**のとおりである。

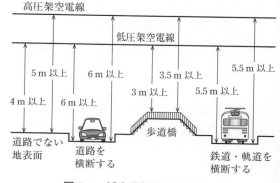

図7-1　低高圧架空電線の高さ

問8の解答　　出題項目＜176条＞

答え　（3）

電技解釈第176条(可燃性ガス等の存在する場所の施設)からの出題である。

（1）　正。金属管工事による場合の金属管は，**薄鋼電線管**又はこれと同等以上の強度を有するものでなければならない。

（2）　正。金属管工事による場合は，**管相互及び管とボックスその他の附属品，プルボックス又は電気機械器具とは，5山以上ねじ合わせて接続**する方法その他これと同等以上の効力のある方法により，**堅ろうに接続**することとされている。

（3）　誤。ケーブル工事による場合の電線は，**キャブタイヤケーブル以外のケーブルであること**とされている。

（4）　正。ケーブル工事による場合の電線は，

キャブタイヤケーブル以外のケーブルであることとされている。**MIケーブル**は，**キャブタイヤケーブル以外のケーブルに該当**する。

（5）　正。電線を電気機械器具に引き込むときは，引込口で電線が損傷するおそれがないように施設することとされている。

補足　電技解釈では，特殊場所の施設として以下の施設について規定している。

・第175条：粉じんの多い場所の施設
・第176条：**可燃性ガス等の存在する場所の施設**
・第177条：危険物等の存在する場所の施設
・第178条：火薬庫の電気設備の施設
・第179条：トンネル等の電気設備の施設
・第180条：臨時配線の施設

令和4 (2022)
令和3 (2021)
令和2 (2020)
令和元 (2019)
平成30 (2018)
平成29 (2017)
平成28 (2016)
平成27 (2015)
平成26 (2014)
平成25 (2013)
平成24 (2012)
平成23 (2011)
平成22 (2010)
平成21 (2009)
平成20 (2008)

問9 出題分野＜電技解釈＞ | 難易度 ★★★ | 重要度 ★★★

次の文章は，「電気設備技術基準の解釈」における，分散型電源の系統連系設備に係る用語の定義の一部である。

a. 「解列」とは， (ア) から切り離すことをいう。

b. 「逆潮流」とは，分散型電源設置者の構内から，一般送配電事業者が運用する (ア) 側へ向かう (イ) の流れをいう。

c. 「単独運転」とは，分散型電源を連系している (ア) が事故等によって系統電源と切り離された状態において，当該分散型電源が発電を継続し，線路負荷に (イ) を供給している状態をいう。

d. 「 (ウ) 的方式の単独運転検出装置」とは，分散型電源の有効電力出力又は無効電力出力等に平時から変動を与えておき，単独運転移行時に当該変動に起因して生じる周波数等の変化により，単独運転状態を検出する装置をいう。

e. 「 (エ) 的方式の単独運転検出装置」とは，単独運転移行時に生じる電圧位相又は周波数等の変化により，単独運転状態を検出する装置をいう。

上記の記述中の空白箇所(ア)，(イ)，(ウ)及び(エ)に当てはまる組合せとして，正しいものを次の(1)～(5)のうちから一つ選べ。

	(ア)	(イ)	(ウ)	(エ)
(1)	母　線	皮相電力	能　動	受　動
(2)	電力系統	無効電力	能　動	受　動
(3)	電力系統	有効電力	能　動	受　動
(4)	電力系統	有効電力	受　動	能　動
(5)	母　線	無効電力	受　動	能　動

(一部改題)

問10 出題分野＜電気施設管理＞ | 難易度 ★★★ | 重要度 ★★★

次の文章は，計器用変成器の変流器に関する記述である。その記述内容として誤っているものを次の(1)～(5)のうちから一つ選べ。

(1) 変流器は，一次電流から生じる磁束によって二次電流を発生させる計器用変成器である。

(2) 変流器は，二次側に開閉器やヒューズを設置してはいけない。

(3) 変流器は，通電中に二次側が開放されると変流器に異常電圧が発生し，絶縁が破壊される危険性がある。

(4) 変流器は，一次電流が一定でも二次側の抵抗値により変流比は変化するので，電流計の選択には注意が必要になる。

(5) 変流器の通電中に，電流計をやむを得ず交換する場合は，二次側端子を短絡して交換し，その後に短絡を外す。

問 9 の解答　　出題項目＜220 条＞

電技解釈第 220 条(分散型電源の系統連系設備に係る用語の定義)からの出題である。

問題の空白部を埋めると，次のようになる。

a.　「解列」とは，**電力系統**から切り離すことをいう。

b.　「逆潮流」とは，分散型電源設置者の構内から，一般送配電事業者が運用する**電力系統**側へ向かう**有効電力**の流れをいう。

c.　「単独運転」とは，分散型電源を連系している**電力系統**が事故等によって系統電源と切り離された状態において，当該分散型電源が発電を継続し，線路負荷に**有効電力**を供給している状態をいう。

d.　「**能動**的方式の単独運転検出装置」とは，分散型電源の有効電力出力又は無効電力出力等に平時から変動を与えておき，単独運転移行時に当該変動に起因して生じる周波数等の変化により，単独運転状態を検出する装置をいう。

e.　「**受動**的方式の単独運転検出装置」とは，単独運転移行時に生じる電圧位相又は周波数等の変化により，単独運転状態を検出する装置をいう。

補足　分散型電源の系統連系に関する用語のうち，逆潮流については「なし」と「あり」を図示すると，**図 9-1** のとおりである。

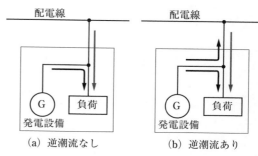

図 9-1　逆潮流の区分

問 10 の解答　　出題項目＜変流器＞

変流器(CT)に関する記述であって，正誤は次のようになる。

（1）　正。変流器の一次側に電流が流れると，鉄心に磁束が発生し，磁束は二次側の巻線と鎖交する。一次巻線によって作られた磁束を打ち消そうとする電圧を二次巻線に誘起し，一次巻線と二次巻線の起磁力は，$N_1 I_1 = N_2 I_2$ と等しくなる。

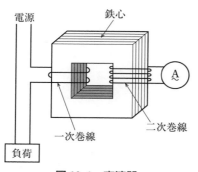

図 10-1　変流器

（2）　正。変流器は二次側を開放してはならない。開閉器やヒューズを設置すると，開閉器の切やヒューズの溶断によって開放状態となる。

（3）　正。通電中の変流器の二次側を開放すると，一次電流はすべて励磁電流となり鉄心内の磁束が飽和状態となって磁束は矩形波となり磁束変化率が大きくなる結果，二次側に高電圧を誘起して絶縁破壊を招くおそれがある。

（4）　誤。巻数比を a とすると，変流比 $= 1/a$ であり，二次側抵抗値によって変化しない。

（5）　正。変流器は二次側を開放してはならない。このため，通電中に電流計をやむを得ず交換する場合は，二次端子を短絡片で短絡して交換し，その後に短絡を外す。

Point CT の二次側は開放厳禁，VT の二次側は短絡厳禁である。

令和4(2022)
令和3(202
令和2(2020)
令和元(2019
平成30(2018
平成29(2017
平成28(2016
平成27(2015
平成26(2014)
平成25(2013)
平成24(2012)
平成23(2011)
平成22(2010)
平成21(2009)
平成20(2008)

B 問 題

(問11及び問12の配点は1問題当たり(a)6点，(b)7点，計13点，問13の配点は(a)7点，(b)7点，計14点)

問11 出題分野＜電気施設管理＞ 難易度 ★★★ 重要度 ★★★

図のように既設の高圧架空電線路から，電線に硬銅より線を使用した電線路を高低差なく径間40 m延長することにした。

新設支持物にA種鉄筋コンクリート柱を使用し，引留支持物とするため支線を電線路の延長方向10 mの地点に図のように設ける。電線と支線の支持物への取付け高さはともに10 mであるとき，次の(a)及び(b)の問に答えよ。

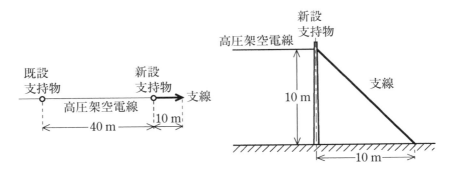

(a) 電線の水平張力を13 kNとして，その張力を支線で全て支えるものとする。支線の安全率を1.5としたとき，支線に要求される引張強さの最小の値[kN]として，最も近いものを次の(1)～(5)のうちから一つ選べ。

(1) 6.5 (2) 10.7 (3) 19.5 (4) 27.6 (5) 40.5

(b) 電線の引張強さを28.6 kN，電線の重量と風圧荷重との合成荷重を18 N/mとし，高圧架空電線の引張強さに対する安全率を2.2としたとき，この延長した電線の弛度(たるみ)の値[m]は，いくら以上としなければならないか。最も近いものを次の(1)～(5)のうちから一つ選べ。

(1) 0.14 (2) 0.28 (3) 0.49 (4) 0.94 (5) 1.97

令和
4
(2022)

令和
3
(2021)

令和
2
(2020)

令和
元
(2019)

平成
30
(2018)

平成
29
(2017)

平成
28
(2016)

平成
27
(2015)

平成
26
(2014)

平成
25
(2013)

平成
24
(2012)

平成
23
(2011)

平成
22
(2010)

平成
21
(2009)

平成
20
(2008)

問 11（a）の解答　　出題項目＜電線張力・最少条数＞　　　　答え　（4）

図 11-1 において，水平張力 T_1 とその反作用としての支線の水平方向の張力 T_2 とが釣り合い，

$$T_1 = T_2$$

である。この T_2 を支線の張力 T_3 に置き換える。支線とコンクリート柱の角度を θ とする。T_3 の力を分解して水平方向の力を考えると，

$$T_2 = T_3 \sin\theta$$

となる。ここで $\theta = 45°$ である。支線に要求される最小の張力 T_x は，支線の安全率が 1.5 なので，

$$T_x = 1.5 T_3$$

である。以上をまとめて T_x を計算すると，

$$T_x = 1.5 T_3 = 1.5 \times T_2/\sin\theta = 1.5 \times T_1/\sin 45°$$
$$= 1.5 \times 13/(1/\sqrt{2}) = 27.577 \fallingdotseq 27.6 [\text{kN}]$$

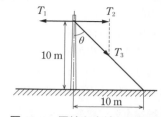

図 11-1　電線と支線への張力

解説

電技解釈第 61 条（支線の施設方法及び支柱による代用）では A 種鉄筋コンクリート柱の支線の安全率は 1.5 以上であることと規定されている。支線とは保安上，架空電線路の安全性を高めるために施設されるものなので，この安全率以上の十分な条件にて施設する必要があり，（支線に要求される引張強さの最小の値）＝（許容引張荷重）×（安全率）で表現される。また，支線は可とう度を考慮して 3 条以上の素線をより合わせたものを使用し，外傷や腐食に十分耐えることが大切である。

支線の張力の問題は繰り返し出題されている。張力のベクトル図を正確に描いて，計算に慣れておこう。

問 11（b）の解答　　出題項目＜たるみ（弛度）＞　　　　答え　（2）

図 11-2 において，たるみの長さ $D[\text{m}]$ は，径間の長さを $S[\text{m}]$，水平方向の引張強さを $T[\text{N}]$，電線 1 m 当たりの荷重を $w[\text{N/m}]$ とすると，

$$D = \frac{wS^2}{8T}$$

で表される。$S = 40[\text{m}]$，$T = 28.6 \times 10^3 \div$ 安全率 2.2 $= 13 \times 10^3 [\text{N}]$，$w = 18[\text{N/m}]$ を代入すると，

$$D = \frac{18 \times 40^2}{8 \times 13 \times 10^3} = 0.276\,92 \fallingdotseq 0.28[\text{m}]$$

解説

電線を電柱間に架線すると中央にたるみが発生する。引張強さを大きくすればたるみは小さくできるが，ある程度のたるみを許容すれば引張強さは小さくて済む。季節としては，夏季には温度が上昇し，電線が伸びてたるみは大きくなり，冬季には逆に電線が縮んで張力が増加し，氷雪付着で断線のおそれがある。また，台風や暴風雨を受けても安全な保守・運用ができるように，適切なたるみの設定が必要である。

たるみの長さ D，電線の長さ L は次式で表される。

$$D = \frac{wS^2}{8T}$$

$$L = S + \frac{8D^2}{3S}[\text{m}]$$

Point 電力科目のたるみの計算も復習しておけば万全である。

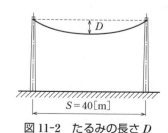

図 11-2　たるみの長さ D

問12 出題分野＜電技解釈＞   難易度 ★★★   重要度 ★★★

　周囲温度が25℃の場所において，単相3線式（100/200 V）の定格電流が30 Aの負荷に電気を供給する低圧屋内配線Aと，単相2線式（200 V）の定格電流が30 Aの負荷に電気を供給する低圧屋内配線Bがある。いずれの負荷にも，電動機又はこれに類する起動電流が大きい電気機械器具は含まないものとする。二つの低圧屋内配線は，金属管工事により絶縁電線を同一管内に収めて施設されていて，同配管内に接地線は含まない。低圧屋内配線Aと低圧屋内配線Bの負荷は力率100 %であり，かつ，低圧屋内配線Aの電圧相の電流値は平衡しているものとする。また，低圧屋内配線A及び低圧屋内配線Bに使用する絶縁電線の絶縁体は，耐熱性を有しないビニル混合物であるものとする。

　「電気設備技術基準の解釈」に基づき，この絶縁電線の周囲温度による許容電流補正係数 k_1 の計算式は下式とする。また，絶縁電線を金属管に収めて使用する場合の電流減少係数 k_2 は下表によるものとして，次の（a）及び（b）の問に答えよ。

$$k_1 = \sqrt{\frac{60 - \theta}{30}}$$

この式において，θ は，周囲温度（単位：℃）とし，周囲温度が30℃以下の場合は $\theta = 30$ とする。

同一管内の電線数	電流減少係数 k_2
3以下	0.70
4	0.63
5又は6	0.56

　この表において，中性線，接地線及び制御回路用の電線は同一管に収める電線数に算入しないものとする。

（a）　周囲温度による許容電流補正係数 k_1 の値と，金属管に収めて使用する場合の電流減少係数 k_2 の値の組合せとして，最も近いものを次の（1）～（5）のうちから一つ選べ。

	k_1	k_2
（1）	1.00	0.56
（2）	1.00	0.63
（3）	1.08	0.56
（4）	1.08	0.63
（5）	1.08	0.70

（b）　低圧屋内配線Aに用いる絶縁電線に要求される許容電流 I_A と低圧屋内配線Bに用いる絶縁電線に要求される許容電流 I_B のそれぞれの最小値[A]の組合せとして，最も近いものを次の（1）～（5）のうちから一つ選べ。

	I_A	I_B
（1）	22.0	44.1
（2）	23.8	47.6
（3）	47.6	47.6
（4）	24.8	49.6
（5）	49.6	49.6

問 12 (a) の解答　　出題項目＜146条＞　　　　答え (2)

周囲温度が 25℃ であり，30℃ 以下の場合は $\theta=30$ とすることを利用すると，許容電流補正係数 k_1 は，

$$k_1=\sqrt{\frac{60-\theta}{30}}=\sqrt{\frac{60-30}{30}}=1.00$$

続いて，電流減少係数 k_2 を求める。

同一金属管内に収める電線数は，中性線と接地線は含めないので，**図 12-1** の①と②，および**図 12-2** の③と④の合計 4 本となる。問題の表で，同一管内の電線数が 4 の場合により，

$$k_2=0.63$$

である。

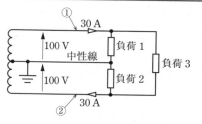

図 12-1　単相 3 線式の概略図

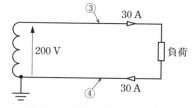

図 12-2　単相 2 線式の概略図

問 12 (b) の解答　　出題項目＜146条＞　　　　答え (3)

低圧屋内配線 A では，電圧相の電流値は平衡しているので，図 12-1 の①と②の電流はそれぞれ 30 A である。したがって許容電流 I_A は，

$$I_A=30/k_2=30/0.63=47.619\fallingdotseq47.6[\text{A}]$$

一方，低圧屋内配線 B では，図 12-2 の③と④の電流はともに 30 A なので，許容電流 I_B は，

$$I_B=30/k_2=30/0.63=47.619\fallingdotseq47.6[\text{A}]$$

解説 ‥‥‥‥‥‥‥‥‥‥‥‥‥‥‥‥‥

単相 3 線式の場合，本問は負荷が平衡しているので中性線には電流が流れず，電圧相の電線に流れる電流は単相 2 線式と同等の値となる。

類題として，平成 16 年度問 10 がある。これは耐熱性を有するビニル混合物の式

$$k_1=\sqrt{\frac{75-\theta}{30}}$$

が与えられていた。

k_1 や k_2 については，電技解釈第 146 条の 146-3 表，146-4 表（問題の表）に詳しく分類されているので参照されたい。

Point 本問は長文ではあるが，きちんと読んで基本的な二つの回路図から答を求めればよい。

表 146-3　抜粋

絶縁体の材料及び施設場所の区分	許容電流補正係数の計算式
ビニル混合物（耐熱性を有するものを除く。）及び天然ゴム混合物	$\sqrt{\dfrac{60-\theta}{30}}$
ビニル混合物（耐熱性を有するものに限る。）ポリエチレン混合物（架橋したものを除く。）及びスチレンブタジエンゴム混合物	$\sqrt{\dfrac{75-\theta}{30}}$
エチレンプロピレンゴム混合物	$\sqrt{\dfrac{80-\theta}{30}}$
ポリエチレン混合物（架橋したものに限る。）	$\sqrt{\dfrac{90-\theta}{30}}$

（備考）　θ は，周囲温度（単位：℃）。ただし，30℃ 以下の場合は 30 とする。

令和 4 (2022)
令和 3 (2021)
令和 2 (2020)
令和元 (2019)
平成 30 (2018)
平成 29 (2017)
平成 28 (2016)
平成 27 (2015)
平成 26 (2014)
平成 25 (2013)
平成 24 (2012)
平成 23 (2011)
平成 22 (2010)
平成 21 (2009)
平成 20 (2008)

| 問 13 | 出題分野＜電気施設管理＞ | 難易度 ★★★ | 重要度 ★★★ |

定格容量が 50 kV・A の単相変圧器 3 台を Δ-Δ 結線にし，一つのバンクとして，三相平衡負荷（遅れ力率 0.90）に電力を供給する場合について，次の（a）及び（b）の問に答えよ。

（a） 図 1 のように消費電力 90 kW（遅れ力率 0.90）の三相平衡負荷を接続し使用していたところ，3 台の単相変圧器のうちの 1 台が故障した。負荷はそのままで，残りの 2 台の単相変圧器を V-V 結線として使用するとき，このバンクはその定格容量より何［kV・A］過負荷となっているか。最も近いものを次の（1）～（5）のうちから一つ選べ。

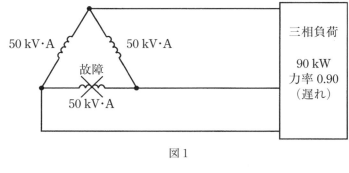

図 1

（1） 0 （2） 3.4 （3） 10.0 （4） 13.4 （5） 18.4

（b） 上記（a）において，故障した変圧器を同等のものと交換して 50 kV・A の単相変圧器 3 台を Δ-Δ 結線で復旧した後，力率改善のために，進相コンデンサを接続し，バンクの定格容量を超えない範囲で最大限まで三相平衡負荷（遅れ力率 0.90）を増加し使用したところ，力率が 0.96（遅れ）となった。このときに接続されている三相平衡負荷の消費電力の値［kW］として，最も近いものを次の（1）～（5）のうちから一つ選べ。

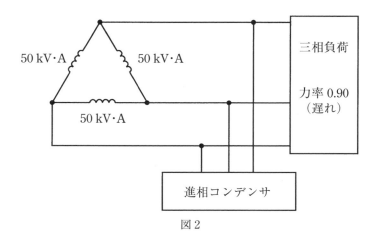

図 2

（1） 135 （2） 144 （3） 150 （4） 156 （5） 167

問 13 （a）の解答　出題項目＜変圧器＞　答え　(4)

変圧器 1 台につき定格容量の $\sqrt{3}/2$ 倍の利用率になるので，2 台で供給できる電力 P_V は，

$$P_\mathrm{V}=2\times50\times(\sqrt{3}/2)=86.6[\mathrm{kV\cdot A}]$$

である。一方，負荷の皮相電力 S は，消費電力を P，力率を $\cos\phi$ とすると，

$$S=\frac{P}{\cos\phi}=\frac{90}{0.90}=100[\mathrm{kV\cdot A}]$$

したがって，過負荷 ΔP は，

$$\Delta P=S-P_\mathrm{V}=100-86.6=13.4[\mathrm{kV\cdot A}]$$

解説

変圧器が V 結線の場合，変圧器 1 台当たりの容量が三相定格時の $\sqrt{3}/2$ までしか利用できない。V 結線の利用率が $\sqrt{3}/2$ になることを確認する。

まず，図 13-1 の Δ 結線では，三相平衡負荷の場合は線電流 $I_線=\sqrt{3}\times I_相$ となり，負荷電圧は相電圧 $V_相=V/\sqrt{3}$ である。これらにより三相合計の全負荷電力 P_3 は，

$$P_3=3\times(V/\sqrt{3})\times I_線=3\times VI_相 \qquad ①$$

したがって変圧器 1 台が負担する負荷電力は，$P_3\div3[台]=VI_相$ であり，定格容量 $VI_相$ まで利用できる。

一方，図 13-2 の V 結線では $I_線=I_相$ である。負荷電圧は $V/\sqrt{3}$ であるので，三相合計の全負荷電力 P_V3 は，

$$\begin{aligned}P_\mathrm{V3}&=3\times(V/\sqrt{3})\times I_線=\sqrt{3}\,VI_相\\&=2\times(\sqrt{3}/2)VI_相 \qquad ②\end{aligned}$$

したがって変圧器 1 台が負担する負荷電力は，$P_\mathrm{V3}\div2[台]=(\sqrt{3}/2)VI_相$ であり，定格容量 $VI_相$ の $\sqrt{3}/2$ 倍までしか利用できない。

問 13 （b）の解答　出題項目＜変圧器＞　答え　(2)

図 13-3 において，進相コンデンサの接続前の皮相電力を S とすると，進相コンデンサ接続後には Q_C だけ遅れ無効電力が改善されるので，皮相電力は S' となる。改善された力率を $\cos\theta'$ とし，図の有効電力 P がコンデンサ接続前後で変わらないことを利用して P を求める。まず S' は最大の三相平衡負荷なので，

$$S'=50\times3=150[\mathrm{kV\cdot A}]$$

である。続いて力率 $\cos\theta'$ を考えると，

$$\cos\theta'=\frac{P}{S'}$$

なので，有効電力 P は，

$$P=S'\cos\theta'=150\times0.96=144[\mathrm{kW}]$$

解説

力率改善用コンデンサの問題は電力科目でも定番なので，確実に解けるまで繰り返し学習しておきたい。

Point コンデンサの接続前後で有効電力が変わらないことを利用する。

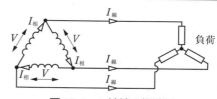

図 13-1　Δ 結線の概略図

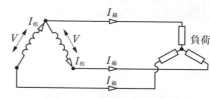

図 13-2　V 結線の概略図

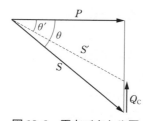

図 13-3　電力ベクトル図

令和4(2022) 令和3(2021) 令和2(2020) 令和元(2019) 平成30(2018) 平成29(2017) 平成28(2016) 平成27(2015) 平成26(2014) 平成25(2013) 平成24(2012) 平成23(2011) 平成22(2010) 平成21(2009) 平成20(2008)

法規 平成26年度（2014年度）

注1　問題文中に「電気設備技術基準」とあるのは，「電気設備に関する技術基準を定める省令」の略である。

注2　問題文中に「電気設備技術基準の解釈」とあるのは，「電気設備の技術基準の解釈」の略である。

A 問 題 （配点は1問題当たり6点）

問1　出題分野＜電気事業法施行規則＞　難易度 ★★☆　重要度 ★★★

次の文章は「電気事業法施行規則」における送電線路及び配電線路の定義である。

a.　「送電線路」とは，発電所相互間，変電所相互間又は発電所と　(ア)　との間の　(イ)　（専ら通信の用に供するものを除く。以下同じ。）及びこれに附属する　(ウ)　その他の電気工作物をいう。

b.　「配電線路」とは，発電所，変電所若しくは送電線路と　(エ)　との間又は　(エ)　相互間の　(イ)　及びこれに附属する　(ウ)　その他の電気工作物をいう。

上記の記述中の空白箇所(ア)，(イ)，(ウ)及び(エ)に当てはまる組合せとして，正しいものを次の(1)～(5)のうちから一つ選べ。

	(ア)	(イ)	(ウ)	(エ)
(1)	変電所	電　線	開閉所	電気使用場所
(2)	開閉所	電線路	支持物	電気使用場所
(3)	変電所	電　線	支持物	開閉所
(4)	開閉所	電　線	支持物	需要設備
(5)	変電所	電線路	開閉所	需要設備

問2　出題分野＜電気関係報告規則＞　難易度 ★★☆　重要度 ★★★

次の文章は「電気関係報告規則」に基づく，自家用電気工作物を設置する者の報告に関する記述である。

自家用電気工作物（原子力発電工作物を除く。）を設置する者は，次の場合は，遅滞なく，その旨を当該自家用電気工作物の設置の場所を管轄する産業保安監督部長に報告しなければならない。

a.　発電所若しくは変電所の　(ア)　又は送電線路若しくは配電線路の　(イ)　を変更した場合（電気事業法の規定に基づく，工事計画の認可を受け，又は工事計画の届出をした工事に伴い変更した場合を除く。）

b.　発電所，変電所その他の自家用電気工作物を設置する事業場又は送電線路若しくは配電線路を　(ウ)　した場合

上記の記述中の空白箇所(ア)，(イ)及び(ウ)に当てはまる組合せとして，正しいものを次の(1)～(5)のうちから一つ選べ。

	(ア)	(イ)	(ウ)
(1)	出　力	こう長	廃　止
(2)	位　置	電　圧	譲　渡
(3)	出　力	こう長	譲　渡
(4)	位　置	こう長	移　設
(5)	出　力	電　圧	廃　止

問1の解答　　出題項目＜1条＞　　　　　　　　　　答え（5）

電気事業法施行規則第1条（定義）からの出題である。

第2項　この省令において，次の各号に掲げる用語の意義は，それぞれ当該各号に定めるところによる。

一　「変電所」とは，**構内以外の場所から伝送される電気を変成し**，これを**構内以外の場所に伝送**するため，又は構内以外の場所から伝送される電圧**10万V以上**の電気を変成するために設置する変圧器その他の電気工作物の総合体をいう。

二　「**送電線路**」とは，**発電所相互間，変電所相互間又は発電所と変電所との間の電線路**（専ら通信の用に供するものを除く。以下同じ。）及びこれに附属する**開閉所**その他の電気工作物をいう。

三　「**配電線路**」とは，発電所，変電所若しくは送電線路と**需要設備**との間又は**需要設備相互間の電線路**及びこれに**附属する開閉所**その他の電気工作物をいう。

解説

電気事業法施行規則で定める「配電」領域は，電圧10万V未満である。

需要設備は，図1-1の網掛部分に設置される電気工作物の総体であり，発電所，変電所などの構内は，需要設備の構内とは別個のものである。

需要設備には，受電室，変電室などの設備，非常用予備電源装置，構内電線路，電気使用場所の設備などが含まれる

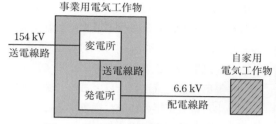

図1-1　需要設備の範囲（網掛斜線部）

補足　電気事業法施行規則第1条（定義）で定める変電所の定義と電技で定める変電所の定義とは異なるので，注意しておかなければならない。

電技第1条（用語の定義）

第四号「**変電所**」とは，構外から伝送される電気を構内に施設した変圧器，回転変流機，整流器その他の電気機械器具により変成する所であって，変成した電気をさらに構外に伝送するものをいう。

第八号「**電線路**」とは，発電所，変電所，開閉所及びこれらに類する場所並びに電気使用場所相互間の電線（電車線を除く。）並びにこれを支持し，又は保蔵する工作物をいう。

問2の解答　　出題項目＜5条＞　　　　　　　　　　答え（5）

電気関係報告規則第5条（自家用電気工作物を設置する者の発電所の出力の変更等の報告）からの出題である。

自家用電気工作物（原子力発電工作物を除く。）を設置する者は，次の場合は，**遅滞なく**，その旨を当該自家用電気工作物の設置の場所を管轄する**産業保安監督部長に報告**しなければならない。

一　発電所若しくは変電所の**出力**又は送電線路若しくは配電線路の**電圧**を変更した場合（電気事業法の規定に基づく，工事計画の認可を受け，又は工事計画の届出をした工事に伴い変更した場合を除く。）

二　発電所，変電所その他の自家用電気工作物を設置する事業場又は送電線路若しくは配電線路**を廃止した場合**

Point 産業保安監督部長という名は長いので，覚えるときは部長と短く覚えておく。

令和4 (2022)
令和3 (202)
令和2 (2020)
令和元 (2019)
平成30 (2018)
平成29 (2017)
平成28 (2016)
平成27 (2015)
平成26 (2014)
平成25 (2013)
平成24 (2012)
平成23 (2011)
平成22 (2010)
平成21 (2009)
平成20 (2008)

問 3 　出題分野＜電気工事士法＞ 　難易度 ★★☆ 　重要度 ★★★

電圧 6.6 kV で受電し，最大電力 350 kW の需要設備が設置された商業ビルがある。この商業ビルには出力 50 kW の非常用予備発電装置も設置されている。

次の（1）～（5）の文章は，これら電気工作物に係る電気工事の作業（電気工事士法に基づき，保安上支障がないと認められる作業と規定されたものを除く。）に従事する者に関する記述である。その記述内容として，「電気工事士法」に基づき，不適切なものを次の（1）～（5）のうちから一つ選べ。

なお，以下の記述の電気工事によって最大電力は変わらないものとする。

（1） 第一種電気工事士は，この商業ビルのすべての電気工作物について，それら電気工作物を変更する電気工事の作業に従事することができるわけではない。

（2） 第二種電気工事士は，この商業ビルの受電設備のうち低圧部分に限った電気工事の作業であっても従事してはならない。

（3） 非常用予備発電装置工事に係る特種電気工事資格者は，特殊電気工事を行える者であるため，第一種電気工事士免状の交付を受けていなくても，この商業ビルの非常用予備発電装置以外の電気工作物を変更する電気工事の作業に従事することができる。

（4） 認定電気工事従事者は，この商業ビルの需要設備のうち 600 V 以下で使用する電気工作物に係る電気工事の作業に従事することができる。

（5） 電気工事士法に定める資格を持たない者は，この商業ビルの需要設備について，使用電圧が高圧の電気機器に接地線を取り付けるだけの作業であっても従事してはならない。

問 4 　出題分野＜電気工事業法＞ 　難易度 ★★☆ 　重要度 ★★★

次の文章は，「電気工事業の業務の適正化に関する法律」に規定されている電気工事業者に関する記述である。

この法律において，「電気工事業」とは，電気工事士法に規定する電気工事を行う事業をいい，「　（ア）　電気工事業者」とは，経済産業大臣又は　（イ）　の　（ア）　を受けて電気工事業を営む者をいう。また「通知電気工事業者」とは，経済産業大臣又は　（イ）　に電気工事業の開始の通知を行って，　（ウ）　に規定する自家用電気工作物のみに係る電気工事業を営む者をいう。

上記の記述中の空白箇所（ア），（イ）及び（ウ）に当てはまる組合せとして，正しいものを次の（1）～（5）のうちから一つ選べ。

	（ア）	（イ）	（ウ）
（1）	承 認	都道府県知事	電気工事士法
（2）	許 可	産業保安監督部長	電気事業法
（3）	登 録	都道府県知事	電気工事士法
（4）	承 認	産業保安監督部長	電気事業法
（5）	登 録	産業保安監督部長	電気工事士法

問3の解答　出題項目＜3条＞

答え　（3）

電気工事士法第3条（電気工事士等）からの出題である。

（1）正。**非常用予備発電装置**は、特殊電気工事に該当し、**特種電気工事資格者**でなければ、その作業に従事してはならない。

第3項　自家用電気工作物に係る電気工事のうち特殊電気工事については、特種電気工事資格者でなければ、その作業に従事してはならない。

（2）正。**第二種電気工事士**は、**一般用電気工作物の工事**しかできない。自家用電気工作物の低圧部分の作業ができるのは、**第一種電気工事士か認定電気工事従事者認定証の交付を受けている者**でなければならない。

第4項　自家用電気工作物に係る電気工事のうち経済産業省令で定める簡易なもの（簡易電気工事）については、認定電気工事従事者認定証の交付を受けている者は、その作業に従事することができる。

（3）誤。**特種電気工事資格者（ネオン工事に係る特種電気工事資格者または非常用予備発電装置に係る特種電気工事資格者）**は、それぞれネオ

ン工事、非常用予備発電装置に係る工事しかできない。

（4）正。簡易電気工事は **600 V 以下**が対象であり、**認定電気工事従事者認定証の交付を受けている者**であれば工事ができる（**図3-1**）。

第4項　自家用電気工作物に係る電気工事のうち経済産業省令で定める簡易なもの（簡易電気工事）については、認定電気工事従事者認定証の交付を受けている者は、その作業に従事することができる。

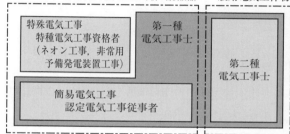

図3-1　電気工事と必要資格

（5）正。電気工事士でなければ、接地線の取付け作業には従事できない。

問4の解答　出題項目＜2条, 17条の2＞

答え　（3）

「電気工事業の業務の適正化に関する法律」第2条（定義）および第17条の2（自家用電気工事のみに係る電気工事業の開始の通知等）からの出題である。

この法律において「**電気工事業**」とは、電気工事を行う事業をいい、「**登録電気工事業者**」とは、経済産業大臣又は**都道府県知事の登録**を受けて電気工事業を営む者をいう。

また、「**通知電気工事業者**」とは、経済産業大臣又は**都道府県知事に電気工事業の開始の通知を行って、電気工事士法に規定する自家用電気工作物のみに係る電気工事業を営む者をいう。

解説

登録電気工事業者と通知電気工事業者の違いの判別方法は、**図4-1**によって行うことができる。

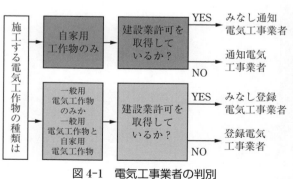

図4-1　電気工事業者の判別

問5 出題分野＜電気事業法・施行規則, 電技＞ 難易度 ★★★ 重要度 ★★★

次の文章は，「電気事業法」及び「電気事業法施行規則」に基づく，電圧の維持に関する記述である。

一般送配電事業者は，その供給する電気の電圧の値をその電気を供給する場所において，表の左欄の標準電圧に応じて右欄の値に維持するように努めなければならない。

標準電圧	維持すべき値
100 V	101 V の上下 (ア) V を超えない値
200 V	202 V の上下 (イ) V を超えない値

また，次の文章は，「電気設備技術基準」に基づく，電圧の種別等に関する記述である。

電圧は，次の区分により低圧，高圧及び特別高圧の三種とする。

a. 低 圧 直流にあっては (ウ) V 以下，交流にあっては (エ) V 以下のもの

b. 高 圧 直流にあっては (ウ) V を，交流にあっては (エ) V を超え， (オ) V 以下のもの

c. 特別高圧 (オ) V を超えるもの

上記の記述中の空白箇所(ア)，(イ)，(ウ)，(エ)及び(オ)に当てはまる組合せとして，正しいものを次の(1)〜(5)のうちから一つ選べ。

	(ア)	(イ)	(ウ)	(エ)	(オ)
(1)	6	20	600	450	6 600
(2)	5	20	750	600	7 000
(3)	5	12	600	400	6 600
(4)	6	20	750	600	7 000
(5)	6	12	750	450	7 000

(一部改題)

問5の解答　出題項目＜法26条，規則38条，電技2条＞　　　　答え　(4)

電気事業法第26条(電圧及び周波数)，同法施行規則第38条(電圧及び周波数の値)および電技第2条(電圧の種別等)からの出題である。

電気事業法第26条(電圧及び周波数)

第1項　一般送配電事業者は，その供給する電気の電圧及び周波数の値を経済産業省令で定める値に維持するよう努めなければならない。

同法施行規則第38条(電圧及び周波数の値)

経済産業省令で定める電圧の値は，その電気を供給する場所において次の表の左欄に掲げる標準電圧に応じて，それぞれ同表の右欄に掲げるとおりとする。

電技第2条(電圧の種別等)

標準電圧	維持すべき値
100 V	101 V の上下 **6V** を超えない値
200 V	202 V の上下 **20V** を超えない値

第1項　電圧は，次の区分により低圧，高圧及び特別高圧の三種とする。

一　低圧　直流にあっては **750 V 以下**，交流にあっては **600 V 以下** のもの

二　高圧　直流にあっては **750 V** を，交流にあっては **600 V** を超え，**7 000 V 以下** のもの

三　特別高圧　**7 000 V を超えるもの**

補足　電圧の種別は，表5-1のように表形式でまとめると覚えやすくなる。

表5-1　電圧の種別

電圧の種別	直流	交流
低圧	750 V 以下	600 V 以下
高圧	750 V を超え 7 000 V 以下	600 V を超え 7 000 V 以下
特別高圧	7 000 V を超えるもの	

令和 4 (202
令和 3 (202
令和 2 (202
令和 元 (2019
平成 30 (2018
平成 29 (2017
平成 28 (2016
平成 27 (2015
平成 26 (2014
平成 25 (2013
平成 24 (2012
平成 23 (2011)
平成 22 (2010)
平成 21 (2009)
平成 20 (2008)

| 問6 | 出題分野＜電技＞ | 難易度 ★★★ | 重要度 ★★★ |

次の文章は，「電気設備技術基準」における低圧の電路の絶縁性能に関する記述である。

電気使用場所における使用電圧が低圧の電路の電線相互間及び (ア) と大地との間の絶縁抵抗は，開閉器又は (イ) で区切ることのできる電路ごとに，次の表の左欄に掲げる電路の使用電圧の区分に応じ，それぞれ同表の右欄に掲げる値以上でなければならない。

電路の使用電圧の区分		絶縁抵抗値
(ウ) V 以下	(エ) (接地式電路においては電線と大地との間の電圧，非接地式電路においては電線間の電圧をいう。以下同じ。)が 150 V 以下の場合	0.1 MΩ
	その他の場合	0.2 MΩ
(ウ) V を超えるもの		(オ) MΩ

上記の記述中の空白箇所(ア)，(イ)，(ウ)，(エ)及び(オ)に当てはまる組合せとして，正しいものを次の(1)～(5)のうちから一つ選べ。

	(ア)	(イ)	(ウ)	(エ)	(オ)
(1)	電　線	配線用遮断器	400	公称電圧	0.3
(2)	電　路	過電流遮断器	300	対地電圧	0.4
(3)	電線路	漏電遮断器	400	公称電圧	0.3
(4)	電　線	過電流遮断器	300	最大使用電圧	0.4
(5)	電　路	配線用遮断器	400	対地電圧	0.4

問 6 の解答　出題項目＜58条＞

電技第 58 条（低圧の電路の絶縁性能）からの出題である。

電気使用場所における使用電圧が低圧の電路の**電線相互間**及び**電路と大地との間**の絶縁抵抗は，**開閉器**又は**過電流遮断器**で区切ることのできる電路ごとに，表の左欄に掲げる電路の使用電圧の区分に応じ，それぞれ同表の右欄に掲げる値以上でなければならない。

電路の使用電圧の区分		絶縁抵抗値
300 V以下	**対地電圧**（接地式電路においては電線と大地との間の電圧，非接地式電路においては電線間の電圧をいう。以下同じ）が 150 V 以下の場合	0.1 MΩ
	その他の場合	0.2 MΩ
300 V を超えるもの		**0.4** MΩ

補足　絶縁抵抗の測定は，絶縁抵抗計を用いて行い，その測定方法は**図 6-1** のとおりである。

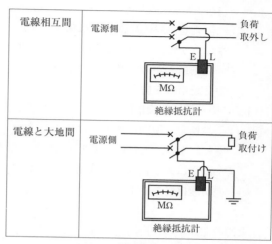

図 6-1　絶縁抵抗の測定方法

問7　出題分野＜電技解釈＞　難易度 ★★★　重要度 ★★★

次の文章は，「電気設備技術基準の解釈」における，接触防護措置及び簡易接触防護措置の用語の定義である。

a. 「接触防護措置」とは，次のいずれかに適合するように施設することをいう。

　① 設備を，屋内にあっては床上 （ア） m 以上，屋外にあっては地表上 （イ） m 以上の高さに，かつ，人が通る場所から手を伸ばしても触れることのない範囲に施設すること。

　② 設備に人が接近又は接触しないよう，さく，へい等を設け，又は設備を （ウ） に収める等の防護措置を施すこと。

b. 「簡易接触防護措置」とは，次のいずれかに適合するように施設することをいう。

　① 設備を，屋内にあっては床上 （エ） m 以上，屋外にあっては地表上 （オ） m 以上の高さに，かつ，人が通る場所から容易に触れることのない範囲に施設すること。

　② 設備に人が接近又は接触しないよう，さく，へい等を設け，又は設備を （ウ） に収める等の防護措置を施すこと。

上記の記述中の空白箇所(ア)，(イ)，(ウ)，(エ)及び(オ)に当てはまる組合せとして，正しいものを次の(1)〜(5)のうちから一つ選べ。

	（ア）	（イ）	（ウ）	（エ）	（オ）
(1)	2.3	2.5	絶縁物	1.7	2
(2)	2.6	2.8	不燃物	1.9	2.4
(3)	2.3	2.5	金属管	1.8	2
(4)	2.6	2.8	絶縁物	1.9	2.4
(5)	2.3	2.8	金属管	1.8	2.4

問7の解答　出題項目＜1条＞

電技解釈第1条(用語の定義)からの出題である。

三十六　接触防護措置

次のいずれかに適合するように施設することをいう。

イ　設備を，屋内にあっては**床上 2.3 m 以上**，屋外にあっては**地表上 2.5 m 以上**の高さに，かつ，人が通る場所から手を伸ばしても触れることのない範囲に施設すること。

ロ　設備に人が接近又は接触しないよう，さく，へい等を設け，又は設備を**金属管**に収める等の防護措置を施すこと。

三十七　簡易接触防護措置

次のいずれかに適合するように施設することをいう。

イ　設備を，屋内にあっては**床上 1.8 m 以上**，屋外にあっては**地表上 2 m 以上**の高さに，かつ，人が通る場所から容易に触れることのない範囲に施設すること。

ロ　設備に人が接近又は接触しないよう，さく，へい等を設け，又は設備を**金属管**に収める等の防護措置を施すこと。

解説

接触防護措置と簡易接触防護措置を図示すると，**図 7-1** のようになる。

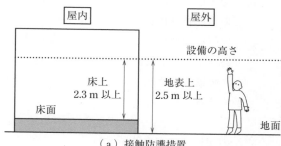

（a）接触防護措置

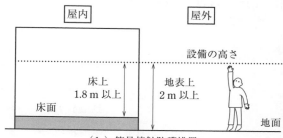

（b）簡易接触防護措置

図 7-1　接触防護措置と簡易接触防護措置

令和4 (2022)
令和3 (2021)
令和2 (2020)
令和元 (2019)
平成30 (2018)
平成29 (2017)
平成28 (2016)
平成27 (2015)
平成26 (2014)
平成25 (2013)
平成24 (2012)
平成23 (2011)
平成22 (2010)
平成21 (2009)
平成20 (2008)

問 8　　出題分野＜電気施設管理＞　　難易度 ★★★　　重要度 ★★★

次の文章は，油入変圧器における絶縁油の劣化についての記述である。

a.　自家用需要家が絶縁油の保守，点検のために行う試験には，　(ア)　試験及び酸価度試験が一般に実施されている。

b.　絶縁油，特に変圧器油は，使用中に次第に劣化して酸価が上がり，　(イ)　や耐圧が下がるなどの諸性能が低下し，ついには泥状のスラッジができるようになる。

c.　変圧器油劣化の主原因は，油と接触する　(ウ)　が油中に溶け込み，その中の酸素による酸化であって，この酸化反応は変圧器の運転による　(エ)　の上昇によって特に促進される。そのほか，金属，絶縁ワニス，光線なども酸化を促進し，劣化生成物のうちにも反応を促進するものが数多くある。

上記の記述中の空白箇所(ア)，(イ)，(ウ)及び(エ)に当てはまる組合せとして，正しいものを次の(1)～(5)のうちから一つ選べ。

	(ア)	(イ)	(ウ)	(エ)
(1)	絶縁耐力	抵抗率	空気	温度
(2)	濃度	熱伝導率	絶縁物	温度
(3)	絶縁耐力	熱伝導率	空気	湿度
(4)	絶縁抵抗	濃度	絶縁物	温度
(5)	濃度	抵抗率	空気	湿度

問8の解答　　出題項目＜変圧器＞

答え　（1）

油入変圧器における絶縁油の劣化に関する出題である。

a　自家用需要家が絶縁油の保守，点検のために行う試験には，**絶縁耐力試験**及び**酸価度試験**が一般に実施されている。

b　絶縁油，特に変圧器油は，使用中に次第に劣化して酸価が上がり，**抵抗率**や**耐圧が下がる**などの諸性能が低下し，ついには泥状の**スラッジ**ができるようになる。

c　変圧器油劣化の主原因は，油と接触する**空気**が油中に溶け込み，その中の酸素による酸化であって，この酸化反応は変圧器の運転による**温度の上昇**によって特に促進される。

そのほか，金属，絶縁ワニス，光線なども酸化を促進し，劣化生成物のうちにも反応を促進する

ものが数多くある。

解説

変圧器の絶縁油の劣化メカニズムは，図8-1のとおりである。

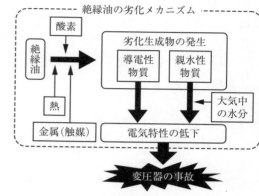

図8-1　絶縁油の劣化メカニズム

令和4（202
令和3（202
令和2（202
令和元（201
平成30（2018
平成29（2017
平成28（2016
平成27（2015
平成26（2014
平成25（2013
平成24（2012
平成23（2011
平成22（2010
平成21（2009
平成20（2008

問9　出題分野＜電技解釈＞　　難易度 ★★★　重要度 ★★★

次の文章は,「電気設備技術基準の解釈」における,高圧屋側電線路を施設する場合の記述の一部である。

高圧屋側電線路は,次により施設すること。

a.　　(ア)　場所に施設すること。

b.　電線は,　(イ)　であること。

c.　　(イ)　には,接触防護措置を施すこと。

d.　　(イ)　を造営材の側面又は下面に沿って取り付ける場合は,　(イ)　の支持点間の距離を　(ウ)　m(垂直に取り付ける場合は,　(エ)　m)以下とし,かつ,その被覆を損傷しないように取り付けること。

上記の記述中の空白箇所(ア),(イ),(ウ)及び(エ)に当てはまる組合せとして,正しいものを次の(1)～(5)のうちから一つ選べ。

	(ア)	(イ)	(ウ)	(エ)
(1)	点検できる隠蔽	ケーブル	1.5	5
(2)	展開した	ケーブル	2	6
(3)	展開した	絶縁電線	2.5	6
(4)	点検できる隠蔽	絶縁電線	1.5	4
(5)	展開した	ケーブル	2	10

問 9 の解答　　出題項目＜111 条＞

電技解釈第 111 条（高圧屋側電線路の施設）からの出題である。

第 2 項　高圧屋側電線路は，次の各号により施設すること。

一　**展開した場所**に施設すること。

三　電線は，**ケーブル**であること。

四　**ケーブル**には，接触防護措置を施すこと。

五　**ケーブル**を造営材の側面又は下面に沿って取り付ける場合は，**ケーブルの支持点間の距離**を**2 m**（**垂直**に取り付ける場合は，**6 m**）**以下**とし，かつ，その被覆を損傷しないように取り付けること。

補足　屋内配線，屋側配線，屋外配線の位置づけは，**図 9-1** のとおりである。

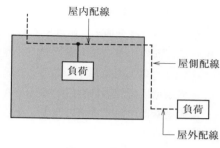

図 9-1　配線の区分

問10 出題分野＜電技解釈＞ 難易度 ★★☆ 重要度 ★★★

次の文章は，「電気設備技術基準の解釈」に基づき，電源供給用低圧幹線に電動機が接続される場合の過電流遮断器の定格電流及び電動機の過負荷と短絡電流の保護協調に関する記述である。

1. 低圧幹線を保護する過電流遮断器の定格電流は，次のいずれかによることができる。

   a. その幹線に接続される電動機の定格電流の合計の （ア） 倍に，他の電気使用機械器具の定格電流の合計を加えた値以下であること。

   b. 上記aの値が当該低圧幹線の許容電流を （イ） 倍した値を超える場合は，その許容電流を （イ） 倍した値以下であること。

   c. 当該低圧幹線の許容電流が100Aを超える場合であって，上記a又はbの規定による値が過電流遮断器の標準定格に該当しないときは，上記a又はbの規定による値の （ウ） の標準定格であること。

2. 図は，電動機を電動機保護用遮断器(MCCB)と熱動継電器(サーマルリレー)付電磁開閉器を組み合わせて保護する場合の保護協調曲線の一例である。図中 （エ） は電源配線の電線許容電流時間特性を表す曲線である。

上記の記述中の空白箇所(ア)，(イ)，(ウ)及び(エ)に当てはまる組合せとして，正しいものを次の(1)～(5)のうちから一つ選べ。

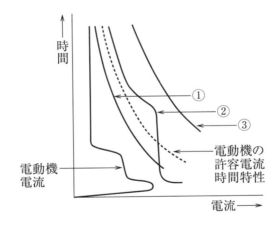

	(ア)	(イ)	(ウ)	(エ)
(1)	3	2.5	直近上位	③
(2)	3	2	115%以下	②
(3)	2.5	1.5	直近上位	①
(4)	3	2.5	115%以下	③
(5)	2	2	直近上位	②

令和 **4** (2022)
令和 **3** (2021)
令和 **2** (2020)
令和 **元** (2019)
平成 **30** (2018)
平成 **29** (2017)
平成 **28** (2016)
平成 **27** (2015)
平成 **26** (2014)
平成 **25** (2013)
平成 **24** (2012)
平成 **23** (2011)
平成 **22** (2010)
平成 **21** (2009)
平成 **20** (2008)

問 10 の解答　出題項目＜148条＞　　答え　（1）

① **低圧幹線を保護する過電流遮断器の定格電流**

電技解釈第148条（低圧幹線の施設）からの出題である。

第1項　低圧幹線は，次の各号によること。

五　当該低圧幹線を保護する過電流遮断器は，その定格電流が，当該低圧幹線の許容電流以下のものであること。ただし，**低圧幹線に電動機等が接続される場合の定格電流**は，次のいずれかによることができる。

イ　**電動機等の定格電流の合計**の **3 倍**に，他の電気使用機械器具の定格電流の合計を加えた値以下であること。

ロ　イの規定による値が当該低圧幹線の許容電流を **2.5 倍**した値を超える場合は，その許容電流を **2.5 倍**した値以下であること。

ハ　当該低圧幹線の許容電流が **100 A を超える場合**であって，イ又はロの規定による値が過電流遮断器の標準定格に該当しないときは，イ又はロの規定による値の**直近上位**の標準定格であること。

② **保護協調曲線**

図は，電動機を電動機保護用遮断器（MCCB）と熱動継電器（サーマルリレー）付電磁開閉器を組み合わせて保護する場合の保護協調曲線の一例である。問題図中の③は，電源配線の電線許容電流時間特性を表す曲線である。

解説

保護協調曲線のうち，電源配線の電線許容電流時間特性を表す曲線の方が，電動機の許容電流時間特性との協調を図るため，同一電流における時間が長くなければならない。

問題の図を**保護協調**がとれた正しい状態に書き直すと，**図 10-1** のようになる。

Point 電流─時間特性の四つの曲線の順序を確実に理解しておくこと。

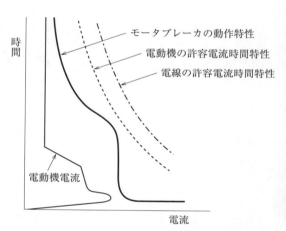

図 10-1　正しい保護協調

B 問 題

（問11及び問12の配点は1問題当たり（a）6点，（b）7点，計13点，問13の配点は（a）7点，（b）7点，計14点）

問 11　出題分野＜電技解釈＞　　難易度 ★★★　重要度 ★★★

鋼心アルミより線（ACSR）を使用する6 600 V高圧架空電線路がある。この電線路の電線の風圧荷重について「電気設備技術基準の解釈」に基づき，次の（a）及び（b）の問に答えよ。

なお，下記の条件に基づくものとする。

① 氷雪が多く，海岸地その他の低温季に最大風圧を生じる地方で，人家が多く連なっている場所以外の場所とする。

② 電線構造は図のとおりであり，各素線，鋼線ともに全てが同じ直径とする。

③ 電線被覆の絶縁体の厚さは一様とする。

④ 甲種風圧荷重は980 Pa，乙種風圧荷重の計算に使う氷雪の厚さは6 mmとする。

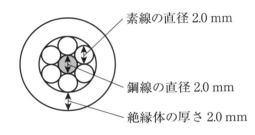

素線の直径 2.0 mm

鋼線の直径 2.0 mm

絶縁体の厚さ 2.0 mm

（a）　高温季において適用する風圧荷重（電線1条，長さ1 m当たり）の値[N]として，最も近いものを次の（1）～（5）のうちから一つ選べ。

　　　（1）　4.9　　　（2）　5.9　　　（3）　7.9　　　（4）　9.8　　　（5）　21.6

（b）　低温季において適用する風圧荷重（電線1条，長さ1 m当たり）の値[N]として，最も近いものを次の（1）～（5）のうちから一つ選べ。

　　　（1）　4.9　　　（2）　8.9　　　（3）　10.8　　　（4）　17.7　　　（5）　21.6

問 11 （a）の解答　　出題項目＜58条＞　　　　答え　（4）

題意から高温季に適用する風圧荷重を求める。

甲種風圧荷重の計算に使用する電線（1 条）の断面を**図 11-1** に示す。素線の直径 2.0 mm，鋼線の直径 2.0 mm および絶縁体の厚さ 2.0 mm から，絶縁電線の幅 l_1 は，

$$l_1 = 2.0 \times 2 + 2.0 + 2.0 \times 2 = 10[\text{mm}]$$

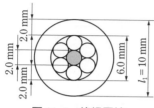

図 11-1　絶縁電線

図 11-2 は，電線の風圧荷重計算時のモデル図で，電線の幅 $l_1 = 10$ mm，長さ 1.0 m の部分へ均等に風圧荷重が加わるものとして計算する。

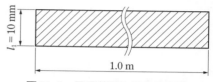

図 11-2　風圧荷重に加わる面積

甲種風圧荷重（単位面積当たり）は 980 Pa であるから，図 11-1 および図 11-2 より電線 1.0 m 当たりに加わる甲種風圧荷重 F_1 は，

$$F_1 = 980 \times 10.0 \times 10^{-3} \times 1.0 = 9.8[\text{N}]$$

問 11 （b）の解答　　出題項目＜58条＞　　　　答え　（3）

題意から低温季に適用する風圧荷重を求める。

乙種風圧荷重の計算に使用する電線（1 条）と氷雪の断面を**図 11-3** に示す。絶縁電線の幅は 10 mm であり，氷雪の厚さは 6.0 mm のため，断面の合計幅 l_2 は，

$$l_2 = 10 + 6.0 \times 2 = 22[\text{mm}]$$

図 11-4 は，電線に氷雪厚さを加えた風圧荷重計算のモデル図で，合計幅 22 mm，長さ 1.0 m

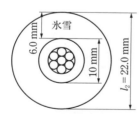

図 11-3　絶縁電線＋氷雪

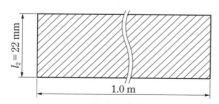

図 11-4　風圧荷重に加わる面積

の部分へ均等に風圧荷重が加わるとして計算する。

乙種風圧荷重（単位面積当たり）は，$0.5 \times 980 = 490$ Pa であるから，図 11-3 および図 11-4 から電線 1.0 m 当たりに加わる乙種風圧荷重 F_2 は，

$$F_2 = 490 \times 22.0 \times 10^{-3} \times 1.0 = 10.78 \fallingdotseq 10.8[\text{N}]$$

低温季において適用する風圧荷重は，甲種風圧荷重または乙種風圧荷重のいずれか大きいものを適用するから，10.8 N となる。

解説

風圧荷重の適用区分は，**58-2 表**による（電技解釈第 58 条）。

58-2 表

季節	地方		適用する風圧荷重
高温季	全ての地方		甲種風圧荷重
低温季	氷雪の多い地方	海岸地その他の低温季に最大風圧を生じる地方	甲種風圧荷重又は乙種風圧荷重のいずれか大きいもの
		上記以外の地方	乙種風圧荷重
	氷雪の多い地方以外の地方		丙種風圧荷重

Point 電線の幅（低温季は氷雪厚さあり）を算出し，所定の風圧荷重（Pa ＝ N/m²）に電線の幅と長さ 1.0 m を掛ける。

　ある事業所内における A 工場及び B 工場の，それぞれのある日の負荷曲線は図のようであった。それぞれの工場の設備容量が，A 工場では 400 kW，B 工場では 700 kW であるとき，次の（a）及び（b）の問に答えよ。

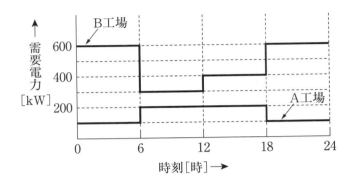

（a）　A 工場及び B 工場を合わせた需要率の値[%]として，最も近いものを次の（1）～（5）のうちから一つ選べ。

　　（1）　54.5　　　（2）　56.8　　　（3）　63.6　　　（4）　89.3　　　（5）　90.4

（b）　A 工場及び B 工場を合わせた総合負荷率の値[%]として，最も近いものを次の（1）～（5）のうちから一つ選べ。

　　（1）　56.8　　　（2）　63.6　　　（3）　78.1　　　（4）　89.3　　　（5）　91.6

令和 4 (2022)
令和 3 (2021)
令和 2 (2020)
令和 元 (2019)
平成 30 (2018)
平成 29 (2017)
平成 28 (2016)
平成 27 (2015)
平成 26 (2014)
平成 25 (2013)
平成 24 (2012)
平成 23 (2011)
平成 22 (2010)
平成 21 (2009)
平成 20 (2008)

問 12（a）の解答　出題項目＜需要率・不等率＞　　　　　答え（3）

　A 工場および B 工場を合わせた負荷曲線を**図 12-1** に示す。この図の最大需要電力から需要率を計算する。

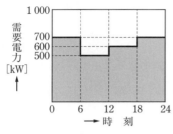

図 12-1　合成需要電力

　最大需要電力は，0〜6 時および 18〜24 時に発生しており，700 kW である。

　また，題意から A 工場および B 工場それぞれの設備容量を合わせた総負荷設備容量は，

$$400 + 700 = 1\,100[\text{kW}]$$

である。需要率は，次式で表される。

$$需要率 = \frac{最大需要電力[\text{kW}]}{総負荷設備容量[\text{kW}]} \times 100[\%] \quad ①$$

　①式より需要率を計算すると，

$$需要率 = \frac{700}{1\,100} \times 100 = 63.636 \fallingdotseq 63.6[\%]$$

問 12（b）の解答　出題項目＜需要率・不等率＞　　　　　答え（4）

　図 12-1 から平均需要電力を計算する。

　平均需要電力は，図 12-1 の網掛部面積（単位 kW·h）を 1 日の時間（24h）で割った値である。

　各時間の面積を計算する。

① 0〜6 時

$$W_{0-6} = 700 \times 6 = 4\,200[\text{kW·h}]$$

② 6〜12 時

$$W_{6-12} = 500 \times 6 = 3\,000[\text{kW·h}]$$

③ 12〜18 時

$$W_{12-18} = 600 \times 6 = 3\,600[\text{kW·h}]$$

④ 18〜24 時

$$W_{18-24} = 700 \times 6 = 4\,200[\text{kW·h}]$$

よって，平均需要電力 P_a は，

$$P_a = \frac{W_{0-6} + W_{6-12} + W_{12-18} + W_{18-24}}{24}$$

$$= \frac{4\,200 + 3\,000 + 3\,600 + 4\,200}{24}$$

$$= 625[\text{kW}]$$

となる。負荷率は，次式で表される。

$$負荷率 = \frac{平均需要電力[\text{kW}]}{最大需要電力[\text{kW}]} \times 100[\%] \quad ②$$

　②式より負荷率を計算すると，

$$負荷率 = \frac{625}{700} \times 100 = 89.286 \fallingdotseq 89.3[\%]$$

解説 ··········

　本問は，二つの需要家に対する「需要率」，「負荷率」に関する問題である。いずれも①式，②式を覚えていれば解答できる。

　過去には，もう一つ「不等率」に関する問題が多く出題されており，次式で表される。

$$不等率 = \frac{最大需要電力の総和[\text{kW}]}{合成最大需要電力[\text{kW}]} \quad ③$$

　③式の「最大需要電力の総和」とは，各需要家それぞれの最大需要電力を加えたもので，「合成最大需要電力」とは，各需要家を統括した最大需要電力である。

　本問の不等率を求めてみる。最大需要電力の総和は，問題図より，

$$200（A 工場）+ 600（B 工場）= 800[\text{kW}]$$

である。また，合成最大需要電力は，図 12-1 により，700 kW である。

　よって，③式より不等率を計算すると，

$$不等率 = \frac{800}{700} \fallingdotseq 1.14$$

Point ①〜③式は，公式として覚えておく。

　三相 3 線式，受電電圧 6.6 kV，周波数 50 Hz の自家用電気設備を有する需要家が，直列リアクトルと進相コンデンサからなる定格設備容量 100 kvar の進相設備を施設することを計画した。この計画におけるリアクトルには，当該需要家の遊休中の進相設備から直列リアクトルのみを流用することとした。施設する進相設備の進相コンデンサのインピーダンスを基準として，これを $-j100\,\%$ と考えて，次の（a）及び（b）の問に答えよ。

　なお，関係する機器の仕様は，次のとおりである。

・施設する進相コンデンサ：回路電圧 6.6 kV，周波数 50 Hz，定格容量三相 106 kvar
・遊休中の進相設備：回路電圧 6.6 kV，周波数 50 Hz

　　　　　　　　　進相コンデンサ　　定格容量三相 160 kvar

　　　　　　　　　直列リアクトル　　進相コンデンサのインピーダンスの 6 ％

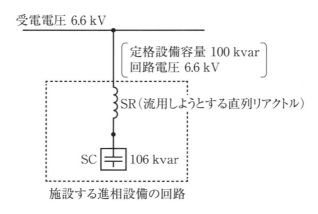

施設する進相設備の回路

（a）　回路電圧 6.6 kV のとき，施設する進相設備のコンデンサの端子電圧の値 [V] として，最も近いものを次の（1）～（5）のうちから一つ選べ。

　（1）　6 600　　　　（2）　6 875　　　　（3）　7 020　　　　（4）　7 170　　　　（5）　7 590

（b）　この計画における進相設備の，第 5 調波の影響に関する対応について，正しいものを次の（1）～（5）のうちから一つ選べ。

　（1）　インピーダンスが 0 ％ の共振状態に近くなり，過電流により流用しようとするリアクトルとコンデンサは共に焼損のおそれがあるため，本計画の機器流用は危険であり，流用してはならない。

　（2）　インピーダンスが約 $-j10\,\%$ となり進み電流が多く流れ，流用しようとするリアクトルの高調波耐量が保証されている確認をしたうえで流用する必要がある。

　（3）　インピーダンスが約 $+j10\,\%$ となり遅れ電流が多く流れ，流用しようとするリアクトルの高調波耐量が保証されている確認をしたうえで流用する必要がある。

　（4）　インピーダンスが約 $-j25\,\%$ となり進み電流が流れ，流用しようとするリアクトルの高調波耐量を確認したうえで流用する必要がある。

　（5）　インピーダンスが約 $+j25\,\%$ となり遅れ電流が流れ，流用しようとするリアクトルの高調波耐量を確認したうえで流用する必要がある。

問13 （a）の解答　出題項目＜進相コンデンサ＞　　答え（2）

問題の進相設備の等価回路（1 相分）を図 13-1 に示す。

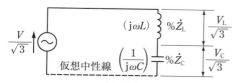

図 13-1　等価回路（1 相分）

題意から，進相コンデンサのインピーダンスを $\%\dot{Z}_C = -j100[\%]$ と表す。

次に，流用しようとする直列リアクトルのインピーダンス $\%Z_L$ は，元が 160 kvar の 6 ％ である

ため，これを 106 kvar 基準に換算すると，

$$\%\dot{Z}_L = j\frac{106}{160} \times 6 = j3.975[\%]$$

回路（線間）電圧 V が加わったとき，コンデンサの端子電圧 V_C は，

$$V_C = \sqrt{3} \cdot \frac{V}{\sqrt{3}} \cdot \frac{\%\dot{Z}_C}{\%\dot{Z}_C + \%\dot{Z}_L} = \frac{\%\dot{Z}_C}{\%\dot{Z}_C + \%\dot{Z}_L} V$$

$$= \frac{-j100}{-j100 + j3.975} \times 6\,600 = 6\,873.21$$

$$\fallingdotseq 6\,873[V] \quad \rightarrow \quad 6\,875\ V$$

問13 （b）の解答　出題項目＜進相コンデンサ，高調波＞　　答え（1）

第 5 高調波に対する等価回路（1 相分）を図 13-2 に示す。

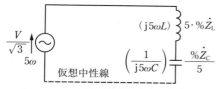

図 13-2　等価回路（第 5 調波 1 相分）

第 5 高調波におけるコンデンサのインピーダンス $\%\dot{Z}_{C5}$，および直列リアクトルのインピーダンス $\%\dot{Z}_{L5}$ は，

$$\%\dot{Z}_{C5} = \frac{\%\dot{Z}_C}{5} = \frac{-j100}{5} = -j20[\%]$$

$$\%\dot{Z}_{L5} = 5(\%\dot{Z}_L) = 5 \times j3.975 = j19.875[\%]$$

図 13-2 の電源に対するインピーダンス $\%\dot{Z}_5$ は，

$$\%\dot{Z}_5 = \%\dot{Z}_{5C} + \%\dot{Z}_{5L} = -j20 + j19.875$$
$$= -j0.125[\%]$$

この値は，図 13-1 の基本波に対するインピーダンス $\%\dot{Z}_1$ の値，

$$\%\dot{Z}_1 = \%\dot{Z}_C + \%\dot{Z}_L = -j100 + j3.975$$
$$= -j96.025[\%]$$

に対して非常に小さい。

第 5 高調波のインピーダンスが非常に小さい

（$\fallingdotseq 0$）ということは，共振状態に近く，コンデンサおよび直列リアクトルが過電流により焼損するおそれがある。

解説 ････････････････････････････････

本問のように，直列リアクトルを容量が異なる進相コンデンサで流用する場合は，基準の容量に対する百分率インピーダンスに換算して計算する必要がある。

基準容量 $P_A[kV\cdot A]$ の $\%Z_A[\%]$ を新しい基準容量 $P_B[kV\cdot A]$ の $\%Z_B[\%]$ に換算する公式は，

$$\%Z_B = \frac{P_B}{P_A}\%Z_A[\%] \qquad ①$$

である。本問の直列リアクトルのインピーダンス換算も①式を使用している。

また，回路の電圧は線間電圧であり，図 13-1，図 13-2 に示す等価回路は 1 相分で相電圧を表している。しかし，コンデンサ電圧とリアクトル電圧の比は結果的にインピーダンスの比となり，線間電圧も相電圧も比は同じとなる。したがって，本問の場合，Y 結線，Δ 結線を考慮しなくとも解ける。

Point 百分率インピーダンスは基準容量に換算する。

法 規 | 平成25年度（2013年度）

注1　問題文中に「電気設備技術基準」とあるのは，「電気設備に関する技術基準を定める省令」の略である。

注2　問題文中に「電気設備技術基準の解釈」とあるのは，電気事業法に基づく経済産業大臣の処分に係る審査基準等のうちの「電気設備の技術基準の解釈について」の略である。

A 問 題 （配点は1問題当たり6点）

問1　出題分野＜電気事業法＞　　難易度 ★★★　重要度 ★★★

次のa，b及びcの文章は，主任技術者に関する記述である。

その記述内容として，「電気事業法」に基づき，適切なものと不適切なものの組合せについて，正しいものを次の（1）～（5）のうちから一つ選べ。

a.　電気事業の用に供する電気工作物を設置する者は，電気事業の用に供する電気工作物の工事，維持及び運用に関する保安の監督をさせるため，経済産業省令で定めるところにより，主任技術者免状の交付を受けている者のうちから，主任技術者を選任しなければならない。

b.　主任技術者は，事業用電気工作物の工事，維持及び運用に関する保安の監督の職務を誠実に行わなければならない。

c.　事業用電気工作物の工事，維持又は運用に従事する者は，主任技術者がその保安のためにする指示に従わなければならない。

	a	b	c
（1）	不適切	適　切	適　切
（2）	不適切	不適切	適　切
（3）	適　切	不適切	不適切
（4）	適　切	適　切	適　切
（5）	適　切	適　切	不適切

問2　出題分野＜電気事業法施行規則＞　　難易度 ★★☆　重要度 ★★☆

「電気事業法」及び「電気事業法施行規則」に基づき，事業用電気工作物の設置又は変更の工事の計画には経済産業大臣に事前届出を要するものがある。次の工事を計画するとき，事前届出の対象となるものを（1）～（5）のうちから一つ選べ。

（1）　受電電圧6 600[V]で最大電力2 000[kW]の需要設備を設置する工事

（2）　受電電圧6 600[V]の既設需要設備に使用している受電用遮断器を新しい遮断器に取り替える工事

（3）　受電電圧6 600[V]の既設需要設備に使用している受電用遮断器の遮断電流を25[%]変更する工事

（4）　受電電圧22 000[V]の既設需要設備に使用している受電用遮断器を新しい遮断器に取り替える工事

（5）　受電電圧22 000[V]の既設需要設備に使用している容量5 000[kV・A]の変圧器を同容量の新しい変圧器に取り替える工事

令和4(2022)
令和3(2021)
令和2(2020)
令和元(2019)
平成30(2018)
平成29(2017)
平成28(2016)
平成27(2015)
平成26(2014)
平成25(2013)
平成24(2012)
平成23(2011)
平成22(2010)
平成21(2009)
平成20(2008)

問1の解答　出題項目＜43条＞　　答え（4）

電気事業法第43条（主任技術者）からの出題である。

a　正。

第1項　事業用電気工作物を設置する者は，事業用電気工作物の工事，維持及び運用に関する保安の監督をさせるため，主務省令で定めるところにより，**主任技術者免状の交付を受けている者**のうちから，**主任技術者を選任**しなければならない。

b　正。

第4項　主任技術者は，事業用電気工作物の工事，維持及び運用に関する保安の監督の**職務を誠実に行わなければならない。**

c　正。

第5項　事業用電気工作物の工事，維持又は運用に**従事する者**は，**主任技術者**がその保安のためにする指示に従わなければならない。

解説

電気事業法第43条（主任技術者）では，問題以外に以下のことを規定している。

第2項　自家用電気工作物を設置する者は，第1項の規定にかかわらず，主務大臣の許可を受けて，主任技術者免状の交付を受けていない者を主任技術者として選任することができる。

第3項　事業用電気工作物を設置する者は，主任技術者を選任したときは，遅滞なく，その旨を主務大臣に届け出なければならない。これを解任したときも，同様とする。

補足

表1-1　電気主任技術者の種類

免状の種類	保安の監督をすることができる範囲
第一種電気主任技術者	事業用電気工作物の工事，維持および運用
第二種電気主任技術者	電圧170 kV未満の事業用電気工作物の工事，維持および運用
第三種電気主任技術者	電圧50 kV未満の事業用電気工作物（出力5 000 kW以上の発電所を除く）の工事，維持および運用

問2の解答　出題項目＜65条＞　　答え（4）

電気事業法施行規則第65条（工事計画の事前届出）および別表第2からの出題である。

（1）誤。受電電圧**10 000 V以上**の需要設備の設置は事前届出の対象である。←6 600 Vは対象外

（2）誤。他の者が設置する電気工作物と電気的に接続するための遮断器（受電電圧**10 000 V以上の需要設備に属するものに限る。**）であって，電圧**10 000 V以上**のものの取替えは事前届出の対象である。←6 600 Vは対象外

（3）誤。他の者が設置する電気工作物と電気的に接続するための遮断器（受電電圧**10 000 V以上の需要設備に属するものに限る。**）であって，電圧10 000 V以上のものの改造のうち，**20 %以上の遮断電流の変更を伴う**ものは事前届出の対象である。←6 600 Vは対象外

（4）正。他の者が設置する電気工作物と電気的に接続するための遮断器（受電電圧**10 000 V以上の需要設備に属するものに限る。**）であって，電圧**10 000 V以上**のものの取替えは事前届出の対象である。

（5）誤。電圧**10 000 V以上**の**機器**であって，**容量10 000 kV·A以上**又は出力10 000 kW以上のものの取替えは事前届出の対象である。←5 000 kV·Aは対象外

解説

電気事業法施行規則第65条（工事計画の事前届出）では，事業用電気工作物の設置又は変更の工事であって，別表第2に掲げるものを工事計画に事前届出の対象としている。

Point 大切なキーワードは，「**受電電圧10 000 V以上**」である。

問 3　　出題分野＜電技＞　　　　　　　難易度 ★★☆　　重要度 ★★★

次の文章は，「電気設備技術基準」における，電気使用場所での配線の使用電線に関する記述である。

a.　配線の使用電線（　(ア)　及び特別高圧で使用する　(イ)　を除く。）には，感電又は火災のおそれがないよう，施設場所の状況及び　(ウ)　に応じ，使用上十分な強度及び絶縁性能を有するものでなければならない。

b.　配線には，　(ア)　を使用してはならない。ただし，施設場所の状況及び　(ウ)　に応じ，使用上十分な強度を有し，かつ，絶縁性がないことを考慮して，配線が感電又は火災のおそれがないように施設する場合は，この限りでない。

c.　特別高圧の配線には，　(イ)　を使用してはならない。

上記の記述中の空白箇所(ア)，(イ)及び(ウ)に当てはまる組合せとして，正しいものを次の(1)～(5)のうちから一つ選べ。

	(ア)	(イ)	(ウ)
(1)	接触電線	移動電線	施設方法
(2)	接触電線	裸電線	使用目的
(3)	接触電線	裸電線	電　圧
(4)	裸電線	接触電線	使用目的
(5)	裸電線	接触電線	電　圧

問 4　　出題分野＜電技解釈＞　　　　　難易度 ★★★　　重要度 ★★☆

次の文章は，「電気設備技術基準の解釈」に基づき，機械器具（小出力発電設備である燃料電池発電設備を除く。）の金属製外箱等に接地工事を施さないことができる場合の記述の一部である。

a.　電気用品安全法の適用を受ける　(ア)　の機械器具を施設する場合

b.　低圧用の機械器具に電気を供給する電路の電源側に　(イ)　（2 次側線間電圧が 300[V]以下であって，容量が 3[kV·A]以下のものに限る。）を施設し，かつ，当該　(イ)　の負荷側の電路を接地しない場合

c.　水気のある場所以外の場所に施設する低圧用の機械器具に電気を供給する電路に，電気用品安全法の適用を受ける漏電遮断器（定格感度電流が　(ウ)　[mA]以下，動作時間が　(エ)　秒以下の電流動作型のものに限る。）を施設する場合

上記の記述中の空白箇所(ア)，(イ)，(ウ)及び(エ)に当てはまる組合せとして，正しいものを次の(1)～(5)のうちから一つ選べ。

	(ア)	(イ)	(ウ)	(エ)
(1)	2 重絶縁の構造	絶縁変圧器	15	0.3
(2)	2 重絶縁の構造	絶縁変圧器	15	0.1
(3)	過負荷保護装置付	絶縁変圧器	30	0.3
(4)	過負荷保護装置付	単巻変圧器	30	0.1
(5)	過負荷保護装置付	単巻変圧器	50	0.1

問3の解答　出題項目＜57条＞

答え　**(5)**

電技第57条(配線の使用電線)からの出題である。

第1項　配線の使用電線(**裸電線**及び特別高圧で使用する**接触電線**を除く。)には，感電又は火災のおそれがないよう，施設場所の状況及び**電圧**に応じ，使用上十分な強度及び絶縁性能を有するものでなければならない。

第2項　配線には，**裸電線**を使用してはならない。ただし，施設場所の状況及び電圧に応じ，使用上十分な強度を有し，かつ，絶縁性がないことを考慮して，配線が感電又は火災のおそれがないように施設する場合は，この限りでない。

第3項　特別高圧の配線には，**接触電線**を使用してはならない。

解説

配線の使用電線には，原則として，使用上十分な強度および絶縁性能を有するものでなければならないが，裸電線や接触電線(**図3-1**)は除かれている。

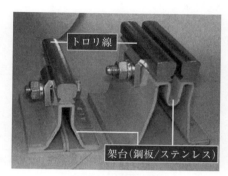

図3-1　接触電線

問4の解答　出題項目＜29条＞

答え　**(2)**

電技解釈第29条(機械器具の金属製外箱等の接地)からの出題である。

第2項　機械器具が小出力発電設備である燃料電池発電設備である場合を除き，次の各号のいずれかに該当する場合は，金属製外箱などに接地工事を施さないことができる。

一　交流の対地電圧が150 V以下又は直流の使用電圧が300 V以下の機械器具を，乾燥した場所に施設する場合

二　低圧用の機械器具を乾燥した木製の床その他これに類する絶縁性のものの上で取り扱うように施設する場合

三　電気用品安全法の適用を受ける**2重絶縁の構造**の機械器具を施設する場合

四　低圧用の機械器具に電気を供給する電路の電源側に**絶縁変圧器**(2次側線間電圧が300 V以下であって，容量が3 kV·A以下のものに限る。)を施設し，かつ，当該**絶縁変圧器**の負荷側の電路を接地しない場合

五　水気のある場所以外の場所に施設する低圧用の機械器具に電気を供給する電路に，電気用品安全法の適用を受ける漏電遮断器(定格感度電流が**15 mA以下**，動作時間が**0.1**秒以下の電流動作型のものに限る。)を施設する場合

六　金属製外箱等の周囲に適当な絶縁台を設ける場合

七　外箱のない計器用変成器がゴム，合成樹脂その他の絶縁物で被覆したものである場合

八　低圧用若しくは高圧用の機械器具，配電用変圧器若しくはこれに接続する電線に施設する機械器具又は特別高圧架空電線路の電路に施設する機械器具を，木柱その他これに類する絶縁性のものの上であって，人が触れるおそれがない高さに施設する場合

補足　2重絶縁構造

□の部分が絶縁破壊しても
□の部分の絶縁が破壊されない
限り絶縁性能が保たれる

図4-1　2重絶縁構造

問5 出題分野＜電技解釈＞ 　難易度 ★★★ 　重要度 ★★★

次の文章は，「電気設備技術基準の解釈」における，アークを生じる器具の施設に関する記述である。

高圧用又は特別高圧用の開閉器，遮断器又は避雷器その他これらに類する器具（以下「開閉器等」という。）であって，動作時にアークを生じるものは，次のいずれかにより施設すること。

a.　耐火性のものでアークを生じる部分を囲むことにより，木製の壁又は天井その他の　(ア)　から隔離すること。

b.　木製の壁又は天井その他の　(ア)　との離隔距離を，下表に規定する値以上とすること。

開閉器等の使用電圧の区分		離隔距離
高　圧		(イ) [m]
特別高圧	35 000[V]以下	(ウ) [m]（動作時に生じるアークの方向及び長さを火災が発生するおそれがないように制限した場合にあっては，(イ) [m]）
	35 000[V]超過	(ウ) [m]

上記の記述中の空白箇所(ア)，(イ)及び(ウ)に当てはまる組合せとして，正しいものを次の(1)～(5)のうちから一つ選べ。

		(ア)	(イ)	(ウ)
(1)		可燃性のもの	0.5	1
(2)		造営物	0.5	1
(3)		可燃性のもの	1	2
(4)		造営物	1	2
(5)		造営物	2	3

問 5 の解答　　出題項目＜23 条＞

電技解釈第 23 条(アークを生じる器具の施設)からの出題である。

高圧用又は特別高圧用の開閉器，遮断器又は避雷器その他これらに類する器具(以下「開閉器等」という。)であって，動作時にアークを生じるものは，次の各号のいずれかにより施設すること。

一　**耐火性のものでアークを生じる部分を囲む**ことにより，木製の壁又は天井その他の可燃性のものから隔離すること。

二　**木製の壁又は天井**その他の**可燃性のもの**との離隔距離を，表に規定する値以上とすること。

解 説

開閉器等の使用電圧の区分		離隔距離
高圧		**1** m
特別高圧	35 000 V 以下	**2** m(動作時に生じるアークの方向及び長さを火災が発生するおそれがないように制限した場合にあっては，**1** m)
	35 000 V 超過	**2** m

動作時にアークを生じるものは，原則として木製の壁または天井その他の可燃性のものと耐火性のもので囲むのが原則であるが，原則によれない場合は離隔をとることを規定している。

令和 4 (2022)
令和 3 (2021)
令和 2 (2020)
令和元 (2019)
平成 30 (2018)
平成 29 (2017)
平成 28 (2016)
平成 27 (2015)
平成 26 (2014)
平成 25 (2013)
平成 24 (2012)
平成 23 (2011)
平成 22 (2010)
平成 21 (2009)
平成 20 (2008)

問 6　出題分野＜電技解釈＞　　　　　　　　難易度 ★★★　　重要度 ★★★

　次の文章は，「電気設備技術基準の解釈」に基づく，高圧又は特別高圧の電路に施設する過電流遮断器に関する記述の一部である。

a.　電路に　(ア)　を生じたときに作動するものにあっては，これを施設する箇所を通過する　(ア)　電流を遮断する能力を有すること。

b.　その作動に伴いその　(イ)　状態を表示する装置を有すること。ただし，その　(イ)　状態を容易に確認できるものは，この限りでない。

c.　過電流遮断器として高圧電路に施設する包装ヒューズ（ヒューズ以外の過電流遮断器と組み合わせて 1 の過電流遮断器として使用するものを除く。）は，定格電流の　(ウ)　倍の電流に耐え，かつ，2 倍の電流で　(エ)　分以内に溶断するものであること。

d.　過電流遮断器として高圧電路に施設する非包装ヒューズは，定格電流の　(オ)　倍の電流に耐え，かつ，2 倍の電流で 2 分以内に溶断するものであること。

　上記の記述中の空白箇所(ア)，(イ)，(ウ)，(エ)及び(オ)に当てはまる組合せとして，正しいものを次の(1)〜(5)のうちから一つ選べ。

	(ア)	(イ)	(ウ)	(エ)	(オ)
(1)	短　絡	異　常	1.5	90	1.5
(2)	過負荷	開　閉	1.3	150	1.5
(3)	短　絡	開　閉	1.3	120	1.25
(4)	過負荷	異　常	1.5	150	1.25
(5)	過負荷	開　閉	1.3	120	1.5

問 6 の解答　　出題項目＜34 条＞

電技解釈第 34 条（高圧又は特別高圧の電路に施設する過電流遮断器の性能等）からの出題である。

第 1 項　高圧又は特別高圧の電路に施設する過電流遮断器は，次の各号に適合するものであること。

一　電路に**短絡**を生じたときに作動するものにあっては，これを施設する箇所を通過する**短絡電流**を遮断する能力を有すること。

二　その作動に伴いその**開閉状態**を表示する装置を有すること。ただし，その**開閉状態**を容易に確認できるものは，この限りでない。

第 2 項　過電流遮断器として高圧電路に施設する**包装ヒューズ**（ヒューズ以外の過電流遮断器と組み合わせて 1 の過電流遮断器として使用するものを除く。）は，次の各号のいずれかのものであること。

一　**定格電流の 1.3 倍の電流に耐え**，かつ，**2 倍の電流で 120 分以内に溶断**するもの

二　次に適合する**高圧限流ヒューズ**

イ　構造は，日本工業規格 JIS C 4604（1988）「高圧限流ヒューズ」に適合すること。

ロ　完成品は，日本工業規格 JIS C 4604（1988）「高圧限流ヒューズ」の試験方法により試験したとき，「性能」に適合すること。

第 3 項　過電流遮断器として高圧電路に施設する**非包装ヒューズ**は，**定格電流の 1.25 倍の電流に耐え**，かつ，2 倍の電流で 2 分以内に溶断するものであること。

補足　ヒューズの溶断特性の例

ヒューズの溶断特性は，図 6-1 のように大電流ほど短時間で溶断する。

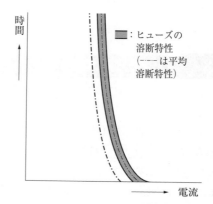

図 6-1　ヒューズの溶断特性

令和
4
(202
令和
3
(202
令和
2
(202
令和
元
(2019
平成
30
(2018
平成
29
(2017
平成
28
(2016
平成
27
(2015
平成
26
(2014
平成
25
(2013
平成
24
(2012
平成
23
(2011
平成
22
(2010
平成
21
(2009
平成
20
(2008

問7　出題分野＜電技解釈＞

難易度 ★★★　重要度 ★★★

次の文章は，地中電線路の施設に関する工事例である。「電気設備技術基準の解釈」に基づき，不適切なものを次の（1）～（5）のうちから一つ選べ。

（1） 電線にケーブルを使用し，かつ，暗きょ式により地中電線路を施設した。

（2） 地中電線路を管路式により施設し，電線を収める管には，これに加わる車両その他の重量物の圧力に耐える管を使用した。

（3） 地中電線路を暗きょ式により施設し，地中電線に耐燃措置を施した。

（4） 地中電線路を直接埋設式により施設し，衝撃から防護するため，地中電線を堅ろうなトラフ内に収めた。

（5） 高圧地中電線路を公道の下に管路式により埋設し，埋設表示は，物件の名称，管理者名及び電圧を，10[m]の間隔で表示した。

問8　出題分野＜電技解釈＞

難易度 ★★☆　重要度 ★★★

次の文章は，「電気設備技術基準の解釈」に基づく，住宅の屋内電路の対地電圧の制限に関する記述の一部である。

住宅の屋内電路（電気機器具内の電路を除く。）の対地電圧は，150[V]以下であること。ただし，定格消費電力が　（ア）　[kW]以上の電気機械器具及びこれに電気を供給する屋内配線を次により施設する場合は，この限りでない。

a. 屋内配線は，当該電気機械器具のみに電気を供給するものであること。

b. 電気機械器具の使用電圧及びこれに電気を供給する屋内配線の対地電圧は，　（イ）　[V]以下であること。

c. 屋内配線には，簡易接触防護措置を施すこと。

d. 電気機械器具には，簡易接触防護措置を施すこと。

e. 電気機械器具は，屋内配線と　（ウ）　して施設すること。

f. 電気機械器具に電気を供給する電路には，専用の　（エ）　及び過電流遮断器を施設すること。

g. 電気機械器具に電気を供給する電路には，電路に地絡が生じたときに自動的に電路を遮断する装置を施設すること。

上記の記述中の空白箇所（ア），（イ），（ウ）及び（エ）に当てはまる組合せとして，正しいものを次の（1）～（5）のうちから一つ選べ。

	（ア）	（イ）	（ウ）	（エ）
（1）	5	450	直接接続	漏電遮断器
（2）	2	300	直接接続	開閉器
（3）	2	450	分岐接続	漏電遮断器
（4）	3	300	直接接続	開閉器
（5）	5	450	分岐接続	漏電遮断器

問7の解答　出題項目＜120条＞　　答え（5）

電技解釈第120条（地中電線路の施設）からの出題である。

（1）正。第1項　地中電線路は，電線に**ケーブル**を使用し，かつ，**管路式，暗きょ式又は直接埋設式**により施設すること。なお，**管路式には電線共同溝（C.C.BOX）方式**を，**暗きょ式にはキャブ**（電力，通信等のケーブルを収納するために道路下に設けるふた掛け式のU字構造物）によるものを，それぞれ含むものとする。

（2）正。第2項　地中電線路を**管路式**により施設する場合は，次の各号によること。

一　電線を収める**管**は，これに加わる車両その他の**重量物の圧力に耐える**ものであること。

（3）正。第3項　地中電線路を**暗きょ式**により施設する場合は，次の各号によること。

一　暗きょは，車両その他の重量物の圧力に耐えるものであること。

二　次のいずれかにより，**防火措置**を施すこと。

イ　地中電線に**耐燃措置**を施すこと。

ロ　**暗きょ内に自動消火設備**を施設すること。

（4）正。第4項　地中電線路を**直接埋設式**により施設する場合は，次の各号によること。

二　地中電線を**衝撃**から**防護**するため，次のいずれかにより施設すること。

イ　地中電線を，**堅ろうなトラフ**その他の防護物に収めること。

（5）誤。第2項　地中電線路を**管路式**により施設する場合は，次の各号によること。

二　高圧又は特別高圧の地中電線路には，次により**表示を施**すこと。ただし，需要場所に施設する高圧地中電線路であって，その長さが15 m以下のものにあってはこの限りでない。

イ　**物件の名称，管理者名及び電圧**（需要場所に施設する場合にあっては，物件の名称及び管理者名を除く。）を表示すること。

ロ　**おおむね2 mの間隔で表示**すること。ただし，他人が立ち入らない場所又は当該電線路の位置が十分認知できる場合は，この限りでない。

問8の解答　出題項目＜143条＞　　答え（2）

電技解釈第143条（電路の対地電圧の制限）からの出題である。

第1項　**住宅の屋内電路**（電気機械器具内の電路を除く。以下この項において同じ。）の**対地電圧**は，**150 V以下**であること。ただし，次の各号のいずれかに該当する場合は，この限りでない。

一　定格消費電力が**2 kW以上の電気機械器具**及びこれに電気を供給する屋内配線を次により施設する場合

イ　屋内配線は，当該電気機械器具のみに電気を供給するものであること。

ロ　電気機械器具の使用電圧及びこれに電気を供給する屋内配線の対地電圧は，**300 V以下**であること。

ハ　屋内配線には，簡易接触防護措置を施すこと。

ニ　電気機械器具には，簡易接触防護措置を施すこと。

ホ　電気機械器具は，屋内配線と**直接接続**して施設すること。

ヘ　電気機械器具に電気を供給する電路には，専用の**開閉器及び過電流遮断器**を施設すること。

ト　電気機械器具に電気を供給する電路には，電路に地絡が生じたときに自動的に電路を遮断する装置を施設すること。

解説 ....

50 Hzや60 Hzの商用周波電源では，対地電圧150 Vを安全確保の基本と考えている。例外的に，2 kW以上の大容量機器関係について300 V以下が認められている。

令和4（202
令和3（202
令和2（2020
令和元（2019
平成30（2018
平成29（2017
平成28（2016
平成27（2015
平成26（2014
平成25（2013
平成24（2012
平成23（2011
平成22（2010
平成21（2009
平成20（2008

問 9 出題分野＜電技解釈＞ 難易度 ★★★ 重要度 ★★★

次の文章は，我が国の電気設備の技術基準への国際規格の取り入れに関する記述である。

「電気設備技術基準の解釈」において，需要場所に施設する低圧で使用する電気設備は，国際電気標準会議が建築電気設備に関して定めた IEC 60364 規格に対応した規定により施設することができる。その際，守らなければならないことの一つは，その電気設備を一般送配電事業者の電気設備と直接に接続する場合は，その事業者の低圧の電気の供給に係る設備の ☐ と整合がとれていなければならないことである。

上記の記述中の空白箇所に当てはまる最も適切なものを次の（1）〜（5）のうちから一つ選べ。

（1） 電路の絶縁性能

（2） 接地工事の施設

（3） 変圧器の施設

（4） 避雷器の施設

（5） 離隔距離

（一部改題）

令和
4
(202

令和
3
(202

令和
2
(2020)

令和
元
(2019)

平成
30
(2018)

平成
29
(2017)

平成
28
(2016)

平成
27
(2015)

平成
26
(2014)

平成
25
(2013)

平成
24
(2012)

平成
23
(2011)

平成
22
(2010)

平成
21
(2009)

平成
20
(2008)

問 9 の解答　出題項目＜218 条＞　　答え　(2)

　電技解釈第 218 条（IEC 60364 規格の適用）からの出題である。

　第 1 項　需要場所に施設する低圧で使用する電気設備は，日本工業規格又は国際電気標準会議規格の規定により施設することができる。

　ただし，一般送配電事業者及び特定送配電事業者と直接に接続する場合は，これらの事業者の低圧の電気の供給に係る設備の**接地工事の施設**と整合がとれていること。

解 説

　ただし書きの文章は，**IEC 規格（国際電気標準会議規格）**の接地系統は，日本の接地系統と異なるものも認めているが，電気事業者の配電線に直接接続できる低圧電路の接地は，電気事業者と同一のものでなければならないとしている。

　日本での低圧配電線の接地は，IEC 規格の TT 接地系（**図 9-1**）であるので，**直接接続される場合の需要設備の接地は TT 接地系**に限られる。

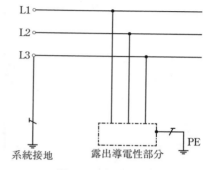

図 9-1　TT 接地系

問 10　出題分野＜電気施設管理＞　難易度 ★★★　重要度 ★★★

図は，高圧受電設備（受電電力500[kW]）の単線結線図の一部である。

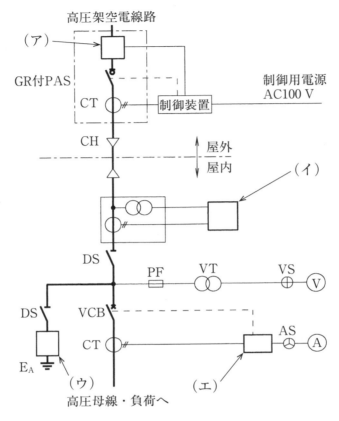

図の矢印で示す（ア），（イ），（ウ）及び（エ）に設置する機器及び計器の名称（略号を含む）の組合せとして，正しいものを次の（1）～（5）のうちから一つ選べ。

	（ア）	（イ）	（ウ）	（エ）
（1）	ZCT	電力量計	避雷器	過電流継電器
（2）	VCT	電力量計	避雷器	過負荷継電器
（3）	ZCT	電力量計	進相コンデンサ	過電流継電器
（4）	VCT	電力計	避雷器	過負荷継電器
（5）	ZCT	電力計	進相コンデンサ	過負荷継電器

問 10 の解答　出題項目＜受電設備＞　　答え　（1）

電源側に GR 付 PAS（地絡継電装置付高圧気中負荷開閉器）のある CB 形のキュービクル式高圧受電設備の単線結線図に関する出題である。

（ア）　**ZCT**：問題の図の箇所は，GR 付 PAS（地絡継電装置付高圧気中開閉器）に内蔵された ZCT（零相変流器）で，地絡事故時の地絡電流（零相電流）を検出する。

（イ）　**電力量計**：VCT（電力需給用計器用変成器）で高電圧を低電圧に大電流を小電流に変成し，Wh（電力量計）で使用電力量を計量する。

（ウ）　**避雷器**：断路器（DS）と A 種接地（E_A）との間には避雷器（LA）を設置する。

LA は雷サージなどの異常電圧の侵入による機器の絶縁破壊を防止する。なお，DS は LA の点検や取替えの際に使用する。

（エ）　**過電流継電器**：変流器（CT）の二次側に設置されているので，過電流継電器である。

過電流継電器は，過負荷や短絡事故時の短絡電流など，整定値以上の電流が流れたときに動作し，真空遮断器（VCB）に開放指令を与える。

解説

問題の単線結線図は，CB 形受電設備で，機器および計器の名称を記入して完成させると，**図10-1** のようになる。

単線結線図は，自家用電気工作物の工事・維持・運用に欠かせない重要なものであり，図の見方は確実に知っておかなければならない。

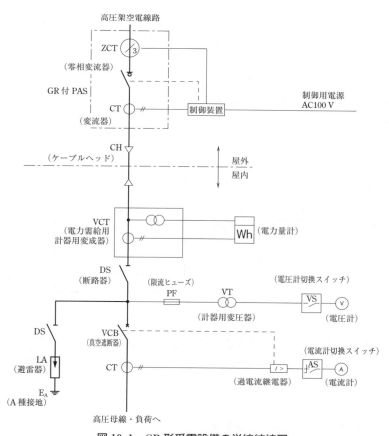

図 10-1　CB 形受電設備の単線結線図

令和4（2022）
令和3（2021）
令和2（2020）
令和元（2019）
平成30（2018）
平成29（2017）
平成28（2016）
平成27（2015）
平成26（2014）
平成25（2013）
平成24（2012）
平成23（2011）
平成22（2010）
平成21（2009）
平成20（2008）

B 問 題

（問11及び問12の配点は1問題当たり（a）6点，（b）7点，計13点，問13の配点は（a）7点，（b）7点，計14点）

問11 出題分野＜電気施設管理＞ 　難易度 ★★★ 　重要度 ★★★

高圧進相コンデンサの劣化診断について，次の（a）及び（b）の問に答えよ。

（a） 三相3線式50［Hz］，使用電圧6.6［kV］の高圧電路に接続された定格電圧6.6［kV］，定格容量50［kvar］（Y結線，一相2素子）の高圧進相コンデンサがある。その内部素子の劣化度合い点検のため，運転電流を高圧クランプメータで定期的に測定していた。

ある日の測定において，測定電流［A］の定格電流［A］に対する比は，図1のとおりであった。測定電流［A］に最も近い数値の組合せとして，正しいものを次の（1）～（5）のうちから一つ選べ。

ただし，直列リアクトルはないものとして計算せよ。

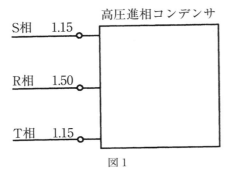

図1

	R相	S相	T相
（1）	6.6	5.0	5.0
（2）	7.5	5.7	5.7
（3）	3.8	2.9	2.9
（4）	11.3	8.6	8.6
（5）	7.2	5.5	5.5

（b） （a）の測定により，劣化による内部素子の破壊（短絡）が発生していると判断し，機器停止のうえ各相間の静電容量を2端子測定法（1端子開放で測定）で測定した。

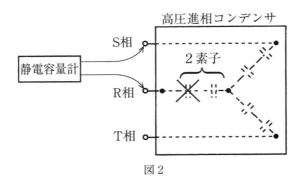

図2

図2のとおりの内部結線における素子破壊（素子極間短絡）が発生しているとすれば，静電容量測定結果の記述として，正しいものを次の（1）～（5）のうちから一つ選べ。ただし，図中×印は，破壊素子を表す。

（1） R-S相間の測定値は，最も小さい。
（2） S-T相間の測定値は，最も小さい。
（3） T-R相間は，測定不能である。
（4） R-S相間の測定値は，S-T相間の測定値の約75［％］である。
（5） R-S相間とS-T相間の測定値は，等しい。

令和
4
(2022)

令和
3
(2021)

令和
2
(2020)

令和
元
(2019)

平成
30
(2018)

平成
29
(2017)

平成
28
(2016)

平成
27
(2015)

平成
26
(2014)

平成
25
(2013)

平成
24
(2012)

平成
23
(2011)

平成
22
(2010)

平成
21
(2009)

平成
20
(2008)

問11（a）の解答　出題項目＜進相コンデンサ＞　答え　（1）

まず，進相コンデンサの定格電流 I_n[A]を求める。題意より，

定格容量 $Q_n＝50[\mathrm{kvar}]＝50×10^3[\mathrm{var}]$
定格電圧 $V_n＝6.6[\mathrm{kV}]＝6.6×10^3[\mathrm{V}]$

であるので，定格電流 I_n は，

$$I_n＝\frac{Q_n}{\sqrt{3}\,V_n}＝\frac{50×10^3}{\sqrt{3}×6.6×10^3}＝4.374[\mathrm{A}]$$

問題図1の測定電流に対する定格電流の比から，各相の測定電流を計算する。

R 相 $I_R＝1.50・I_n＝1.50×4.374＝6.561≒6.6[\mathrm{A}]$
S 相 $I_S＝1.15・I_n＝1.15×4.374＝5.030≒5.0[\mathrm{A}]$
T 相 $I_T＝1.15・I_n＝1.15×4.374＝5.030≒5.0[\mathrm{A}]$

問11（b）の解答　出題項目＜進相コンデンサ＞　答え　（2）

題意から，測定される静電容量値を計算する。

高圧進相コンデンサの等価回路を**図11-1**に示す。各素子の静電容量値を $C_{S1}＝C_{S2}＝C[\mathrm{F}]$ とする。

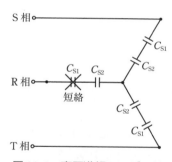

図11-1　高圧進相コンデンサ

R-S 相間の静電容量値 C_{RS}，S-T 相間の静電容量値 C_{ST}，T-R 相間の静電容量値 C_{TR} は，

$$C_{RS}＝\frac{1}{\dfrac{1}{C}+\dfrac{1}{C}+\dfrac{1}{C}}＝\frac{C}{3}[\mathrm{F}]$$

$$C_{ST}＝\frac{1}{\dfrac{1}{C}+\dfrac{1}{C}+\dfrac{1}{C}+\dfrac{1}{C}}＝\frac{C}{4}[\mathrm{F}]$$

$$C_{TR}＝\frac{1}{\dfrac{1}{C}+\dfrac{1}{C}+\dfrac{1}{C}}＝\frac{C}{3}[\mathrm{F}]$$

となる。よって，S-T 相間の静電容量が最も小さい。

正しい選択肢は（2）で，他は全て誤り。

解説

本問は，進相コンデンサの静電容量に関する計算問題である。

端子間の静電容量は，R-S 相および T-R 相間は1素子が短絡しているため，3素子の直列回路で，S-T 相間は4素子の直列回路となる。

また，n 個の直列と並列の場合の合成抵抗は次の①，②式により計算する（**図11-2**，**図11-3**）。

$$C_S＝\frac{1}{\dfrac{1}{C_1}+\dfrac{1}{C_2}+\dfrac{1}{C_3}+\cdots+\dfrac{1}{C_n}} \qquad ①$$

$$C_P＝C_1+C_2+C_3+\cdots+C_n \qquad ②$$

図11-2　直列静電容量 C_S

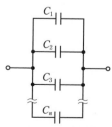

図11-3　並列静電容量 C_P

Point 高圧進相コンデンサの静電容量を①式により計算する。

問 12　出題分野＜電気施設管理＞　難易度 ★★★　重要度 ★★★

　出力600[kW]の太陽電池発電所を設置したショッピングセンターがある。ある日の太陽電池発電所の発電の状況とこのショッピングセンターにおける電力消費は図に示すとおりであった。すなわち，発電所の出力は朝の6時から12時まで直線的に増大し，その後は夕方18時まで直線的に下降した。また，消費電力は深夜0時から朝の10時までは100[kW]，10時から17時までは300[kW]，17時から21時までは400[kW]，21時から24時は100[kW]であった。

　このショッピングセンターは自然エネルギーの活用を推進しており太陽電池発電所の発電電力は自家消費しているが，その発電電力が消費電力を上回って余剰を生じたときは電力系統に送電している。次の（a）及び（b）の問に答えよ。

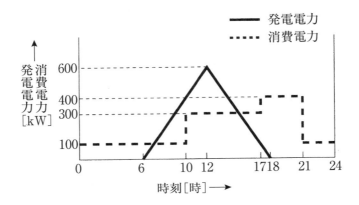

（a）　この日，太陽電池発電所から電力系統に送電した電力量[kW·h]の値として，最も近いものを次の（1）～（5）のうちから一つ選べ。
　　（1）　900　　　　（2）　1 300　　　　（3）　1 500　　　　（4）　2 200　　　　（5）　3 600

（b）　この日，ショッピングセンターで消費した電力量に対して太陽電池発電所が発電した電力量により自給した比率[%]として，最も近いものを次の（1）～（5）のうちから一つ選べ。
　　（1）　35　　　　（2）　38　　　　（3）　46　　　　（4）　52　　　　（5）　58

問12 (a) の解答　出題項目＜系統連系＞　　　答え (2)

ショッピングセンターの太陽電池発電所から電力系統に送電した電力量 W_{ps}[kW·h]を求める。

図 12-1 において，W_{ps} は縦軸を電力，横軸を時間としたときの網掛部面積である。

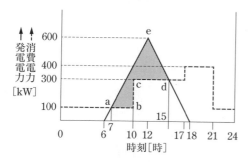

図 12-1　発電電力，消費電力

図 12-1 において，発電電力と時刻との関係は，6 時に 0 kW，12 時に 600 kW で，18 時に 0 kW となり，変化は直線状である。

6 時から 12 時の間の任意の時刻 t における発電電力 P_t は，三角形の相似により，

$$\frac{P_t}{t-6}=\frac{600-0}{12-6}=100 \quad (6<t<12)$$

$$P_t=100(t-6)[\text{kW}] \qquad ①(6\text{-}12\text{ 時})$$

また，12 時から 18 時の間の任意の時刻 t における発電電力 P_t は，

$$\frac{P_t}{18-t}=\frac{600-0}{18-12}=100 \quad (12<t<18)$$

$$P_t=100(18-t)[\text{kW}] \qquad ②(12\text{-}18\text{ 時})$$

となる。

図 12-1 の a 点の時刻 t を①式から計算する。

$$P_t=100=100(t-6), \quad t-6=1$$

$$t=1+6=7[\text{h}]$$

図 12-1 の d 点の時刻 t を②式から計算する。

$$P_t=300=100(18-t), \quad 18-t=3$$

$$t=18-3=15[\text{h}]$$

送電電力量 W_s[kW·h]は，図 12-1 の点 6-e-18-6 で囲まれた三角形の面積から点 6-a-b-c-d-18-6 で囲まれた多角形の面積を引いた値である。

（A）　6-e-18-6 の三角形面積

$$\frac{1}{2}\times 600\times(18-6)=3\,600[\text{kW·h}]$$

（B）　6-a-b-c-d-18-6 の多角形面積

$$\frac{1}{2}\times 100\times(7-6)+100\times(10-7)+300$$

$$\times(15-10)+\frac{1}{2}\times 300\times(18-15)=2\,300[\text{kW·h}]$$

発電電力量 W_s は，①式－②式より，

$$W_s=(\text{A})-(\text{B})=3\,600-2\,300=1\,300[\text{kW·h}]$$

問12 (b) の解答　出題項目＜系統連系＞　　　答え (3)

図 12-1 からショッピングセンターで消費した電力量 W_d を計算する。

まず，各時間の消費電力を求める。

① 0～10 時

$$W_{d0-10}=100\times(10-0)=1\,000[\text{kW·h}]$$

② 10～17 時

$$W_{d10-17}=300\times(17-10)=2\,100[\text{kW·h}]$$

③ 17～21 時

$$W_{d17-21}=400\times(21-17)=1\,600[\text{kW·h}]$$

④ 21～24 時

$$W_{d21-24}=100\times(24-21)=300[\text{kW·h}]$$

$$W_d=W_{d0-10}+W_{d10-17}+W_{d17-21}+W_{d21-24}$$

$$=1\,000+2\,100+1\,600+300=5\,000[\text{kW·h}]$$

太陽電池発電所で発電した電力量により自給した電力量は，(a) で求めた (B) の面積：2 300 kW である。

よって，自給した比率は，

$$自給比率=\frac{自給した電力量}{消費電力量}\times 100[\%] \qquad ③$$

③式に数値を代入すると，

$$自給比率=\frac{2\,300}{5\,000}\times 100=46.0[\%]$$

Point 送電電力量＝発電電力量－消費電力量

問 13　出題分野＜電技解釈＞　　難易度 ★★★　　重要度 ★★★

　変圧器によって高圧電路に結合されている低圧電路に施設された使用電圧 100[V] の金属製外箱を有する電動ポンプがある。この変圧器の B 種接地抵抗値及びその低圧電路に施設された電動ポンプの金属製外箱の D 種接地抵抗値に関して，次の（ a ）及び（ b ）の問に答えよ。

　ただし，次の条件によるものとする。

　　（ア）　変圧器の高圧側電路の 1 線地絡電流は 3[A] とする。

　　（イ）　高圧側電路と低圧側電路との混触時に低圧電路の対地電圧が 150[V] を超えた場合に，1.2 秒で自動的に高圧電路を遮断する装置が設けられている。

（ a ）　変圧器の低圧側に施された B 種接地工事の接地抵抗値について，「電気設備技術基準の解釈」で許容されている上限の抵抗値 [Ω] として，最も近いものを次の（ 1 ）〜（ 5 ）のうちから一つ選べ。

　　（ 1 ）　10　　　（ 2 ）　25　　　（ 3 ）　50　　　（ 4 ）　75　　　（ 5 ）　100

（ b ）　電動ポンプに完全地絡事故が発生した場合，電動ポンプの金属製外箱の対地電圧を 25[V] 以下としたい。このための電動ポンプの金属製外箱に施す D 種接地工事の接地抵抗値 [Ω] の上限値として，最も近いものを次の（ 1 ）〜（ 5 ）のうちから一つ選べ。

　　ただし，B 種接地抵抗値は，上記（ a ）で求めた値を使用する。

　　（ 1 ）　15　　　（ 2 ）　20　　　（ 3 ）　25　　　（ 4 ）　30　　　（ 5 ）　35

問13（a）の解答　出題項目＜17条＞

題意の条件および電技解釈第17条(接地工事の種類及び施設方法)に基づき，B種接地工事の接地抵抗の上限値 R_B を計算する。

高圧電路の1線地絡電流は $I_g = 3[A]$ である。

混触時に低圧電路の対地電圧が 150 V を超え

た場合 1.2 秒（1秒を超え 2 秒以内）で自動的に高圧電路を遮断する装置が設けられているため，

$$R_B = \frac{300}{I_g} = \frac{300}{3} = 100[\Omega]$$

問13（b）の解答　出題項目＜17条＞

電動ポンプの金属製外箱に完全地絡を生じたときの等価回路を図13-1に示す。

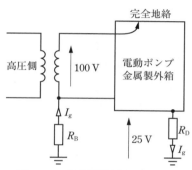

図13-1　金属性外箱の完全地絡

地絡により，低圧の電源電圧 100 V が B 種接地抵抗 R_B および D 種接地抵抗 R_D に直列に加わり，地絡電流 I_g が流れる。I_g をオームの法則により表すと，

$$I_g = \frac{100}{R_B + R_D} = \frac{100}{100 + R_D}[A] \qquad ①$$

R_D に加わる電圧を 25 V 以内とする R_D の上限値を表すと，

$$R_D I_g = R_D \frac{100}{100 + R_D} < 25[V]$$

上式を変形して，

$100 R_D < 25 \times (100 + R_D)$　＊両辺を 25 で割る

$4 R_D < 100 + R_D$

$3 R_D < 100$

$$\therefore R_D < \frac{100}{3} = 33.33[\Omega] \quad \rightarrow \quad 30 \ \Omega$$

解説

高圧電路に接続された変圧器の低圧側に施す B

種接地抵抗の上限値は，電技解釈第 17 条により次の②式で表される。

B 種接地抵抗値

$$\frac{150}{I}, \ \frac{300}{I}, \ \frac{600}{I}[\Omega] \qquad ②$$

ここで，分子は混触時の高圧側遮断時間により，

150：2 秒を超える

300：1 秒を超え 2 秒以内

600：1 秒以内

となる。本問の場合，題意より分子は 300 である。

混触時の等価回路は，B 種接地抵抗と D 種接地抵抗の直列回路とわかれば，オームの法則により解くことができる。

金属製鉄箱の電圧を 25 V 以内とするのは 25 V 以内であれば安全と考えられるからである。

なお，B 種接地抵抗の値が低いと，金属製鉄箱の電圧を 25 V 以内とする D 種接地抵抗の値も低くなる。B 種接地抵抗値が $R_B = 5[\Omega]$ の場合，①式により R_D' を求めると，

$$R_D I_g = R_D' \frac{100}{5 + R_D'} < 25$$

$$100 R_D' < 25(5 + R_D') = 125 + 25 R_D'$$

$$75 R_D' < 125$$

$$\therefore R_D' < \frac{125}{75} = 1.667[\Omega]$$

計算結果から，B 種接地抵抗の値が低いと，D 種接地抵抗値を低くする必要があり，接地工事が困難になることがわかる。

Point 地絡時の等価回路を描いて，金属製外箱の対地電圧を計算できるようにする。

令和4 (2022)
令和3 (2021)
令和2 (2020)
令和元 (2019)
平成30 (2018)
平成29 (2017)
平成28 (2016)
平成27 (2015)
平成26 (2014)
平成25 (2013)
平成24 (2012)
平成23 (2011)
平成22 (2010)
平成21 (2009)
平成20 (2008)

法 規 平成24年度(2012年度)

注1　問題文中に「電気設備技術基準」とあるのは,「電気設備に関する技術基準を定める省令」の略である。

注2　問題文中に「電気設備技術基準の解釈」とあるのは,電気事業法に基づく経済産業大臣の処分に係る審査基準等のうちの「電気設備の技術基準の解釈について」の略である。

A 問 題 （配点は1問題当たり6点）

問1　出題分野＜電気事業法＞　難易度 ★★★　重要度 ★★★

次の文章は,「電気事業法」における,電気の使用制限等に関する記述である。

　(ア)　は,電気の需給の調整を行わなければ電気の供給の不足が国民経済及び国民生活に悪影響を及ぼし,公共の利益を阻害するおそれがあると認められるときは,その事態を克服するため必要な限度において,政令で定めるところにより,　(イ)　の限度,　(ウ)　の限度,用途若しくは使用を停止すべき　(エ)　を定めて,小売電気事業者,一般送配電事業者若しくは登録特定送配電事業者の供給する電気の使用を制限し,又は　(オ)　電力の容量の限度を定めて,小売電気事業者,一般送配電事業者若しくは登録特定送配電事業者からの　(オ)　を制限することができる。

上記の記述中の空白箇所(ア),(イ),(ウ),(エ)及び(オ)に当てはまる組合せとして,正しいものを次の(1)～(5)のうちから一つ選べ。

	(ア)	(イ)	(ウ)	(エ)	(オ)
(1)	経済産業大臣	使用電力量	使用最大電力	区　域	受　電
(2)	内閣総理大臣	供給電力量	供給最大電力	区　域	送　電
(3)	経済産業大臣	供給電力量	供給最大電力	区　域	送　電
(4)	内閣総理大臣	使用電力量	使用最大電力	日　時	受　電
(5)	経済産業大臣	使用電力量	使用最大電力	日　時	受　電

問2　出題分野＜電気事業法＞　難易度 ★★★　重要度 ★★★

次の文章は,「電気事業法」に基づく,立入検査に関する記述の一部である。

経済産業大臣は,　(ア)　に必要な限度において,経済産業省の職員に,電気事業者の事業所,その他事業場に立ち入り,業務の状況,電気工作物,書類その他の物件を検査させることができる。また,自家用電気工作物を設置する者の工場,事務所その他の事業場に立ち入り,電気工作物,書類その他の物件を検査させることができる。

立入検査をする職員は,その　(イ)　を示す証明書を携帯し,関係人の請求があったときは,これを提示しなければならない。

立入検査の権限は　(ウ)　のために認められたものと解釈してはならない。

上記の記述中の空白箇所(ア),(イ)及び(ウ)に当てはまる組合せとして,正しいものを次の(1)～(5)のうちから一つ選べ。

	(ア)	(イ)	(ウ)
(1)	電気事業法の施行	理　由	行政処分
(2)	緊急時	身　分	犯罪捜査
(3)	緊急時	理　由	行政処分
(4)	電気事業法の施行	身　分	犯罪捜査
(5)	緊急時	身　分	行政処分

問1の解答　出題項目＜34条＞

電気事業法第34条（電気の使用制限等）からの出題である。

第1項　**経済産業大臣**は，電気の需給の調整を行わなければ電気の供給の不足が国民経済及び国民生活に悪影響を及ぼし，公共の利益を阻害するおそれがあると認められるときは，その事態を克服するため必要な限度において，政令で定めるところにより，**使用電力量**の限度，**使用最大電力**の限度，用途若しくは使用を停止すべき**日時**を定めて，小売電気事業者，一般送配電事業者若しくは登録特定送配電事業者（以下，「小売電気事業者等」という。）から電気の供給を受ける者に対し，小売電気事業者等の供給する電気の使用を制限すべきこと又は**受電**電力の容量の限度を定めて，小売電気事業者等から電気の供給を受ける者に対し，小売電気事業者等からの**受電**を制限すべきことを命じ，又は勧告することができる。

第2項　経済産業大臣は，前項の規定の施行に必要な限度において，政令で定めるところにより，小売電気事業者等から電気の供給を受ける者に対し，小売電気事業者等が供給する電気の使用の状況その他必要な事項について報告を求めることができる。

解説

電気事業法第34条（電気の使用制限等）の具体的内容は，以下の電気事業法施行令第4条（電気の使用制限等）で規定されている。

第1項　**使用電力量の限度又は使用最大電力の限度**を定めてする小売電気事業者等の供給する電気の使用を制限すべきことの**命令又は勧告**は，**500 kW 以上の受電電力**の容量をもって小売電気事業者等の供給する電気を使用する者について行うものでなければならない。

第2項　小売電気事業者等の供給する電気の使用を制限すべきことの命令又は勧告は，装飾用，広告用その他これらに類する用途について行うものでなければならない。

第3項　使用を停止すべき日時を定めてする小売電気事業者等の供給する電気の使用を制限すべきことの命令又は勧告は，**1週につき2日を限度**として行うものでなければならない。

第4項　受電電力の容量の限度を定めてする小売電気事業者等からの**受電を制限すべきことの命令又は勧告**は，**3 000 kW 以上**の受電電力の容量をもって小売電気事業者等から電気の供給を受けようとする者について行うものでなければならない。

問2の解答　出題項目＜107条＞

電気事業法第107条（立入検査）からの出題である。

第1項　主務大臣は，**電気事業法の施行**に必要な限度において，その職員に，原子力発電工作物を設置する者又はボイラー等の溶接をする者の工場又は営業所，事務所その他の事業場に立ち入り，原子力発電工作物，帳簿，書類その他の物件を検査させることができる。

第2項　経済産業大臣は，前項の規定による立入検査のほか，この法律の施行に必要な限度において，その職員に，電気事業者の営業所，事務所

その他の事業場に立ち入り，業務若しくは経理の状況又は電気工作物，帳簿，書類その他の物件を検査させることができる。

第8項　立入検査をする**職員**は，その**身分を示す証明書**を携帯し，関係人の請求があったときは，これを提示しなければならない。

第13項　立入検査の権限は，**犯罪捜査**のために認められたものと解釈してはならない。

補足　立入検査は，事業用電気工作物の設置者の保安業務などについて適正化を図るために行われる。

令和4 (202

令和3 (202

令和2 (202

令和元 (2019

平成30 (2018

平成29 (2017

平成28 (2016

平成27 (2015

平成26 (2014

平成25 (2013

平成24 (2012

平成23 (2011

平成22 (2010

平成21 (2009

平成20 (2008

問 3　出題分野＜電気事業法，電技＞　難易度 ★★★　重要度 ★★★

次の a から c の文章は，電気設備に係る公害等の防止に関する記述の一部である。
「電気事業法」並びに「電気設備技術基準」及び「電気設備技術基準の解釈」に基づき，適切なものと不適切なものの組合せとして，正しいものを次の（1）～（5）のうちから一つ選べ。

a．電気事業法において，電気工作物の工事，維持及び運用を規制するのは，公共の安全を確保し，及び環境の保全を図るためである。

b．変電所，開閉所若しくはこれらに準ずる場所に設置する，大気汚染防止法に規定するばい煙発生施設（一定の燃焼能力以上のガスタービン及びディーゼル機関）から発生するばい煙の排出に関する規制については，電気設備技術基準など電気事業法の相当規定の定めるところによることとなっている。

c．電気機械器具であって，ポリ塩化ビフェニルを含有する絶縁油を使用するものは，新しく電路に施設してはならない。ただし，この規制が施行された時点で現に電路に施設されていたものは，一度取り外しても，それを流用，転用するため新たに電路に施設することができる。

	a	b	c
（1）	適　切	適　切	適　切
（2）	適　切	適　切	不適切
（3）	適　切	不適切	不適切
（4）	不適切	適　切	適　切
（5）	不適切	不適切	適　切

問 4　出題分野＜風力電技＞　難易度 ★★★　重要度 ★★★

次の文章は，「発電用風力設備に関する技術基準を定める省令」における，風車を支持する工作物に関する記述である。

a．風車を支持する工作物は，自重，積載荷重，　（ア）　及び風圧並びに地震その他の振動及び　（イ）　に対して構造上安全でなければならない。

b．発電用風力設備が一般用電気工作物である場合には，風車を支持する工作物に取扱者以外の者が容易に　（ウ）　ことができないように適切な措置を講じること。

上記の記述中の空白箇所（ア），（イ）及び（ウ）に当てはまる組合せとして，正しいものを次の（1）～（5）のうちから一つ選べ。

	（ア）	（イ）	（ウ）
（1）	飛来物	衝　撃	登　る
（2）	積　雪	腐　食	接近する
（3）	飛来物	衝　撃	接近する
（4）	積　雪	衝　撃	登　る
（5）	飛来物	腐　食	接近する

問3の解答　出題項目＜法1条，電技19条＞　　答え　(2)

電気事業法第1条(目的)および電技第19条(公害等の防止)からの出題である。

a　正。電気事業法第1条(目的)

この法律は，電気事業の運営を適正かつ合理的ならしめることによって，電気の使用者の利益を保護し，及び電気事業の健全な発達を図るとともに，電気工作物の**工事，維持及び運用を規制**することによって，**公共の安全を確保**し，及び**環境の保全を図る**ことを目的とする。

b　正。電技第19条(公害等の防止)

第1項　発電用火力設備に関する技術基準を定める省令第4条第1項及び第2項の規定は，変電所，開閉所若しくはこれらに準ずる場所に設置する電気設備又は電力保安通信設備に附属する電気設備について準用する。←大気汚染防止法のばい煙排出量を引用して規制している

c　誤。電技第19条(公害等の防止)

第14項　ポリ塩化ビフェニルを含有する絶縁油を使用する電気機械器具は，**電路に施設してはならない。**←流用や転用施設も禁止

解説

解釈第32条(ポリ塩化ビフェニル使用電気機械器具の施設禁止)

ポリ塩化ビフェニル(**図3-1**)を含有する絶縁油とは，絶縁油に含まれるポリ塩化ビフェニルの量が試料**1 kg**につき**0.5 mg**以下である絶縁油以外のものである。

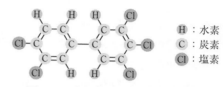

H：水素
C：炭素
Cl：塩素

図3-1　ポリ塩化ビフェニルの構造

補足　ポリ塩化ビフェニル(PCB)を含有する絶縁油は，絶縁性能がよいことから変圧器や電力用コンデンサ(**図3-2**)などの電気機器の絶縁に使用されてきたが，**人体への毒性**がある等のため，昭和49年から**製造，輸入，使用**が原則として**禁止**されている。

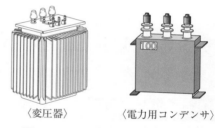

〈変圧器〉　　〈電力用コンデンサ〉

図3-2　PCBが使用されてきた機器

問4の解答　出題項目＜7条＞　　答え　(4)

「発電用風力設備に関する技術基準を定める省令」第7条(風車を支持する工作物)からの出題である。

第1項　風車を支持する工作物は，**自重，積載荷重，積雪及び風圧**並びに**地震その他の振動及び衝撃**に対して構造上安全でなければならない。

第2項　発電用風力設備が一般用電気工作物である場合には，風車を支持する工作物に**取扱者以外の者が容易に登る**ことができないように適切な措置を講じること。

風車の回転による共振が考えられる

重量が大きいブレードやナセルが積載されている

構造上安全なもの

図4-1　風車を支持する工作物

問5 出題分野＜電技，電技解釈＞ | 難易度 ★★☆ | 重要度 ★★★

次の文章は，「電気設備技術基準」における電路の絶縁に関する記述の一部である。

"電路は，大地から絶縁しなければならない。ただし，構造上やむを得ない場合であって通常予見される使用形態を考慮し危険のおそれがない場合，又は混触による高電圧の侵入等の異常が発生した際の危険を回避するための接地その他の保安上必要な措置を講ずる場合は，この限りでない。"

次のaからdのうち，下線部の場合に該当するものの組み合わせを，「電気設備技術基準の解釈」に基づき，下記の（1）～（5）のうちから一つ選べ。

a. 架空単線式電気鉄道の帰線
b. 電気炉の炉体及び電源から電気炉用電極に至る導線
c. 電路の中性点に施す接地工事の接地点以外の接地側電路
d. 計器用変成器の2次側電路に施す接地工事の接地点

（1） a, b 　　（2） b, c 　　（3） c, d 　　（4） a, d 　　（5） b, d

問6 出題分野＜電技解釈＞ | 難易度 ★★☆ | 重要度 ★★★

「電気設備技術基準の解釈」に基づく，接地工事に関する記述として，誤っているものを次の（1）～（5）のうちから一つ選べ。

（1） 大地との間の電気抵抗値が2[Ω]以下の値を保っている建物の鉄骨その他の金属体は，非接地式高圧電路に施設する機械器具等に施すA種接地工事又は非接地式高圧電路と低圧電路を結合する変圧器に施すB種接地工事の接地極に使用することができる。

（2） 22[kV]用計器用変成器の2次側電路には，D種接地工事を施さなければならない。

（3） A種接地工事又はB種接地工事に使用する接地線を，人が触れるおそれがある場所で，鉄柱その他の金属体に沿って施設する場合は，接地線には絶縁電線（屋外用ビニル絶縁電線を除く。）又は通信用ケーブル以外のケーブルを使用しなければならない。

（4） C種接地工事の接地抵抗値は，低圧電路において地絡を生じた場合に，0.5秒以内に当該電路を自動的に遮断する装置を施設するときは，500[Ω]以下であること。

（5） D種接地工事の接地抵抗値は，低圧電路において地絡を生じた場合に，0.5秒以内に当該電路を自動的に遮断する装置を施設するときは，500[Ω]以下であること。

問5の解答　　出題項目＜電技5条，解釈13条＞　　答え　（4）

電技第5条(電路の絶縁)および電技解釈第13条(電路の絶縁)からの出題である。

電技第5条(電路の絶縁)

第1項　電路は，大地から絶縁しなければならない。ただし，構造上やむを得ない場合であって通常予見される使用形態を考慮し危険のおそれがない場合，又は混触による高電圧の侵入等の異常が発生した際の危険を回避するための接地その他の保安上必要な措置を講ずる場合は，この限りでない。

電技解釈第13条(電路の絶縁)

電路は，次の各号に掲げる部分を除き大地から絶縁すること。

一　接地工事を施す場合の**接地点**

二　次に掲げるものの絶縁できないことがやむを得ない部分

イ　接触電線，エックス線発生装置，試験用変圧器，電力線搬送用結合リアクトル，電気さく用電源装置，電気防食用の陽極，**単線式電気鉄道の**帰線，電極式液面リレーの電極等，電路の一部を大地から絶縁せずに電気を使用することがやむを得ないもの

ロ　電気浴器，**電気炉**，電気ボイラー，電解槽等，大地から絶縁することが技術上困難なもの

a　正。架空**単線式電気鉄道の帰線**は，電路を大地から絶縁しなくてもよい。

b　誤。**電気炉**自体であれば，電路を大地から絶縁しなくてもよいが，電源から電気炉用電極に至る導線は絶縁しなくてもよい条件に含まれていない。

c　誤。**接地点**は電路を大地から絶縁しなくてもよいが，電路の中性点に施す接地工事の接地点以外の接地側電路は絶縁しなくてもよい条件に含まれていない。

d　正。計器用変成器の二次側電路に施す接地工事の**接地点**は，電路を大地から絶縁しなくてもよい。

問6の解答　　出題項目＜17, 18, 28条＞　　答え　（2）

（1）正。電技解釈第18条(工作物の金属体を利用した接地工事)

第2項　大地との間の電気抵抗値が**2Ω以下**の値を保っている建物の鉄骨その他の金属体は，これを次の各号に掲げる接地工事の接地極に使用することができる。

一　**非接地式**高圧電路に施設する機械器具等に施す**A種接地工事**

二　**非接地式**高圧電路と低圧電路を結合する変圧器に施す**B種接地工事**

（2）誤。電技解釈第28条(計器用変成器の2次側電路の接地)

第2項　特別高圧計器用変成器の2次側電路には，**A種接地工事**を施すこと。

（3）正。電技解釈第17条(接地工事の種類及び施設方法)第1項第三号ハおよび第2項第四号の規定文そのものである。

（4）正。電技解釈第17条(接地工事の種類及び施設方法)

第3項　**C種接地工事**は，次の各号によること。

一　接地抵抗値は，**10Ω**(低圧電路において，地絡を生じた場合に**0.5秒以内**に当該電路を自動的に遮断する装置を施設するときは，**500Ω**)以下であること。

（5）正。電技解釈第17条

第4項　**D種接地工事**は，次の各号によること。

一　接地抵抗値は，**100Ω**(低圧電路において，地絡を生じた場合に**0.5秒以内**に当該電路を自動的に遮断する装置を施設するときは，**500Ω**)以下であること。

令和 4 (2022)
令和 3 (202
令和 2 (2020)
令和元 (2019
平成 30 (2018)
平成 29 (2017)
平成 28 (2016)
平成 27 (2015)
平成 26 (2014)
平成 25 (2013)
平成 24 (2012)
平成 23 (2011)
平成 22 (2010)
平成 21 (2009)
平成 20 (2008)

問 7　出題分野＜電技解釈＞　　　難易度 ★★★　重要度 ★★★

　架空電線路の支持物に，取扱者が昇降に使用する足場金具等を地表上 1.8[m] 未満に施設することができる場合として，「電気設備技術基準の解釈」に基づき，不適切なものを次の（1）～（5）のうちから一つ選べ。

（1）　監視装置を施設する場合
（2）　足場金具等が内部に格納できる構造である場合
（3）　支持物に昇塔防止のための装置を施設する場合
（4）　支持物の周囲に取扱者以外の者が立ち入らないように，さく，へい等を施設する場合
（5）　支持物を山地等であって人が容易に立ち入るおそれがない場所に施設する場合

問 8　出題分野＜電技解釈＞　　　難易度 ★★★　重要度 ★★★

　次の文章は，「電気設備技術基準の解釈」に基づく，高圧架空電線路の電線の断線，支持物の倒壊等による危険を防止するため必要な場合に行う，高圧保安工事に関する記述の一部である。

a.　電線は，ケーブルである場合を除き，引張強さ　（ア）　[kN] 以上のもの又は直径 5[mm] 以上の　（イ）　であること。

b.　木柱の　（ウ）　荷重に対する安全率は，2.0 以上であること。

c.　径間は，電線に引張強さ　（ア）　[kN] のもの又は直径 5[mm] の　（イ）　を使用し，支持物に B 種鉄筋コンクリート柱又は B 種鉄柱を使用する場合の径間は　（エ）　[m] 以下であること。

　上記の記述中の空白箇所（ア），（イ），（ウ）及び（エ）に当てはまる組合せとして，正しいものを次の（1）～（5）のうちから一つ選べ。

	（ア）	（イ）	（ウ）	（エ）
（1）	8.71	硬銅線	垂　直	100
（2）	8.01	硬銅線	風　圧	150
（3）	8.01	高圧絶縁電線	垂　直	400
（4）	8.71	高圧絶縁電線	風　圧	150
（5）	8.01	硬銅線	風　圧	100

（一部改題）

問7の解答　出題項目＜53条＞　答え　(1)

電技解釈第53条(架空電線路の支持物の昇塔防止)からの出題で，架空電線路の支持物に取扱者が昇降に使用する足場金具等を施設する場合は，地表上1.8 m以上に施設することとされているが，1.8 m未満に施設できる例外規定がある。

（1）　誤。「監視装置を施設する場合」については，例外規定に定められていない。

（2）　正。足場金具等が内部に格納できる構造である場合(第一号)

（3）　正。支持物に昇塔防止のための装置を施設する場合(第二号)(図7-1)

（4）　正。支持物の周囲に取扱者以外の者が立ち入らないように，さく，へい等を施設する場合(第三号)

（5）　正。支持物を山地等であって人が容易に立ち入るおそれがない場所に施設する場合(第四号)

図7-1　鉄塔昇塔防止金具

問8の解答　出題項目＜70条＞　答え　(2)

電技解釈第70条(低圧保安工事，高圧保安工事及び連鎖倒壊防止)からの出題である。

第2項　高圧架空電線路の電線の断線，支持物の倒壊等による危険を防止するため必要な場合に行う，高圧保安工事は，次の各号によること。

一　電線はケーブルである場合を除き，引張強さ8.01 kN以上のもの又は直径5 mm以上の硬銅線であること。

二　木柱の風圧荷重に対する安全率は，2.0以上であること。

三　径間は，下表によること。ただし，電線に引張強さ14.51 kN以上のもの又は断面積38 mm²以上の硬銅より線を使用する場合であって，支持物にB種鉄筋コンクリート柱，B種鉄柱又は鉄塔を使用するときは，この限りでない。

支持物の種類	径間
木柱，A種鉄筋コンクリート柱又はA種鉄柱	100 m以下
B種鉄筋コンクリート柱又はB種鉄柱	150 m以下
鉄塔	400 m以下

解説

高圧保安工事や低圧保安工事は，架空電線が建造物，道路，横断歩道橋，鉄道，軌道，索道，他の高圧や低圧架空電線，電車線等，架空弱電流電線，アンテナ，他の工作物と接近または交差する場合に，一般の工事よりも強化することを規定している。

補足　保安工事について，特に覚えておくべきポイントは，以下のとおりである。

●低圧保安工事

① 電線は，次のいずれかによること。

・ケーブル

・引張強さ8.01 kN以上のものまたは直径5 mm以上の硬銅線(使用電圧が300 V以下の場合は，引張強さ5.26 kN以上のものまたは直径4 mm以上の硬銅線)

② 木柱は，次によること。

・風圧荷重に対する安全率は，2.0以上であること。

・木柱の太さは，末口で直径12 cm以上であること。

●高圧保安工事

① 電線はケーブルである場合を除き，引張強さ8.01 kN以上のものまたは直径5 mm以上の硬銅線であること。

② 木柱の風圧荷重に対する安全率は，2.0以上であること。

問9　出題分野＜電技解釈＞　　　　難易度 ★★★　重要度 ★★★

次の文章は，「電気設備技術基準の解釈」に基づく，低圧屋内幹線に使用する電線の許容電流とその幹線を保護する遮断器の定格電流との組み合わせに関する工事例である。ここで，当該低圧幹線に接続する負荷のうち，電動機又はこれに類する起動電流が大きい電気機械器具を「電動機等」という。

a. 電動機等の定格電流の合計が40[A]，他の電気使用機械器具の定格電流の合計が30[A]のとき，許容電流 （ア） [A]以上の電線と定格電流が （イ） [A]以下の過電流遮断器とを組み合わせて使用した。

b. 電動機等の定格電流の合計が20[A]，他の電気使用機械器具の定格電流の合計が50[A]のとき，許容電流 （ウ） [A]以上の電線と定格電流が100[A]以下の過電流遮断器とを組み合わせて使用した。

c. 電動機等の定格電流の合計が60[A]，他の電気使用機械器具の定格電流の合計が0[A]のとき，許容電流66[A]以上の電線と定格電流が （エ） [A]以下の過電流遮断器とを組み合わせて使用した。

上記の記述中の空白箇所（ア），（イ），（ウ）及び（エ）に当てはまる組合せとして，正しいものを次の（1）～（5）のうちから一つ選べ。

	（ア）	（イ）	（ウ）	（エ）
（1）	85	150	75	200
（2）	85	160	70	165
（3）	80	160	75	165
（4）	80	150	70	200
（5）	80	150	70	165

問10　出題分野＜電技解釈＞　　　　難易度 ★★☆　重要度 ★★★

公称電圧6 600[V]の三相3線式中性点非接地方式の架空配電線路（電線はケーブル以外を使用）があり，そのこう長は20[km]である。この配電線路に接続される柱上変圧器の低圧電路側に施設されるB種接地工事の接地抵抗値[Ω]の上限として，「電気設備技術基準の解釈」に基づき，正しいものを次の（1）～（5）のうちから一つ選べ。

ただし，高圧電路と低圧電路の混触により低圧電路の対地電圧が150[V]を超えた場合に，1秒以内に自動的に高圧電路を遮断する装置を施設しているものとする。

なお，高圧配電線路の1線地絡電流 I_g[A]は，次式によって求めるものとする。

$$I_g = 1 + \frac{\frac{V}{3}L - 100}{150} \text{[A]}$$

Vは，配電線路の公称電圧を1.1で除した電圧[kV]

Lは，同一母線に接続される架空配電線路の電線延長[km]

（1）　75　　　　（2）　150　　　　（3）　225　　　　（4）　300　　　　（5）　600

（一部改題）

問 9 の解答　　出題項目＜148 条＞

答え　(5)

電技解釈第 148 条(低圧幹線の施設)からの出題であり、解説に示す式を用いて電流を算出する。

a　電線の許容電流 I_A

$I_M > I_H$ で、$I_M \leqq 50$[A]であるので、

$I_A \geqq 1.25 I_M + I_H = 1.25 \times 40 + 30 = \underline{\underline{80}}$[A]

過電流遮断器の定格電流 I_B

$3 I_M + I_H = 3 \times 40 + 30 = 150$[A]

$2.5 I_A = 2.5 \times 80 = 200$[A]

∴　$I_B \leqq 3 I_M + I_H = 3 \times 40 + 30 = \underline{\underline{150}}$[A]

b　電線の許容電流 I_A

$I_H \geqq I_M$ であるので、

$I_A \geqq I_M + I_H = 20 + 50 = \underline{\underline{70}}$[A]

c　電線の許容電流 I_A

$I_M > I_H$ で、$I_M > 50$[A]であるので、

$I_A \geqq 1.1 I_M + I_H = 1.1 \times 60 + 0 = 66$[A]

過電流遮断器の定格電流 I_B

$3 I_M + I_H = 3 \times 60 + 0 = 180$[A]

$2.5 I_A = 2.5 \times 66 = 165$[A]

∴　$I_B \leqq 2.5 I_A = \underline{\underline{165}}$[A]

解 説

幹線の許容電流 I_A および幹線の過電流遮断器

の定格電流 I_B の求め方は、次による。

① 幹線の許容電流の求め方

電動機の定格電流の合計を I_M[A]、他の電気使用機械器具の定格電流の合計を I_H[A]とすると、幹線の許容電流 I_A[A]は、

・$I_H \geqq I_M$ の場合……→$I_A \boxed{\geqq} I_M \boxed{+} I_H$

・$I_M > I_H$ の場合

・$I_M \leqq 50$[A]の場合…→$I_A \boxed{\geqq 1.25} I_M \boxed{+} I_H$

・$I_M > 50$[A]の場合…→$I_A \boxed{\geqq 1.1} I_M \boxed{+} I_H$

② 幹線の過電流遮断器の定格電流の求め方

幹線の過電流遮器の定格電流 I_B[A]の求め方は、図 9-1 のフローによる。

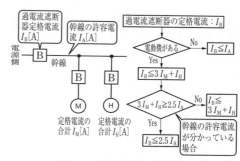

図 9-1　定格電流の求め方

問 10 の解答　　出題項目＜17 条＞

答え　(4)

電技解釈第 17 条(接地工事の種類及び施設方法)からの出題である。

中性点非接地式高圧配電線の 1 線地絡電流 I_g は、次式で計算できる。

$$I_g = 1 + \frac{\dfrac{VL}{3} - 100}{150} = 1 + \frac{\dfrac{6 \times 60}{3} - 100}{150}$$

$$\fallingdotseq 1.13[\text{A}]$$

第 2 項第二号ロで、「高圧電路においては、計算式により計算した値の計算結果は、小数点以下を切り上げ、2 A 未満となる場合は 2 A とする。」と規定されているので、$I_g = 2$[A]となる。

また、高圧電路と低圧電路の混触により低圧電路の対地電圧が 150 V を超えた場合に、1 秒以内

に自動的に高圧電路を遮断する装置が施設されているので、B 種接地工事の接地抵抗値 R_B は、

$$R_B \leqq \frac{600}{I_g} = \frac{600}{2} = 300[\Omega]$$

解 説

B 種接地工事の接地抵抗値 R_B の算出は、高低圧混触時に、低圧電路の対地電圧が 150 V を超えた場合に

①　**1 秒以内**に電路を自動遮断する場合は、$R_B \leqq 600 / I_g$[Ω]

②　1 秒を超え **2 秒以内**に電路を自動遮断する場合は、$R_B \leqq 300 / I_g$[Ω]

③　その他の場合は、$R_B \leqq 150 / I_g$[Ω]

令和4 (2022)　令和3 (2021)　令和2 (2020)　令和元 (2019)　平成30 (2018)　平成29 (2017)　平成28 (2016)　平成27 (2015)　平成26 (2014)　平成25 (2013)　平成24 (2012)　平成23 (2011)　平成22 (2010)　平成21 (2009)　平成20 (2008)

Ｂ 問 題

（問 11 及び問 12 の配点は 1 問題当たり（ａ）6 点，（ｂ）7 点，計 13 点，問 13 の配点は（ａ）7 点，（ｂ）7 点，計 14 点）

問11　出題分野＜電技解釈，電気施設管理＞　難易度 ★★★　重要度 ★★☆

公称電圧 6 600[V]，周波数 50[Hz] の三相 3 線式配電線路から受電する需要家の 竣 工時における自主検査で，高圧引込ケーブルの交流絶縁耐力試験を「電気設備技術基準の解釈」に基づき実施する場合，次の（ａ）及び（ｂ）の問に答えよ。

ただし，試験回路は図のとおりとし，この試験は 3 線一括で実施し，高圧引込ケーブル以外の電気工作物は接続されないものとし，各試験器の損失は無視する。

また，試験対象物である高圧引込ケーブル及び交流絶縁耐力試験に使用する試験器等の仕様は，次のとおりである。

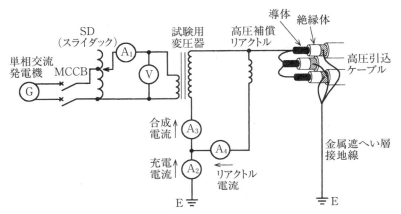

○高圧引込ケーブルの仕様

ケーブルの種類	公称断面積	ケーブルのこう長	1 線の対地静電容量
6 600 V CVT	38[mm²]	150[m]	0.22[μF/km]

○試験で使用する機器の仕様

試験機器の名称	定　格	台数[台]	備　考
試　験　用　変　圧　器	入力電圧：0-130[V] 出力電圧：0-13[kV] 巻数比：1/100 30 分連続許容出力電流：400[mA]，50[Hz]	1	電流計付
高　圧　補　償リ　ア　ク　ト　ル	許容印加電圧：13[kV] 印加電圧 13[kV]，50[Hz] 使用時での電流 300[mA]	1	電流計付
単　相　交　流発　電　機	携帯用交流発電機　出力電圧 100[V]，50[Hz]	1	インバータ方式

（ａ）　交流絶縁耐力試験における試験電圧印加時，高圧引込ケーブルの 3 線一括の充電電流（電流計 Ⓐ₂ の読み）に最も近い電流値[mA]を次の（1）～（5）のうちから一つ選べ。

（1）　80　　　（2）　110　　　（3）　250　　　（4）　330　　　（5）　410

（ｂ）　この絶縁耐力試験で必要な電源容量として，単相交流発電機に求められる最小の容量[kV・A]に最も近い数値を次の（1）～（5）のうちから一つ選べ。

（1）　1.0　　　（2）　1.5　　　（3）　2.0　　　（4）　2.5　　　（5）　3.0

問 11 （a）の解答　出題項目＜15条＞　　答え （4）

電技解釈第 15 条(高圧又は特別高圧の電路の絶縁性能)および題意の条件から充電電流 I_2[A]を計算する。

試験電圧 V_T は，最大使用電圧の 1.5 倍(電技解釈 15 条 15-1 表)，最大使用電圧は電路の使用電圧(公称電圧)6 600 V の 1.15/1.1 倍(電技解釈第 1 条 1-1 表)であるから，

$$V_T = 1.5 \times \frac{1.15}{1.1} \times 6\,600 = 10\,350 [\mathrm{V}]$$

ケーブル 1 線の対地静電容量 C[F]は，ケーブルのこう長が 150[m]＝0.15[km]より，

$$C = 0.22 \times 10^{-6} \times 0.15 = 3.3 \times 10^{-8} [\mathrm{F}]$$

試験電圧 V_T を加えた充電電流 I_2 は，ケーブルを 3 線一括で試験するため 3 倍して，

$$
\begin{aligned}
I_2 &= 3 \cdot \omega C \cdot V_T \\
&= 3 \times 2\pi \times 50 \times 3.3 \times 10^{-8} \times 10\,350 \\
&= 0.3219 [\mathrm{A}] \fallingdotseq 322 [\mathrm{mA}] \\
&\rightarrow \quad 330\ \mathrm{mA}
\end{aligned}
$$

問 11 （b）の解答　出題項目＜絶縁試験電源容量＞　　答え （1）

損失を無視した試験回路を図 11-1 に示す。

試験に使用する高圧補償リアクトル L は，13 kV を加えると 300 mA の電流を流すことができる。電流は加える電圧に比例するため，試験電圧 10.35 kV の場合，L に流れる電流 I_4 は，

$$I_4 = \frac{10.35}{13} \times 300 = 238.8 \fallingdotseq 239 [\mathrm{mA}]$$

図 11-2 のように，試験電圧を基準とすると，リアクトル電流は 90° 位相が遅れ，コンデンサ(ケーブル)充電電流は 90° 位相が進みであるから，リアクトル電流により充電電流を打ち消すことができる。よって，合成電流 I_3 は，

$$I_3 = I_2 - I_4 = 322 - 239 = 83 [\mathrm{mA}]$$

各試験器の損失は無視できるため，試験電源である単相発電機の必要な容量 S_1 は，試験電圧 V_T に合成電流 I_3 を掛けた値として，

$$
\begin{aligned}
S_1 &= V_T \cdot I_3 = 10\,350 \times 83 \times 10^{-3} = 859.05 [\mathrm{V \cdot A}] \\
&\fallingdotseq 0.86 [\mathrm{kV \cdot A}]
\end{aligned}
$$

よって，与えられた選択肢で最小の容量は 1.0 kV·A となる。

解説

高圧ケーブルの交流絶縁耐力試験では，高圧補償リアクトルを使わない場合，発電機の必要容量 S_2 は，

$$
\begin{aligned}
S_2 &= V_T \cdot I_2 = 10\,350 \times 322 \times 10^{-3} = 3\,333 [\mathrm{V \cdot A}] \\
&\fallingdotseq 3.33 [\mathrm{kV \cdot A}]
\end{aligned}
$$

となる。これはリアクトルを使った場合の約 4 倍

の発電機容量である。よって，小容量の可搬式発電機で試験電流を供給できるよう，補償リアクトルにより試験電流を下げる必要がある。

補償リアクトルを用いても容量が大きくなる場合は，直流で試験を行うことを検討する。

Point 図 11-1 の試験回路を描いて試験電流を計算できるようにする。

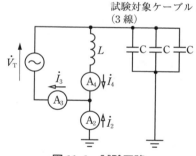

図 11-1　試験回路

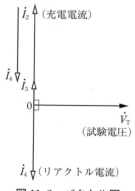

図 11-2　ベクトル図

問12　出題分野＜電気施設管理＞　　難易度 ★★★　重要度 ★★★

電気事業者から供給を受ける，ある需要家の自家用変電所を送電端とし，高圧三相3線式1回線の専用配電線路で受電している第2工場がある。第2工場の負荷は2000[kW]，受電電圧は6000[V]であるとき，第2工場の力率改善及び受電端電圧の調整を図るため，第2工場に電力用コンデンサを設置する場合，次の（a）及び（b）の問に答えよ。

ただし，第2工場の負荷の消費電力及び負荷力率（遅れ）は，受電端電圧によらないものとする。

（a）　第2工場の力率改善のために電力用コンデンサを設置したときの受電端のベクトル図として，正しいものを次の（1）～（5）のうちから一つ選べ。ただし，ベクトル図の文字記号と用語との関係は次のとおりである。

　P：有効電力[kW]

　Q：電力用コンデンサ設置前の無効電力[kvar]

　Q_C：電力用コンデンサの容量[kvar]

　θ：電力用コンデンサ設置前の力率角[°]

　θ'：電力用コンデンサ設置後の力率角[°]

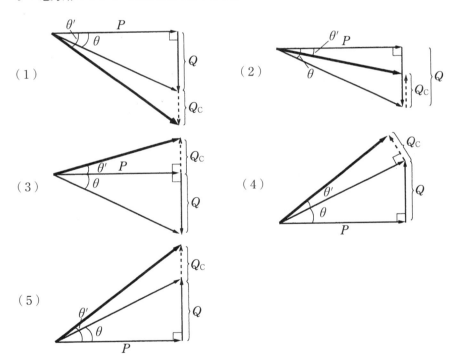

（b）　第2工場の受電端電圧を6300[V]にするために設置する電力用コンデンサ容量[kvar]の値として，最も近いものを次の（1）～（5）のうちから一つ選べ。

　　ただし，自家用変電所の送電端電圧は6600[V]，専用配電線路の電線1線当たりの抵抗は0.5[Ω]及びリアクタンスは1[Ω]とする。

　　また，電力用コンデンサ設置前の負荷力率は0.6（遅れ）とする。

　　なお，配電線の電圧降下式は，簡略式を用いて計算するものとする。

　（1）　700　　　　（2）　900　　　（3）　1500　　　（4）　1800　　（5）　2000

問12（a）の解答　出題項目＜進相コンデンサ＞　答え　(2)

第2工場に電力用コンデンサを設けた場合の電力ベクトル図を図12-1に示す。

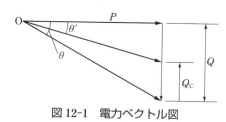

図12-1　電力ベクトル図

図12-1において，コンデンサの設置前後で有効電力 P（$=2\,000[\mathrm{kW}]$）に変化はない。無効電力 Q は，電力用コンデンサ設置後に Q_C 分減少する。よって無効電力分のみが変化し，対応する位相角（力率角）も合わせて θ から θ' に減少する。

図12-1と同じものは，選択肢の中で(2)である。

なお，無効電力 Q は，題意より，

$$Q=\frac{P}{\cos\theta}\cdot\sin\theta=\frac{2\,000}{0.6}\times\sqrt{1-0.6^2}$$
$$=2\,667[\mathrm{kvar}]$$

問12（b）の解答　出題項目＜進相コンデンサ＞　答え　(4)

電力用コンデンサの設置前後における配電線路の電圧降下を簡略式により表す。

① コンデンサ設置前の電圧降下 v

コンデンサ設置前の負荷電流を I，受電端電圧を V_r，配電線の1線当たりの抵抗およびリアクタンスを R，X とすると，

$$v=\sqrt{3}I(R\cos\theta+X\sin\theta)=6\,600-6\,000[\mathrm{V}]$$

負荷電流 $I=\dfrac{P}{\sqrt{3}\,V_\mathrm{r}\cos\theta}$ を代入すると，

$$v=\sqrt{3}\frac{P}{\sqrt{3}\,V_\mathrm{r}\cos\theta}(R\cos\theta+X\sin\theta)$$
$$=\frac{P}{V_\mathrm{r}}\left(R+X\frac{\sin\theta}{\cos\theta}\right)=600 \qquad ①$$

② コンデンサ設置後の電圧降下 v'

$$v'=6\,600-6\,300=300[\mathrm{V}]$$

上記①と同様の手順で電圧降下を表すと，

$$v'=\frac{P}{V_\mathrm{r}'}\left(R+X\frac{\sin\theta'}{\cos\theta'}\right)=300[\mathrm{V}] \qquad ②$$

となる。ここで，コンデンサ設置後の受電端電圧を V_r' とする。

②式に数値を代入して，三角関数の $\dfrac{\sin\theta'}{\cos\theta'}$ を求める。

$$\frac{2\,000\times10^3}{6\,300}\left(0.5+1.0\cdot\frac{\sin\theta'}{\cos\theta'}\right)=300$$

$$0.5+1.0\cdot\frac{\sin\theta'}{\cos\theta'}=\frac{300\times6\,300}{2\,000\times10^3}$$

$$\therefore\ \frac{\sin\theta'}{\cos\theta'}=\frac{300\times6\,300}{2\,000\times10^3}-0.5$$
$$=0.445 \qquad ③$$

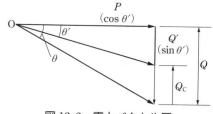

図12-2　電力ベクトル図

図12-2において，$\cos\theta'$ に対応する長さは有効電力 P であり，$\sin\theta'$ に対応する長さはコンデンサ設置後の無効電力 Q' である。③式より，

$$Q'=P\frac{\sin\theta'}{\cos\theta'}=2\,000\times0.445=890[\mathrm{kvar}]$$

となる。また，コンデンサ設置前の無効電力は（a）より $Q=2\,667[\mathrm{kvar}]$ であるから，電力用コンデンサの容量 $Q_\mathrm{C}[\mathrm{kvar}]$ は，

$$Q_\mathrm{C}=Q-Q'=2\,667-890=1\,777$$
$$\fallingdotseq1\,800[\mathrm{kvar}]$$

令和4 (2022)　令和3 (2021)　令和2 (2020)　令和元 (2019)　平成30 (2018)　平成29 (2017)　平成28 (2016)　平成27 (2015)　平成26 (2014)　平成25 (2013)　平成24 (2012)　平成23 (2011)　平成22 (2010)　平成21 (2009)　平成20 (2008)

問 13　出題分野＜電気施設管理＞　　難易度 ★★★　重要度 ★★★

　発電所の最大出力が40 000[kW]で最大使用水量が20[m³/s]，有効容量360 000[m³]の調整池を有する水力発電所がある。河川流量が10[m³/s]一定である時期に，河川の全流量を発電に利用して図のような発電を毎日行った。毎朝満水になる8時から発電を開始し，調整池の有効容量の水を使い切るx時まで発電を行い，その後は発電を停止して翌日に備えて貯水のみをする運転パターンである。次の（a）及び（b）の問に答えよ。

　ただし，発電所出力[kW]は使用水量[m³/s]のみに比例するものとし，その他の要素にはよらないものとする。

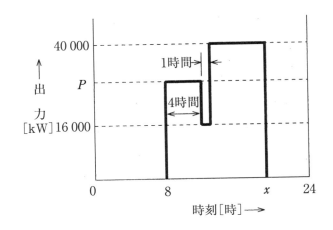

（a）　運転を終了する時刻xとして，最も近いものを次の（1）～（5）のうちから一つ選べ。

　　（1）　19時　　　　（2）　20時　　　　（3）　21時　　　　（4）　22時　　　　（5）　23時

（b）　図に示す出力P[kW]の値として，最も近いものを次の（1）～（5）のうちから一つ選べ。

　　（1）　20 000　　　（2）　22 000　　　（3）　24 000　　　（4）　26 000　　　（5）　28 000

問13（a）の解答　出題項目＜水力発電＞　　答え　（4）

調整池の容量は，題意により，x 時に空から河川流量を全量使用して蓄えていき，翌 8 時に満水の有効水量（360 000 m³）となる。

有効水量は，貯水時間中の河川流量が 10 m³/s 一定のため，

$$\{(24-x)+(8-0)\}\times 10\times 3\,600=360\,000\,[\mathrm{m}^3]$$

が成り立つ。

上式の両辺を $10\times 3\,600$ で割って整理すると，

$$24-x+8=10$$

$$\therefore \quad x=24+8-10=22\,[時]$$

問13（b）の解答　出題項目＜水力発電＞　　答え　（4）

図 13-1 において，8 時から $x=22$ 時までの発電している時間を考える。

発電出力に対する流量は，発電出力に比例する。20 000 kW 時の流量 Q_{20} は，

$$\frac{Q_{20}}{20}=\frac{20\,000}{40\,000}, \quad Q_{20}=\frac{20\,000}{40\,000}\times 20=10\,[\mathrm{m}^3/\mathrm{s}]$$

16 000 kW 時の流量 Q_{16} は，

$$\frac{Q_{16}}{20}=\frac{16\,000}{40\,000}, \quad Q_{16}=\frac{16\,000}{40\,000}\times 20=8\,[\mathrm{m}^3/\mathrm{s}]$$

発電時間帯で使用する調整池の有効容量は，図の網掛部の放水-貯水で表せる。

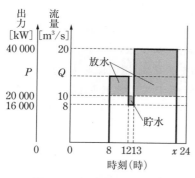

図 13-1　発電出力と流量

発電出力 $P\,[\mathrm{kW}]$ に対する流量 $Q\,[\mathrm{m}^3/\mathrm{s}]$ と図の数値により，網掛部の面積 $[\mathrm{m}^3]$ を表すと，

① 8～12 時：

$$(Q-10)\times(12-8)\times 3\,600=(4Q-40)\times 3\,600$$

② 12～13 時：

$$(8-10)\times 1\times 3\,600=-2\times 3\,600$$

③ 13 時～22 時：

$$(20-10)\times(22-13)\times 3\,600=90\times 3\,600$$

①～③の式を合計した値が有効水量 360 000

m³ であり，式を整理すると，

$$(4Q-40-2+90)\times 3\,600=360\,000$$

$$4Q+48=100, \quad 4Q=52$$

$$Q=13\,[\mathrm{m}^3/\mathrm{s}]$$

流量 $Q=13\,[\mathrm{m}^3/\mathrm{s}]$ に対する発電出力 $P\,[\mathrm{kW}]$ は，比例計算により，

$$\frac{P}{40\,000}=\frac{13}{20}$$

$$\therefore \quad P=\frac{13}{20}\times 40\,000=26\,000\,[\mathrm{kW}]$$

解説

各時間の動作について図 13-1 で説明すると，以下のようになる。

① 0～8 時：

河川流量 10 m³/s を調整池に蓄えている。

② 8～12 時：

河川流量 10 m³/s＋調整池からの放水流量により $Q\,[\mathrm{m}^3/\mathrm{s}]$ で $P\,[\mathrm{kW}]$ 発電している。

③ 12～13 時：

河川流量 10 m³/s に対して 8 m³/s で 16 000 kW 発電している。同時に $10-8=2$ m³/s の流量を調整池に蓄えている。

④ 13～22 時：

河川流量 10 m³/s＋調整池からの放水流量により 20 m³/s で 40 000 kW 発電している。

⑤ 22～24 時：

河川流量 10 m³/s を調整池に蓄えている。

Point 発電出力と使用水量の関係から問題を解く。

法　規 平成 23 年度（2011 年度）

注1　問題文中に「電気設備技術基準」とあるのは，「電気設備に関する技術基準を定める省令」の略である。

注2　問題文中に「電気設備技術基準の解釈」とあるのは，電気事業法に基づく経済産業大臣の処分に係る審査基準等のうちの「電気設備の技術基準の解釈について」の略である。

A 問 題 （配点は 1 問題当たり 6 点）

問 1　出題分野＜電気事業法・施行規則＞ 難易度 ★★★ 重要度 ★★★

　　次の a から c の文章は，自家用電気工作物を設置する X 社が，需要設備又は変電所のみを直接統括する同社の A，B，C 及び D 事業場ごとに行う電気主任技術者の選任等に関する記述である。ただし，A～D の各事業場は，すべて Y 産業保安監督部の管轄区域内のみにある。

　　「電気事業法」及び「電気事業法施行規則」に基づき，適切なものと不適切なものの組合せとして，正しいものを次の（1）～（5）のうちから一つ選べ。

a.　受電電圧 33[kV]，最大電力 12 000[kW] の需要設備を直接統括する A 事業場に，X 社の従業員で第三種電気主任技術者免状の交付を受けている者のうちから，電気主任技術者を選任し，遅滞なく，その旨を Y 産業保安監督部長に届け出た。

b.　最大電力 400[kW] の需要設備を直接統括する B 事業場には，X 社の従業員で第一種電気工事士試験に合格している者をあてることとして，保安上支障がないと認められたため，Y 産業保安監督部長の許可を受けてその者を電気主任技術者に選任した。その後，その電気主任技術者を電圧 6 600[V] の変電所を直接統括する C 事業場の電気主任技術者として兼任させた。その際，B 事業場への選任の許可を受けているので，Y 産業保安監督部長の承認は求めなかった。

c.　受電電圧 6 600[V] の需要設備を直接統括する D 事業場については，その需要設備の工事，維持及び運用に関する保安の監督に係る業務を委託する契約を Z 法人（電気保安法人）と締結し，保安上支障がないものとして Y 産業保安監督部長の承認を受けたので，電気主任技術者を選任しないこととした。

	a	b	c
（1）	不適切	適　切	適　切
（2）	適　切	不適切	適　切
（3）	適　切	適　切	不適切
（4）	不適切	適　切	不適切
（5）	適　切	不適切	不適切

令和4 (202
令和3 (202
令和2 (2020)
令和元 (2019)
平成30 (2018)
平成29 (2017)
平成28 (2016)
平成27 (2015)
平成26 (2014)
平成25 (2013)
平成24 (2012)
平成23 (2011)
平成22 (2010)
平成21 (2009)
平成20 (2006)

問1の解答　出題項目＜法43条，規則52条＞　答え　(2)

電気事業法第43条(主任技術者)および同法施行規則第52条(主任技術者の選任等)からの出題である。

a　正。電気事業法第43条(主任技術者)

第1項　事業用電気工作物を設置する者は，事業用電気工作物の工事，維持及び運用に関する保安の監督をさせるため，主務省令で定めるところにより，**主任技術者免状の交付を受けている者のうちから，主任技術者を選任**しなければならない。

→**電圧5万V未満**の事業用電気工作物(出力5000kW以上の発電所を除く。)の工事，維持及び運用は**第三種電気主任技術者**

第3項　事業用電気工作物を設置する者は，主任技術者を**選任**したときは，**遅滞なく**，その旨を主務大臣に**届け出**なければならない。

b　誤。電気事業法第43条(主任技術者)

第2項　自家用電気工作物を設置する者は，第1項の規定にかかわらず，主務大臣の許可を受けて，主任技術者免状の交付を受けていない者を主任技術者として選任することができる。

→**許可主任技術者**は，その都度，**産業保安監督部長の許可**を受けなければならない。

c　正。規則第52条(主任技術者の選任等)

第2項　次の各号のいずれかに掲げる自家用電気工作物に係る当該各号に定める事業場のうち，

当該自家用電気工作物の**保安管理業務を委託**する契約(**委託契約**)が要件に該当する者と締結されているものであって，保安上支障がないものとして経済産業大臣の**承認**を受けたものは，電気主任技術者を選任しないことができる。

解説

① 許可主任技術者の要件

表1-1　許可主任技術者の資格要件

保安の監督範囲	資格要件
最大電力500kW未満の需要設備	第一種電気工事士など
最大電力100kW未満の需要設備	第二種電気工事士など

② 保安管理業務外部委託制度

自家用電気工作物に係る事業場であって，**保安管理業務を委託**する個人(**電気管理技術者**)または法人(**電気保安法人**)と締結し，経済産業大臣の承認(**保安管理業務外部委託承認**)を受けた者については，電気主任技術者を選任しないことができる。

表1-2　外部委託対象の事業場と規模

外部委託対象の事業場	規模
発電所(原子力発電所を除く)	出力1000kW未満
需要設備	受電電圧7000V以下
配電線路を管理する事業場	電圧600V以下

問2　出題分野＜電気事業法＞ 　難易度 ★★★ 　重要度 ★★★

次の文章は，「電気事業法」における，技術基準適合命令に関する記述の一部である。

　　(ア)　は，事業用電気工作物が主務省令で定める技術基準に適合していないと認めるときは，事業用電気工作物を　(イ)　に対し，その技術基準に適合するように事業用電気工作物を　(ウ)　し，改造し，若しくは　(エ)　し，若しくはその使用を一時停止すべきことを命じ，又はその使用を　(オ)　することができる。

上記の記述中の空白箇所(ア)，(イ)，(ウ)，(エ)及び(オ)に当てはまる組合せとして，正しいものを次の(1)～(5)のうちから一つ選べ。

	(ア)	(イ)	(ウ)	(エ)	(オ)
(1)	経済産業局長	運用する者	変　更	撤　去	禁　止
(2)	主務大臣	設置する者	修　理	移　転	制　限
(3)	産業保安監督部長	運用する者	変　更	撤　去	制　限
(4)	主務大臣	設置する者	修　理	撤　去	禁　止
(5)	経済産業局長	管理する者	変　更	移　転	制　限

（一部改題）

問 2 の解答　　出題項目＜40 条＞　　　　　　　　　　　　　　　答え　（2）

電気事業法第 40 条（技術基準適合命令）からの出題である。

・第 40 条（技術基準適合命令）

主務大臣は，事業用電気工作物が主務省令で定める技術基準に適合していないと認めるときは，事業用電気工作物を**設置する者**に対し，その技術基準に適合するように事業用電気工作物を**修理**し，**改造**し，若しくは**移転**し，若しくはその使用を一時停止すべきことを命じ，又はその**使用を制限**することができる。

解 説

事業用電気工作物が技術基準に適合していないと認めるときは，主務大臣は，技術基準適合命令を発動することができる旨を定めたもので，定期点検や立入検査などの結果，技術基準に適合していないと主務大臣が認めた場合に発動される。

自主保安体制

- ●技術基準の維持
- ●保安規程の作成・届出・遵守
- ●主任技術者の選任
- ●使用前自主検査

国等の監督

- ●工事計画の届出
- ●使用前安全管理審査
- ●電気用品安全法に基づき電気用品の使用義務
- ●電気工事士法，電気工事業法に基づき 500 kW 未満の自家用電気工作物は第一種電気工事士等による工事義務
- ●電気工事業法に基づき 500 kW 未満の自家用電気工作物の工事を行う工事事業者の登録・届出・通知義務
- ●事故その他の報告義務
- ●立入検査・改善命令など
- ●罰則等の適用

図 2-1　事業用電気工作物の保安体制

令和4 (202
令和3 (202
令和2 (202
令和元 (201
平成30 (201
平成29 (201
平成28 (2016
平成27 (2015
平成26 (2014
平成25 (2013
平成24 (2012
平成23 (2011
平成22 (2010
平成21 (2009
平成20 (2008

問3 出題分野＜電技＞ 　難易度 ★☆☆　重要度 ★★★

次の文章は，「電気設備技術基準」における，電気設備の保安原則に関する記述の一部である。

a. 電気設備の必要な箇所には，異常時の　(ア)　，高電圧の侵入等による感電，火災その他人体に危害を及ぼし，又は物件への損傷を与えるおそれがないよう，　(イ)　その他の適切な措置を講じなければならない。ただし，電路に係る部分にあっては，この基準の別の規定に定めるところによりこれを行わなければならない。

b. 電気設備に　(イ)　を施す場合は，電流が安全かつ確実に　(ウ)　ことができるようにしなければならない。

上記の記述中の空白箇所(ア)，(イ)及び(ウ)に当てはまる組合せとして，正しいものを次の(1)〜(5)のうちから一つ選べ。

	（ア）	（イ）	（ウ）
（1）	電位上昇	絶　縁	遮断される
（2）	過　熱	接　地	大地に通ずる
（3）	過電流	絶　縁	遮断される
（4）	電位上昇	接　地	大地に通ずる
（5）	過電流	接　地	大地に通ずる

問4 出題分野＜電技，電技解釈＞ 　難易度 ★★☆　重要度 ★★★

「電気設備技術基準」及び「電気設備技術基準の解釈」に基づく，電線の接続に関する記述として，適切なものを次の(1)〜(5)のうちから一つ選べ。

(1) 電線を接続する場合は，接続部分において電線の絶縁性能を低下させないように接続するほか，短絡による事故(裸電線を除く。)及び通常の使用状態において異常な温度上昇のおそれがないように接続する。

(2) 裸電線と絶縁電線とを接続する場合に断線のおそれがないようにするには，電線に加わる張力が電線の引張強さに比べて著しく小さい場合を含め，電線の引張強さを25[%]以上減少させないように接続する。

(3) 屋内に施設する低圧用の配線器具に電線を接続する場合は，ねじ止めその他これと同等以上の効力のある方法により，堅ろうに接続するか，又は電気的に完全に接続する。

(4) 低圧屋内配線を合成樹脂管工事又は金属管工事により施設する場合に，絶縁電線相互を管内で接続する必要が生じたときは，接続部分をその電線の絶縁物と同等以上の絶縁効力のあるもので十分被覆し，接続する。

(5) 住宅の屋内電路(電気機械器具内の電路を除く。)に関し，定格消費電力が2[kW]以上の電気機械器具のみに三相200[V]を使用するための屋内配線を施設する場合において，電気機械器具は，屋内配線と直接接続する。

問 3 の解答　出題項目＜10，11 条＞　答え（4）

電技第 10 条（電気設備の接地）および第 11 条（電気設備の接地の方法）からの出題である。

・電技第 10 条（電気設備の接地）

電気設備の必要な箇所には，異常時の**電位上昇**，**高電圧の侵入**等による感電，火災その他人体に危害を及ぼし，又は物件への損傷を与えるおそれがないよう，**接地**その他の適切な措置を講じなければならない。ただし，電路に係る部分にあっては，この基準の別の規定に定めるところによりこれを行わなければならない。

・電技第 11 条（電気設備の接地の方法）

電気設備に**接地**を施す場合は，電流が**安全かつ**確実に**大地に通ずる**ことができるようにしなければならない。

補足 電技第 10 条（電気設備の接地）では，災害防止のため接地の必要がある場合に，接地の義務を定めている。

電技第 11 条（電気設備の接地の方法）では，接地線に電流が流れた場合に，接地線の溶断などにより接地線の機能がなくなるようなことがあってはならない旨を規定している。

Point 電技第 10 条の**接地の目的**をしっかり覚えておくこと。

問 4 の解答　出題項目＜電技 7 条，解釈 12，143，150，158，159 条＞　答え（5）

電技第 7 条（電線の接続），電技解釈第 12 条（電線の接続法），第 150 条（配線器具の施設），第 158 条（合成樹脂管工事），第 159 条（金属管工事），第 143 条（電路の対地電圧の制限）からの出題である。

（1）誤。電線を接続する場合は，接続部分において電線の**電気抵抗を増加**させないように接続するほか，**絶縁性能の低下**（裸電線を除く。）及び**通常の使用状態**において**断線のおそれがない**ようにしなければならない。（電技第 7 条）

（2）誤。電線の引張強さを **20 ％以上減少**させないこと。ただし，ジャンパー線を接続する場合その他電線に加わる張力が電線の引張強さに比べて著しく小さい場合は，この限りでない。（電技解釈第 12 条第 1 項第一号イ）

（3）誤。低圧用の配線器具は，次の各号により施設すること。
・配線器具に電線を接続する場合は，ねじ止めその他これと同等以上の効力のある方法により，堅ろうに，かつ，**電気的に完全に接続**するとともに，**接続点に張力が加わらない**ようにすること。

（電技解釈第 150 条第 1 項第三号）

（4）誤。**合成樹脂管**内では，電線に接続点を**設けない**こと。（電技解釈第 158 条第 1 項第三号）

（5）正。住宅の屋内電路（電気機械器具内の電路を除く。）の対地電圧は，150 V 以下であること。

ただし，次の各号のいずれかに該当する場合は，この限りでない。

一 定格消費電力が **2 kW 以上**の電気機械器具及びこれに電気を供給する屋内配線を次により施設する場合

ロ 電気機械器具の使用電圧及びこれに電気を供給する屋内配線の対地電圧は，**300 V 以下**であること。

ホ 電気機械器具は，**屋内配線と直接接続**して施設すること。

（電技解釈第 143 条第 1 項）

補足 多数の条文の絡む問題であり，電験三種の学習として条文をどの程度見ておけばよいのかがわかる。

問5　出題分野＜電技＞　　難易度 ★★☆　重要度 ★★☆

次の文章は，「電気設備技術基準」における，常時監視をしない発電所等の施設に関する記述の一部である。

a.　異常が生じた場合に人体に危害を及ぼし，若しくは物件に損傷を与えるおそれがないよう，異常の状態に応じた　（ア）　が必要となる発電所，又は一般送配電事業若しくは配電事業に係る電気の供給に著しい支障を及ぼすおそれがないよう，異常を早期に発見する必要のある発電所であって，発電所の運転に必要な　（イ）　を有する者が当該発電所又は　（ウ）　において常時監視をしないものは，施設してはならない。

b.　上記aに掲げる発電所以外の発電所又は変電所（これに準ずる場所であって，100 000〔V〕を超える特別高圧の電気を変成するためのものを含む。以下同じ。）であって，発電所又は変電所の運転に必要な　（イ）　を有する者が当該発電所若しくは　（ウ）　又は変電所において常時監視をしない発電所又は変電所は，非常用予備電源を除き，異常が生じた場合に安全かつ確実に　（エ）　することができるような措置を講じなければならない。

上記の記述中の空白箇所（ア），（イ），（ウ）及び（エ）に当てはまる組合せとして，正しいものを次の（1）～（5）のうちから一つ選べ。　　　　　　　　　　　　　　　　　　　　　　（一部改題）

	（ア）	（イ）	（ウ）	（エ）
（1）	制　御	経　験	これと同一の構内	機　能
（2）	制　御	知識及び技能	これと同一の構内	停　止
（3）	保　護	知識及び技能	隣接の施設	停　止
（4）	制　御	知　識	隣接の施設	機　能
（5）	保　護	経験及び技能	これと同一の構内	停　止

問6　出題分野＜電技解釈＞　　難易度 ★★★　重要度 ★★★

次の文章は，一般送配電事業者及び特定送配電業者以外の者が，構内に発電設備等を設置し，発電設備等を一般送配電事業者が運用する電力系統に連系する場合等に用いられる，電気設備技術基準の解釈に定められた用語の定義の一部である。誤っているものを次の（1）～（5）のうちから一つ選べ。

（1）「逆潮流」とは，一般送配電事業者及び特定送配電事業者以外の発電設備等設置者の構内から，一般送配電事業者が運用する電力系統側へ向かう無効電力の流れをいう。

（2）「転送遮断装置」とは，遮断器の遮断信号を通信回線で伝送し，別の構内に設置された遮断器を動作させる装置をいう。

（3）「自立運転」とは，発電設備等が電力系統から解列された状態において，当該発電設備等設置者の構内負荷にのみ電力を供給している状態をいう。

（4）「単独運転」とは，発電設備等が連系している電力系統が，事故等によって系統電源と切り離された状態において，連系している発電設備等の運転だけで発電を継続し，線路負荷に有効電力を供給している状態をいう。

（5）「逆充電」とは，分散型電源を連系している電力系統が事故等によって系統電源と切り離された状態において，分散型電源のみが，連系している電力系統を加圧し，かつ，当該電力系統へ有効電力を供給していない状態をいう。　　　　　　　　　　　　　　　　　　　　　　（一部改題）

問 5 の解答　出題項目＜46条＞　　　　答え　(2)

電技第 46 条（常時監視をしない発電所等の施設）からの出題である。

第 46 条　異常が生じた場合に**人体**に危害を及ぼし，若しくは**物件**に損傷を与えるおそれがないよう，異常の状態に応じた**制御**が必要となる発電所，又は一般送配電事業若しくは配電事業に係る電気の供給に著しい支障を及ぼすおそれがないよう，異常を早期に発見する必要のある発電所であって，発電所の運転に必要な**知識及び技能**を有する者が当該発電所又は**これと同一の構内**において常時監視しないものは，施設してはならない。

2　前項に掲げる発電所以外の発電所又は変電所（これに準ずる場所であって，十万ボルトを超える特別高圧の電気を変成するためのものを含む。以下この条において同じ。）であって，発電所又は変電所の運転に必要な知識及び技能を有する者が当該発電所若しくはこれと**同一の構内**又は変電所において常時監視をしない発電所又は変電所は，非常用予備電源を除き，異常が生じた場合に安全かつ確実に**停止**することができるような措置を講じなければならない。

解 説

a は第 1 項で，b は第 2 項で規定されている。第 1 項は，常時監視をしなければならない発電所は，異常の状態に応じた制御が必要となる発電所または異常を早期に発見する必要のある発電所であることを規定している。

第 2 項は，第 1 項に規定された発電所以外の発電所および変電所については，一定の条件を付すことにより常時監視を不要とするが，異常が生じた場合に安全に停止できなければならないことを規定している。

問 6 の解答　出題項目＜220条＞　　　　答え　(1)

電技解釈第 220 条（分散型電源の系統連系設備に係る用語の定義）からの出題である。

（1）誤。逆潮流とは，**分散型電源設置者の構内**から，一般送配電事業者が運用する電力系統側へ向かう**有効電力の流れ**をいう（第四号）。

（2）正。転送遮断装置とは，遮断器の遮断信号を通信回線で伝送し，別の構内に設置された遮断器を動作させる装置をいう（第九号）。

（3）正。自立運転とは，分散型電源が，連系している電力系統から**解列**された状態において，当該分散型電源設置者の構内負荷にのみ電力を供給している状態をいう（第七号）。

（4）正。単独運転とは，分散型電源を連系している電力系統が事故等によって系統電源と切り離された状態において，当該分散型電源が発電を継続し，線路負荷に有効電力を供給している状態をいう（第五号）。

（5）正。逆充電とは，分散型電源を連系している電力系統が事故等によって系統電源と切り離された状態において，分散型電源のみが，連系している電力系統を加圧し，かつ，当該電力系統へ有効電力を供給していない状態をいう（第六号）。

解 説

第 220 条では，他にも下記の用語が定義されている。

一　発電設備等　発電設備又は電力貯蔵装置であって，**常用電源**の停電時又は**電圧低下発生**時にのみ使用する非常用予備電源以外のもの

二　分散型電源　電気事業法第 38 条第 4 項第一号又は第四号に掲げる事業を営む者以外の者が設置する発電設備等であって，**一般送配電事業者**が運用する電力系統に連系するもの

三　解列　**電力系統**から切り離すこと。

八　線路無電圧確認装置　電線路の**電圧**の有無を確認するための装置

問7　出題分野＜電技解釈＞　難易度 ★★☆　重要度 ★★☆

次の文章は，「電気設備技術基準の解釈」における，低圧架空引込線の施設に関する記述の一部である。

a.　電線は，ケーブルである場合を除き，引張強さ　(ア)　[kN]以上のもの又は直径2.6[mm]以上の硬銅線とする。ただし，径間が　(イ)　[m]以下の場合に限り，引張強さ1.38[kN]以上のもの又は直径2[mm]以上の硬銅線を使用することができる。

b.　電線の高さは，次によること。

①　道路(車道と歩道の区別がある道路にあっては，車道)を横断する場合は，路面上　(ウ)　[m](技術上やむを得ない場合において交通に支障のないときは　(エ)　[m])以上

②　鉄道又は軌道を横断する場合は，レール面上　(オ)　[m]以上

上記の記述中の空白箇所(ア)，(イ)，(ウ)，(エ)及び(オ)に当てはまる組合せとして，正しいものを次の(1)～(5)のうちから一つ選べ。

	(ア)	(イ)	(ウ)	(エ)	(オ)
(1)	2.30	20	5	4	5.5
(2)	2.00	15	4	3	5
(3)	2.30	15	5	3	5.5
(4)	2.35	15	5	4	6
(5)	2.00	20	4	3	5

問8　出題分野＜電技解釈＞　難易度 ★★★　重要度 ★★★

次のaからcの文章は，特殊施設に電気を供給する変圧器等に関する記述である。「電気設備技術基準の解釈」に基づき，適切なものと不適切なものの組合せとして，正しいものを次の(1)～(5)のうちから一つ選べ。

a.　可搬型の溶接電極を使用するアーク溶接装置を施設するとき，溶接変圧器は，絶縁変圧器であること。また，被溶接材又はこれと電気的に接続される持具，定盤等の金属体には，D種接地工事を施すこと。

b.　プール用水中照明灯に電気を供給するためには，一次側電路の使用電圧及び二次側電路の使用電圧がそれぞれ300[V]以下及び150[V]以下の絶縁変圧器を使用し，絶縁変圧器の二次側配線は金属管工事により施設し，かつ，その絶縁変圧器の二次側電路を接地すること。

c.　遊戯用電車(遊園地，遊戯場等の構内において遊戯用のために施設するものをいう)に電気を供給する電路の使用電圧に電気を変成するために使用する変圧器は，絶縁変圧器であること。

	a	b	c
(1)	不適切	適切	適切
(2)	適切	不適切	適切
(3)	不適切	適切	不適切
(4)	不適切	不適切	適切
(5)	適切	不適切	不適切

問7の解答　出題項目＜116条＞

電技解釈第116条(低圧架空引込線等の施設)第1項からの出題である。

第1項　低圧架空引込線は，次の各号により施設すること。

一　電線は，絶縁電線又はケーブルであること。

二　電線は，ケーブルである場合を除き，引張強さ **2.30 kN** 以上のもの又は直径2.6 mm以上の硬銅線であること。ただし，径間が **15 m 以下** の場合に限り，引張強さ1.38 kN以上のもの又は直径2 mm以上の硬銅線を使用することができる。

六　電線の高さは，表に規定する値以上であること。

解説

低圧線の道路横断の6 m以上に対し，低圧引込線では5 m以上と緩和されている。

図7-1 は，低圧引込線の電線の高さの代表的な規制内容を示したものである。

補足

引張強さのkN数は，小数点付きの数字で規定されており，無理してこれを覚えておかなくても他の空白箇所が分かれば正答できるようになっていると思っても，まず間違いない。

区分		高さ
道路(歩行の用にのみ供される部分を除く。)を横断する場合	技術上やむを得ない場合において交通に支障のないとき	路面上 **3 m**
	その他の場合	路面上 **5 m**
鉄道又は軌道を横断する場合		レール面上 **5.5 m**
横断歩道橋の上に施設する場合		横断歩道橋の路面上 3 m
上記以外の場合	技術上やむを得ない場合において交通に支障のないとき	地表上 2.5 m
	その他の場合	地表上 4 m

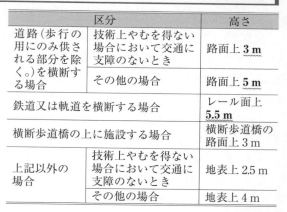

図7-1　低圧引込線の電線の最低高さ

問8の解答　出題項目＜187，189，190条＞

電技解釈第190条(アーク溶接装置の施設)，第187条(水中照明灯の施設)および第189条(遊戯用電車の施設)からの出題である。

a　正。可搬型の溶接電極を使用するアーク溶接装置は，次の各号によること。

一　溶接変圧器は，**絶縁変圧器**であること。

五　被溶接材又はこれと電気的に接続される治具，定盤等の**金属体**には，**D種接地工事**を施すこと。

(電技解釈第190条第1項)

b　誤。水中又はこれに準ずる箇所であって，人が触れるおそれのある場所に施設する照明灯は，次の各号によること。

二　照明灯に電気を供給する電路には，次に適合する**絶縁変圧器**を施設すること。

イ　1次側の使用電圧は300 V以下，2次側の使用電圧は150 V以下であること。

三　前号の規定により施設する絶縁変圧器の2次側電路は，次によること。

イ　**電路は，非接地であること。** ← 接地でない

ホ　配線は，**金属管工事**によること。

(電技解釈第187条第1項)

c　正。遊戯用電車内の電路及びこれに電気を供給するために使用する電気設備は，次の各号によること。

二　遊戯用電車に電気を供給する電路は，次によること。

ロ　使用電圧に電気を変成するために使用する変圧器は，次によること。

(イ)　変圧器は，**絶縁変圧器**であること。

(電技解釈第189条)

問 9　出題分野＜電技解釈＞　　難易度 ★★★　重要度 ★★☆

「電気設備技術基準の解釈」に基づく，ライティングダクト工事による低圧屋内配線の施設に関する記述として，正しいものを次の（1）～（5）のうちから一つ選べ。

（1）　ダクトの支持点間の距離を 2[m]以下で施設した。

（2）　造営材を貫通してダクト相互を接続したため，貫通部の造営材には接触させず，ダクト相互及び電線相互は堅ろうに，かつ，電気的に完全に接続した。

（3）　ダクトの開口部を上に向けたため，人が容易に触れるおそれのないようにし，ダクトの内部に塵埃が侵入し難いように施設した。

（4）　5[m]のダクトを人が容易に触れるおそれがある場所に施設したため，ダクトには D 種接地工事を施し，電路に地絡を生じたときに自動的に電路を遮断する装置は施設しなかった。

（5）　ダクトを固定せず使用するため，ダクトは電気用品安全法に適合した附属品でキャブタイヤケーブルに接続して，終端部は堅ろうに閉そくした。

問 10　出題分野＜電気施設管理＞　　難易度 ★☆☆　重要度 ★★☆

キュービクル式高圧受電設備には主遮断装置の形式によって CB 形と PF・S 形がある。CB 形は主遮断装置として　（ア）　が使用されているが，PF・S 形は変圧器設備容量の小さなキュービクルの設備簡素化の目的から，主遮断装置は　（イ）　と　（ウ）　の組み合わせによっている。

高圧母線等の高圧側の短絡事故に対する保護は，CB 形では　（ア）　と　（エ）　で行うのに対し，PF・S 形は　（イ）　で行う仕組みとなっている。

上記の記述中の空白箇所（ア），（イ），（ウ）及び（エ）に当てはまる組合せとして，正しいものを次の（1）～（5）のうちから一つ選べ。

	（ア）	（イ）	（ウ）	（エ）
（1）	高圧限流ヒューズ	高圧交流遮断器	高圧交流負荷開閉器	過電流継電器
（2）	高圧交流負荷開閉器	高圧限流ヒューズ	高圧交流遮断器	過電圧継電器
（3）	高圧交流遮断器	高圧交流負荷開閉器	高圧限流ヒューズ	不足電圧継電器
（4）	高圧交流負荷開閉器	高圧交流遮断器	高圧限流ヒューズ	不足電圧継電器
（5）	高圧交流遮断器	高圧限流ヒューズ	高圧交流負荷開閉器	過電流継電器

令和
4
(202

令和
3
(202

令和
2
(2020

令和
元
(2019

平成
30
(2018

平成
29
(2017

平成
28
(2016

平成
27
(2015

平成
26
(2014

平成
25
(2013)

平成
24
(2012)

平成
23
(2011)

平成
22
(2010)

平成
21
(2009)

平成
20
(2008)

問9の解答　出題項目＜165条＞　　答え（1）

電技解釈第165条(特殊な低圧屋内配線工事)第3項(ライティングダクト工事)からの出題である。

（1）　正。ダクトの**支持点間の距離**は，**2 m以下**とすること。(第四号)

（2）　誤。**ダクトは，造営材を貫通しないこと。**(第七号) ←造営材の貫通は禁止

（3）　誤。ダクトの**開口部**は，**下に向けて施設**すること。(第六号) ←横向きは条件付き

（4）　誤。ダクトの導体に電気を供給する電路には，当該電路に**地絡**を生じたときに自動的に電路を**遮断**する装置を施設すること。(第九号) ←地絡遮断装置は省略できない

（5）　誤。ダクトは，造営材に**堅ろうに取り付けること。**(第三号) ←造営材へ固定が必要

・ダクトの**終端部**は，**閉そく**すること。(第五号)

解説

ライティングダクト工事では，問題以外に，次のような内容も規定されている。

・ダクト及び附属品は，**電気用品安全法の適用**を受けるものであること。(第一号)

・ダクト相互及び電線相互は，**堅ろうに，かつ，電気的に完全に接続**すること。(第二号)

・ダクトには，原則として**D種接地工事**を施すこと。(第八号)

補足　ダクトの開口部の向きの規制

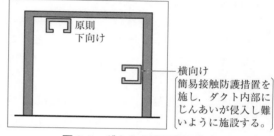

図9-1　ダクトの開口部の向き

問10の解答　出題項目＜受電設備＞　　答え（5）

キュービクル式高圧受電設備の主遮断装置の形式のCB形とPF・S形についての出題である。

キュービクル式高圧受電設備には主遮断装置の形式によってCB形とPF・S形(図10-1)がある。

CB形は主遮断装置として**高圧交流遮断器**を使用しているが，PF・S形は変圧器設備容量の小さなキュービクルにおける設備簡素化の目的から，主遮断装置は**高圧限流ヒューズ**と**高圧交流負荷開閉器**の組み合わせによっている。

高圧母線等の高圧側の短絡事故に対する保護は，CB形では**高圧交流遮断器**と**過電流継電器**で行うのに対し，PF・S形は**高圧限流ヒューズ**で行う仕組みとなっている。

解説

CB形は，過負荷や短絡事故時には過電流継電器(OCR)からの引外し指令によっての遮断器を遮断させ，地絡事故時には地絡継電器からの引外し指令によっての遮断器を遮断させる。

PF・S形は過負荷や短絡事故時にはPF(電力ヒューズ)が溶断し，地絡事故時には地絡継電器(GR)からの引外し指令によっての高圧交流負荷開閉器(LBS)を開放させる。

Point CB形とPF・S形について，それぞれの保護の違いをシッカリ覚えておく。

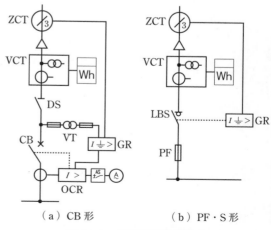

（a）CB形　　　　（b）PF・S形

図10-1　主遮断装置の形式

B 問 題

（問 11 及び問 12 の配点は 1 問題当たり（a）6 点，（b）7 点，計 13 点，問 13 の配点は（a）7 点，（b）7 点，計 14 点）

問 11　出題分野＜電気施設管理＞　　難易度 ★★★　重要度 ★★★

　ある需要家設備において定格容量 30[kV·A]，鉄損 90[W]及び全負荷銅損 550[W]の単相変圧器が設置してある。ある 1 日の負荷は，

　　24[kW]，力率 80[%]で 4 時間
　　15[kW]，力率 90[%]で 8 時間
　　10[kW]，力率 100[%]で 6 時間
　　無負荷で 6 時間

であった。この日の変圧器に関して，次の（a）及び（b）の問に答えよ。

（a）　この変圧器の全日効率[%]の値として，最も近いものを次の（1）〜（5）のうちから一つ選べ。
　　（1）　97.4　　　（2）　97.6　　　（3）　97.8　　　（4）　98.0　　　（5）　98.2

（b）　この変圧器の日負荷率[%]の値として，最も近いものを次の（1）〜（5）のうちから一つ選べ。
　　（1）　38　　　（2）　48　　　（3）　61　　　（4）　69　　　（5）　77

問 11（a）の解答　　出題項目＜変圧器＞

1 日の負荷，鉄損および銅損の電力量 W_D，W_i，W_c[kW·h]を計算する。W_D は，

$$W_D = 24 \times 4 + 15 \times 8 + 10 \times 6 + 0 \times 6 = 276[\text{kW·h}]$$

W_i は，鉄損が負荷に関わらず一定のため，

$$W_i = 90 \times 10^{-3} \times 24 = 2.16[\text{kW·h}]$$

W_c は，銅損 p_c が定格容量[kV·A]に対する各負荷の比の 2 乗に比例するため，

24 kW 時：
$$p_{c1} = \left(\frac{24}{0.8}\bigg/30\right)^2 \times 550 \times 10^{-3}$$
$$= 0.55[\text{kW}]$$

15 kW 時：
$$p_{c2} = \left(\frac{15}{0.9}\bigg/30\right)^2 \times 550 \times 10^{-3}$$
$$= 0.169\,8[\text{kW}]$$

10 kW 時：
$$p_{c3} = \left(\frac{10}{1.0}\bigg/30\right)^2 \times 550 \times 10^{-3}$$
$$= 0.061\,1[\text{kW}]$$

0 kW 時：0 kW

$$W_c = 0.55 \times 4 + 0.169\,8 \times 8 + 0.061\,1 \times 6 + 0$$
$$= 3.925[\text{kW·h}]$$

よって，全日効率 η_D は，

$$\eta_D = \frac{W_D}{W_D + W_i + W_c} \times 100$$
$$= \frac{276}{276 + 2.16 + 3.925} \times 100$$
$$= 97.84 \fallingdotseq 97.8[\%]$$

問 11（b）の解答　　出題項目＜変圧器＞

1 日の平均電力 P_a は，負荷電力量 W_D を 24[h]で割った値である。

$$P_a = \frac{276}{24} = 11.5[\text{kW}]$$

1 日の最大電力 P_M は，題意より 24 kW である。よって，日負荷率は，

$$\frac{P_a}{P_M} \times 100 = \frac{11.5}{24} \times 100 = 47.92 \fallingdotseq 48[\%]$$

解説

変圧器の等価回路を図 11-1 に示す。変圧器の効率 η は，次式で表される。

$$\eta = \frac{\text{出力[kW]}}{\text{出力[kW]} + \text{損失[kW]}} \times 100[\%] \quad ①$$

変圧器の損失は，無負荷損と負荷損に分けられる。主に，無負荷損は鉄損，負荷損は銅損である。

鉄損は，図 11-1 の励磁コンダクタンス g[S]で生じる損失（$= V_{1n}{}^2 g$）であり，電圧の 2 乗に比例する。変圧器は通常，電圧一定のもとで使用するため，鉄損は一定値となる。

銅損は，図 11-1 の一次，二次巻線の合成抵抗 r_{12} に流れる電流のジュール熱（$= I_{1n}{}^2 r_{12}$）により発生し，電流の 2 乗に比例する。前述のように，変圧器を電圧一定のもとで使用すると，電流は負荷容量に比例するため，銅損は負荷容量の 2 乗に比例する。

変圧器の損失には，他に励磁電流分の銅損，漂遊無負荷損，漂遊負荷損，誘電体損などがあるが，これらの値は小さく，計算が困難なため無視することが多い。

負荷率は，（ある一定期間の平均電力）/（その期間の最大電力）である。本問の「日負荷率」とは，1 日の期間における値を表す。

$$\text{負荷率} = \frac{\text{平均電力}}{\text{最大電力}} \times 100[\%] \quad ②$$

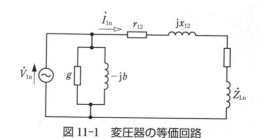

図 11-1　変圧器の等価回路

Point 銅損は負荷容量の 2 乗に比例，鉄損は一定である。

問 12　出題分野＜電気施設管理＞　難易度 ★★★　重要度 ★★★

　ある変電所において，図のような日負荷特性を有する三つの負荷群 A，B 及び C に電力を供給している。この変電所に関して，次の（ a ）及び（ b ）の問に答えよ。

　ただし，負荷群 A，B 及び C の最大電力は，それぞれ 6 500[kW]，4 000[kW] 及び 2 000[kW] とし，また，負荷群 A，B 及び C の力率は時間に関係なく一定で，それぞれ 100[%]，80[%] 及び 60[%] とする。

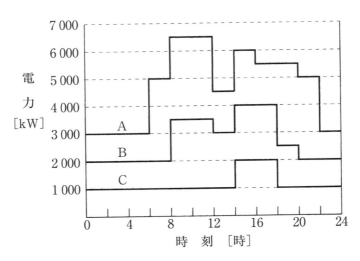

（ a ）　不等率の値として，最も近いものを次の（1）～（5）のうちから一つ選べ。

　　　（1）　0.98　　　　（2）　1.00　　　　（3）　1.02　　　　（4）　1.04　　　　（5）　1.06

（ b ）　最大負荷時における総合力率[%]の値として，最も近いものを次の（1）～（5）のうちから一つ選べ。

　　　（1）　86.9　　　　（2）　87.7　　　　（3）　90.4　　　　（4）　91.1　　　　（5）　94.1

問 12 （a）の解答　出題項目＜需要率・不等率＞　答え　（4）

負荷群 A，B および C の日負荷特性と負荷群を合成（A＋B＋C）した日負荷特性を**図 12-1** に示す。

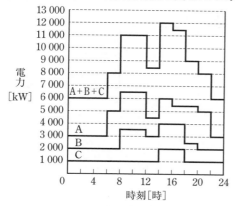

図 12-1　負荷群とその合成負荷

図 12-1 より，負荷群を合成した日負荷特性の各時間における合成電力 p は，

$$p = p_A + p_B + p_C [kW]$$

となる。

よって，各時間帯で次のように計算する。

0～　6 時：$3\,000 + 2\,000 + 1\,000 = 6\,000 [kW]$

6～　8 時：$5\,000 + 2\,000 + 1\,000 = 8\,000 [kW]$

8～12 時：$6\,500 + 3\,500 + 1\,000 = 11\,000 [kW]$

12～14 時：$4\,500 + 3\,000 + 1\,000 = 8\,500 [kW]$

14～16 時：$6\,000 + 4\,000 + 2\,000 = 12\,000 [kW]$

16～18 時：$5\,500 + 4\,000 + 2\,000 = 11\,500 [kW]$

18～20 時：$5\,500 + 2\,500 + 1\,000 = 9\,000 [kW]$

20～22 時：$5\,000 + 2\,000 + 1\,000 = 8\,000 [kW]$

22～24 時：$3\,000 + 2\,000 + 1\,000 = 6\,000 [kW]$

上記により，1 日の合成最大需要電力は 12 000 kW，負荷群 A，B および C の最大需要電力の総和は $6\,500 + 4\,000 + 2\,000 = 12\,500$ kW となる。

不等率は，合成最大需要電力と各需要家の最大需要電力の総和から，

$$不等率 = \frac{最大需要電力の総和}{合成最大需要電力}$$

$$= \frac{6\,500 + 4\,000 + 2\,000}{12\,000}$$

$$= 1.042 ≒ 1.04$$

問 12 （b）の解答　出題項目＜需要率・不等率＞　答え　（3）

最大負荷時（14～16 時）における負荷群 A，B および C の電力および無効電力を計算する。

① **負荷群 A の電力 P_{AM}，無効電力 Q_{AM}**

$P_{AM} = 6\,000 [kW]$

$$Q_{AM} = P_{AM} \frac{\sin \theta_A}{\cos \theta_A} = 6\,000 \times \frac{0}{1.0} = 0 [kvar]$$

② **負荷 B の電力 P_{BM}，無効電力 Q_{BM}**

$P_{BM} = 4\,000 [kW]$

$$Q_{BM} = P_{BM} \frac{\sin \theta_B}{\cos \theta_B} = 4\,000 \times \frac{0.6}{0.8} = 3\,000 [kvar]$$

③ **負荷 C の電力 P_{CM}，無効電力 Q_{CM}**

$P_{CM} = 2\,000 [kW]$

$$Q_{CM} = P_{CM} \frac{\sin \theta_C}{\cos \theta_C} = 2\,000 \times \frac{0.8}{0.6} = 2\,667 [kvar]$$

上記①，②，③を合成した電力 P_M および無効電力 Q_M は，

$P_M = 6\,000 + 4\,000 + 2\,000 = 12\,000 [kW]$

$Q_M = 0 + 3\,000 + 2\,667 = 5\,667 [kvar]$

となる。よって，総合力率 $\cos \theta_S$ は，

$$\cos \theta_S = \frac{P_M}{\sqrt{P_M^2 + Q_M^2}} \times 100$$

$$= \frac{12\,000}{\sqrt{12\,000^2 + 5\,667^2}} \times 100 ≒ 90.4 [\%]$$

解説

電力 $P [W]$，力率 $\cos \theta$ のとき，皮相電力 S および無効電力 Q は，

$$S = \frac{P}{\cos \theta} [V \cdot A]$$

$$Q = S \sin \theta = \frac{P}{\cos \theta} \cdot \sin \theta = P \frac{\sin \theta}{\cos \theta} [var]$$

である。また，$\cos \theta = 0.8$ のとき $\sin \theta$ は，

$$\sin \theta = \sqrt{1 - \cos^2 \theta} = \sqrt{1 - 0.8^2} = 0.6$$

であり，$\cos \theta = 0.6$ のとき $\sin \theta$ は 0.8 である。

Point 不等率の式，負荷の力率から無効電力を計算する。

令和
4
(202

令和
3
(202

令和
2
(2020

令和
元
(2019

平成
30
(2018

平成
29
(2017

平成
28
(2016

平成
27
(2015

平成
26
(2014

平成
25
(2013

平成
24
(2012

平成
23
(2011

平成
22
(2010

平成
21
(2009

平成
20
(2008

問13 出題分野＜電気施設管理＞ 難易度 ★★★ 重要度 ★★★

図は，電圧 6 600〔V〕，周波数 50〔Hz〕，中性点非接地方式の三相３線式配電線路及び需要家 A の高圧地絡保護システムを簡易に表した単線図である。次の（a）及び（b）の問に答えよ。

ただし，図で使用している主要な文字記号は付表のとおりとし，C_1＝3.0〔μF〕，C_2＝0.015〔μF〕とする。なお，図示されていない線路定数及び配電用変電所の制限抵抗は無視するものとする。

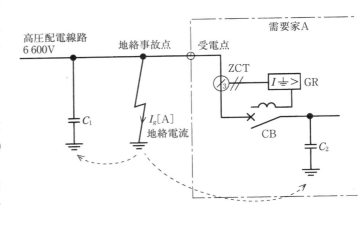

（a） 図の配電線路において，遮断器 CB が「入」の状態で地絡事故点に一線完全地絡事故が発生した場合の地絡電流 I_g〔A〕の値として，最も近いものを次の（1）～（5）のうちから一つ選べ。

ただし，間欠アークによる高調波の影響は無視できるものとする。

文字・記号	名称・内容
$\overset{\perp}{\top}$ C_1	配電線路側一相の全対地静電容量
$\overset{\perp}{\top}$ C_2	需要家側一相の全対地静電容量
⊘# ZCT	零相変流器
$\boxed{I \rightleftharpoons >}$ GR	地絡継電器
✕ CB	遮断器

付 表

（1） 4 　　（2） 7 　　（3） 11 　　（4） 19 　　（5） 33

（b） 図のような高圧配電線路に接続される需要家が，需要家構内の地絡保護のために設置する継電器の保護協調に関する記述として，誤っているものを次の（1）～（5）のうちから一つ選べ。

なお，記述中「不必要動作」とは，需要家の構外事故において継電器が動作することをいう。

（1） 需要家が設置する地絡継電器の動作電流及び動作時限整定値は，配電用変電所の整定値より小さくする必要がある。

（2） 需要家の構内高圧ケーブルが極めて短い場合，需要家が設置する継電器が無方向性地絡継電器でも，不必要動作の発生は少ない。

（3） 需要家が地絡方向継電器を設置すれば，構内高圧ケーブルが長い場合でも不必要動作は防げる。

（4） 需要家が地絡方向継電器を設置した場合，その整定値は配電用変電所との保護協調に関し動作時限のみ考慮すればよい。

（5） 地絡事故電流の大きさを考える場合，地絡事故が間欠アーク現象を伴うことを想定し，波形ひずみによる高調波の影響を考慮する必要がある。

問13（a）の解答　　出題項目＜地絡電流＞　　答え　（3）

本問の中性点非接地方式の配電線路の等価回路を図 13-1 に示す。地絡電流 $I_g[A]$ は，電圧（線間）を $V=6\,600[V]$ とすると，

$$I_g=I_{g1}+I_{g2}$$

$$=\frac{V}{\sqrt{3}}\left(\frac{1}{X_1}\right)+\frac{V}{\sqrt{3}}\left(\frac{1}{X_2}\right)=\frac{V}{\sqrt{3}}\left(\frac{1}{X_1}+\frac{1}{X_2}\right)$$

$$=\frac{V}{\sqrt{3}}\cdot 3\omega C_1+\frac{V}{\sqrt{3}}\cdot 3\omega C_2=\frac{V}{\sqrt{3}}\cdot 3\omega(C_1+C_2)$$

$$=\frac{6\,600}{\sqrt{3}}\times 3\times 2\pi\times 50\times(3.0+0.015)\times 10^{-6}$$

$$=10.828\fallingdotseq 11[A]$$

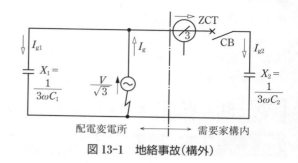

図 13-1　地絡事故（構外）

問13（b）の解答　　出題項目＜地絡電流，保護協調＞　　答え　（4）

（1）正。配電用変電所の整定値に対して，末端である需要家の動作電流および動作時限整定値を小さくする。これにより，需要家側で地絡事故が発生しても先に需要家の地絡継電器が動作する。

（2）正。需要家の構内高圧ケーブルが極めて短いということは，図 13-1 における C_2，I_{g2} が極めて小さいということであり，不必要動作の可能性が少ないことになる（解説参照）。

（3）正。（2）に対して構内高圧ケーブルが長い場合，I_{g2} が大きくなるため，地絡継電器に方向性を持たせることで不必要動作を回避する。

（4）誤。方向性を持つ地絡方向継電器を用いる場合についても，配電用変電所の継電器との協調は，動作電流および動作時限整定値を考慮する必要がある。

（5）正。多くの場合，地絡電流はひずみ波であり，その影響を考慮する必要がある。

解説

構外の地絡事故で需要家の地絡保護継電器（GR）で検出される地絡電流 I_{g2} を求める。

図 13-1 の等価回路図より，

$$I_{g2}=\frac{V}{\sqrt{3}}\times 3\omega C_2$$

$$=\frac{6\,600}{\sqrt{3}}\times 3\times 2\pi\times 50\times 0.015\times 10^{-6}$$

$$=0.0539[A]$$

である。また，地絡電流の向きは右向きである。

構内の地絡事故で需要家の GR で検出される地絡電流は，図 13-2 の等価回路より，I_{g2} ではなく I_{g1} である。I_{g1} を求めると，

$$I_{g1}=\frac{V}{\sqrt{3}}\times 3\omega C_2$$

$$=\frac{6\,600}{\sqrt{3}}\times 3\times 2\pi\times 50\times 3.0\times 10^{-6}$$

$$\fallingdotseq 10.8[A]$$

である。また，地絡電流の向きは左向きで，構外事故とは反対である。

地絡方向継電器では，この地絡事故の電流の向きが構内と構外で異なることを利用し，構内事故を検出する。

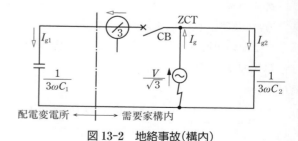

図 13-2　地絡事故（構内）

Point 等価回路より地絡電流を計算する。

法 規 | 平成22年度（2010年度）

注1　問題文中に「電気設備技術基準」とあるのは，「電気設備に関する技術基準を定める省令」の略である。

注2　問題文中に「電気設備技術基準の解釈」とあるのは，電気事業法に基づく経済産業大臣の処分に係る審査基準等のうちの「電気設備の技術基準の解釈について」の略である。

A 問 題 （配点は1問題当たり6点）

問1　出題分野＜電気事業法・施行規則＞　難易度 ★★★　重要度 ★★★

次の文章は，「電気事業法」及び「電気事業法施行規則」に基づく，太陽電池発電所の設置についての記述である。

a.　出力50[kW]の太陽電池発電所を設置しようとする者は，　(ア)　を主務大臣に届け出なければならない。

b.　出力2 000[kW]以上の太陽電池発電所を設置しようとする者は，　(イ)　を主務大臣に届け出なければならない。

c.　出力2 000[kW]以上の太陽電池発電所を設置しようとする者は，　(ウ)　ならない。

上記の記述中の空白箇所(ア)，(イ)及び(ウ)に当てはまる語句として，正しいものを組み合わせたのは次のうちどれか。　　　　　　　　　　　　　　　　　　　　　　　（一部改題）

	(ア)	(イ)	(ウ)
(1)	工事の計画	保安規程	使用前自主検査を行わなければ
(2)	保安規程	工事の計画	工事計画の認可を受けなければ
(3)	保安規程	工事の計画	電気主任技術者を選任しなければ
(4)	工事の計画	保安規程	電気主任技術者を選任しなければ
(5)	工事の計画	保安規程	工事計画の認可を受けなければ

問2　出題分野＜電気工事士法・施行規則＞　難易度 ★★★　重要度 ★★★

自家用電気工作物について，「電気事業法」と「電気工事士法」において，定義が異なっている。

電気工事士法に基づく「自家用電気工作物」とは，電気事業法に規定する自家用電気工作物から，発電所，変電所，　(ア)　の需要設備，　(イ)　発電所相互間，変電所相互間又は発電所と変電所との間の電線路（専ら通信の用に供するものを除く。）及びこれに附属する開閉所その他の電気工作物をいう。｝及び　(ウ)　を除いたものをいう。

上記の記述中の空白箇所(ア)，(イ)及び(ウ)に当てはまる語句として，正しいものを組み合わせたのは次のうちどれか。

	(ア)	(イ)	(ウ)
(1)	最大電力500[kW]以上	送電線路	保安通信設備
(2)	最大電力500[kW]未満	配電線路	保安通信設備
(3)	最大電力2 000[kW]以上	送電線路	小出力発電設備
(4)	契約電力500[kW]以上	配電線路	非常用予備発電設備
(5)	契約電力2 000[kW]以上	送電線路	非常用予備発電設備

問1の解答　出題項目＜法42条，規則48，52，62条＞　答え　(3)

電気事業法第42条(保安規程)，同法施行規則第48条(一般用電気工作物の範囲)，第62条(工事計画の認可等)，第52条(主任技術者の選任等)からの出題である。

・電気事業法第42条(保安規程)

第1項　**事業用電気工作物を設置する者**は，事業用電気工作物の工事，維持及び運用に関する保安を確保するため，主務省令で定めるところにより，保安を一体的に確保することが必要な事業用電気工作物の組織ごとに**保安規程**を定め，当該組織における事業用電気工作物の使用の開始前に，主務大臣に届け出なければならない。

・規則第48条(一般用電気工作物の範囲)

第2項第一号　太陽電池発電設備であって出力50kW未満のもの→**出力50kW**は，**事業用電気工作物**に該当する。

・規則第62条(工事計画の認可等)

第1項　出力**2000kW以上**の太陽電池発電所の設置又は変更の工事は，**工事の計画**を主務大臣に届け出なければならない。

・規則第52条(主任技術者の選任等)

第2項　太陽電池発電設備であって**出力2000kW以上**のものは**電気主任技術者を選任しなければならない**が，2000kW未満であって電圧7000V以下で連系等をするものは，保安管理業務を委託契約し，保安上支障がないものとして経済産業大臣の承認を受けたものは電気主任技術者を選任しないことができる。

補足　出力50kW以上の太陽電池発電所は，原則として電気主任技術者の選任が必要であるが，2000kW未満に限って例外がある。

問2の解答　出題項目＜法2条，規則1条の2＞　答え　(1)

電気事業法第38条(電気工作物の定義)および電気工事士法第2条(用語の定義)，電気工事士法施行規則第1条の2(自家用電気工作物から除かれる電気工作物)からの出題である。

・電気事業法第38条(電気工作物の定義)

第3項　この法律において「自家用電気工作物」とは，一般送配電事業，送電事業，配電事業，特定送配電事業，要件に該当する発電事業の用に供する電気工作物及び一般用電気工作物以外の電気工作物をいう。

・電気工事士法第2条(用語の定義)

第2項　この法律において「自家用電気工作物」とは，電気事業法第38条第3項に規定する自家用電気工作物(発電所，変電所，最大電力500kW以上の需要設備(電気を使用するために，その使用の場所と同一の構内に設置する電気工作物)その他の経済産業省令で定めるものを除く。)をいう。

・電気工事士法施行規則第1条の2(**自家用電気工作物から除かれる電気工作物**)

経済産業省令で定める自家用電気工作物は，**発電所，変電所，最大電力500kW以上の需要設備，送電線路**(発電所相互間，変電所相互間又は発電所と変電所との間の電線路(専ら通信の用に供するものを除く。)及びこれに附属する開閉所その他の電気工作物をいう。)及び**保安通信設備**とする。

解説

電気事業法と電気工事士法とでは，自家用電気工作物の定義に差があり，取り扱う範囲が異なっている。

> 電気工事士法で定める自家用電気工作物
> ＝電気事業法で定める自家用電気工作物
> －(発電所＋変電所＋最大電力500kW以上の需要設備＋送電線路＋保安通信設備)

このため，需要設備については，電気工事士法では**最大電力500kW未満**を対象としていることに注意しておく必要がある。

Point 解説の枠で示した部分の関係を確実に覚えておくこと。

令和4 (202
令和3 (202
令和2 (202
令和元 (201
平成30 (201
平成29 (2017
平成28 (2016
平成27 (2015
平成26 (2014
平成25 (2013
平成24 (2012
平成23 (2011
平成22 (2010,
平成21 (2009)
平成20 (2008)

問 3　出題分野＜電気関係報告規則＞　難易度 ★★★　重要度 ★★★

「電気関係報告規則」に基づく，事故報告に関して，受電電圧 6 600[V] の自家用電気工作物を設置する事業場における下記（1）から（5）の事故事例のうち，事故報告に該当しないものはどれか。

（1）　自家用電気工作物の破損事故に伴う構内 1 号柱の倒壊により道路をふさぎ，長時間の交通障害を起こした。

（2）　保修作業員が，作業中誤って分電盤内の低圧 200[V] の端子に触れて感電負傷し，治療のため 3 日間入院した。

（3）　電圧 100[V] の屋内配線の漏電により火災が発生し，建屋が全焼した。

（4）　従業員が，操作を誤って高圧の誘導電動機を損壊させた。

（5）　落雷により高圧負荷開閉器が破損し，電気事業者に供給支障を発生させたが，電気火災は発生せず，また，感電死傷者は出なかった。

問 4　出題分野＜電技解釈＞　難易度 ★★★　重要度 ★★★

次の文章は，「電気設備技術基準の解釈」における屋外に施設する移動電線の施設についての記述の一部である。

a.　屋外に施設する　（ア）　の移動電線と　（ア）　の屋外配線との接続には，ちょう架用線にちょう架して施設する場合を除き，さし込み接続器を用いること。

b.　屋外に施設する　（イ）　の移動電線と電気使用機械器具とは，ボルト締めその他の方法により堅ろうに接続すること。

c.　　（ウ）　の移動電線は，屋外に施設しないこと。

上記の記述中の空白箇所（ア），（イ）及び（ウ）に当てはまる語句として，正しいものを組み合わせたのは次のうちどれか。

	（ア）	（イ）	（ウ）
（1）	使用電圧が 300[V] 以下	使用電圧が 300[V] 以下	300[V] を超える低圧
（2）	使用電圧が 300[V] 以下	300[V] を超える低圧	高　圧
（3）	300[V] を超える低圧	低　圧	高　圧
（4）	300[V] を超える低圧	低　圧	特別高圧
（5）	低　圧	高　圧	特別高圧

問3の解答　出題項目＜3条＞　　答え （4）

電気関係報告規則第3条(事故報告)からの出題である。

（1）正。「**電気工作物の破損**又は電気工作物の誤操作若しくは電気工作物を操作しないことにより，他の物件に損傷を与え，又はその機能の全部又は一部を損なわせた事故」(第三号)は，報告対象であり，これに該当する。

（2）正。「**感電**又は電気工作物の破損若しくは電気工作物の誤操作若しくは電気工作物を操作しないことにより**人が死傷した事故**(死亡又は病院若しくは診療所に**治療のため入院**した場合に限る。)」(第一号)は，報告対象であり，これに該当する。

（3）正。「**電気火災事故**(工作物にあっては，その**半焼以上**の場合に限る。)」(第二号)は，報告対象であり，これに該当する。

（4）誤。「**主要電気工作物の破損事故**(電圧1万V以上の需要設備(自家用電気工作物を設置する者に限る。))」(第四号リ)は報告対象であるが，高圧の誘導電動機の損壊は，これに該当しない。

（5）正。「一般送配電事業者の一般送配電事業の用に供する電気工作物又は特定送配電事業者の特定送配電事業の用に供する電気工作物と電気的に接続されている**電圧3 000 V以上の自家用電気工作物の破損**又は自家用電気工作物の誤操作若しくは自家用電気工作物を操作しないことにより一般送配電事業者又は特定送配電事業者に**供給支障を発生させた事故**」(第十一号)は，報告対象であり，これに該当する。

解説

●報告期限と報告先
・速報：事故の発生を知ったときから**24時間以内**可能な限り速やかに事故の発生の日時および場所，事故が発生した電気工作物ならびに事故の概要について報告する。(電話やFAXで可)
・詳報：事故の発生を知った日から起算して**30日以内**報告する。(所定様式で報告)
・報告先：所轄産業保安監督部長

補足 主要電気工作物の破損事故の報告対象は電圧1万V以上で，一般送配電事業者等への波及事故の報告対象は3 000 V以上であることに注意しておく必要がある。

問4の解答　出題項目＜171条＞　　答え （5）

電技解釈第171条(移動電線の施設)からの出題である。

第1項　低圧の移動電線は，次の各号によること。
・移動電線と屋内配線との接続には，差込み接続器その他これに類する器具を用いること。ただし，移動電線をちょう架用線にちょう架して施設する場合は，この限りでない。(第四号)
・移動電線と屋側配線又は屋外配線との接続には，差込み接続器を用いること。(第五号)

第3項　高圧の移動電線は，次の各号によること。
・移動電線と電気機械器具とは，ボルト締めその他の方法により堅ろうに接続すること。(第二号)

第4項　特別高圧の移動電線は，屋内に施設する場合を除き，施設しないこと。

解説

解釈第142条(電気使用場所の施設及び小出力発電設備に係る用語の定義)第六号で，移動電線は次のように定義されている。

「電気使用場所に施設する電線のうち，造営物に固定しないものをいい，電球線及び電気機械器具内の電線を除く。」

移動電線には，低圧，高圧，特別高圧の種別があるが，特別高圧の移動電線は，電気集じん応用装置に附属する特殊なものを除いて施設が禁止されている。

問5 出題分野＜電技解釈＞ 難易度 ★★★ 重要度 ★★★

「電気設備技術基準の解釈」では，高圧及び特別高圧の電路中の所定の箇所又はこれに近接する箇所には避雷器を施設することとなっている。この所定の箇所に該当するのは次のうちどれか。

（1） 発電所又は変電所の特別高圧地中電線引込口及び引出口

（2） 高圧側が6[kV]高圧架空電線路に接続される配電用変圧器の高圧側

（3） 特別高圧架空電線路から供給を受ける需要場所の引込口

（4） 特別高圧地中電線路から供給を受ける需要場所の引込口

（5） 高圧架空電線路から供給を受ける受電電力の容量が300[kW]の需要場所の引込口

問6 出題分野＜電技解釈＞ 難易度 ★★★ 重要度 ★★★

次の文章は，「電気設備技術基準の解釈」における，低圧屋内幹線の施設に関する記述の一部である。

低圧屋内幹線の電源側電路には，当該低圧屋内幹線を保護する過電流遮断器を施設すること。ただし，次のいずれかに該当する場合は，この限りでない。

a. 低圧屋内幹線の許容電流が当該低圧屋内幹線の電源側に接続する他の低圧屋内幹線を保護する過電流遮断器の定格電流の （ア） [%]以上である場合

b. 過電流遮断器に直接接続する低圧屋内幹線又は上記aに掲げる低圧屋内幹線に接続する長さ （イ） [m]以下の低圧屋内幹線であって，当該低圧屋内幹線の許容電流が当該低圧屋内幹線の電源側に接続する他の低圧屋内幹線を保護する過電流遮断器の定格電流の （ウ） [%]以上である場合

c. 過電流遮断器に直接接続する低圧屋内幹線又は上記a若しくは上記bに掲げる低圧屋内幹線に接続する長さ （エ） [m]以下の低圧屋内幹線であって，当該低圧屋内幹線の負荷側に他の低圧屋内幹線を接続しない場合

上記の記述中の空白箇所（ア），（イ），（ウ）及び（エ）に当てはまる数値として，正しいものを組み合わせたのは次のうちどれか。

	（ア）	（イ）	（ウ）	（エ）
（1）	50	7	33	3
（2）	50	6	33	4
（3）	55	8	35	3
（4）	55	8	35	4
（5）	55	7	35	5

問5の解答　出題項目＜37条＞

答え　(3)

電技解釈第37条(避雷器等の施設)からの出題である。

（1）誤。避雷器の施設は**架空電線を対象**として規定されており，地中電線は対象外である。

（2）誤。**特別高圧配電用変圧器は対象**となっているが，高圧配電用変圧器は対象外である。

（3）正。**特別高圧架空電線路から電気の供給を受ける需要場所の引込口**は，避雷器の施設の対象となっている。

（4）誤。避雷器の施設は**架空電線を対象**として規定されており，地中電線は対象外である。

（5）誤。高圧架空電線路から電気の供給を受ける受電電力が**500 kW 以上**の需要場所の引込口が対象となっており，300 kW は対象外である。

解説

電技解釈第37条(避雷器等の施設)では，次のように規定している。

第1項　高圧及び特別高圧の電路中，次の各号に掲げる箇所又はこれに近接する箇所には，避雷器を施設すること。

一　**発電所又は変電所**若しくはこれに準ずる場所の架空電線の**引込口**(需要場所の引込口を除く。)**及び引出口**

二　架空電線路に接続する，**特別高圧配電用変圧器の高圧側及び特別高圧側**

三　**高圧架空電線路から電気の供給を受ける受電電力の容量が500 kW 以上の需要場所の引込口**

四　**特別高圧架空電線路から電気の供給を受ける需要場所の引込口**

問6の解答　出題項目＜148条＞

答え　(3)

電技解釈第148条(低圧幹線の施設)からの出題である。

第1項第四号　低圧幹線の電源側電路には，当該低圧幹線を保護する過電流遮断器を施設すること。ただし，次のいずれかに該当する場合は，この限りでない。

イ　低圧幹線の許容電流が，当該低圧幹線の電源側に接続する他の低圧幹線を保護する過電流遮断器の定格電流の **55 %** 以上である場合

ロ　過電流遮断器に直接接続する低圧幹線又はイに掲げる低圧幹線に接続する長さ **8 m 以下**の低圧幹線であって，当該低圧幹線の許容電流が，当該低圧幹線の電源側に接続する他の低圧幹線を保護する過電流遮断器の定格電流の **35 %** 以上である場合

ハ　過電流遮断器に直接接続する低圧幹線又はイ若しくはロに掲げる低圧幹線に接続する長さ **3 m 以下**の低圧幹線であって，当該低圧幹線の負荷側に他の低圧幹線を接続しない場合

ニ　低圧幹線に電気を供給する電源が太陽電池のみであって，当該低圧幹線の許容電流が，当該

低圧幹線を通過する最大短絡電流以上である場合

解説

太い幹線から細い幹線を接続する場合において，過電流遮断器を省略できる条件をまとめると，**図6-1** のように表すことができる。

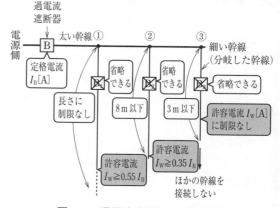

図6-1　過電流遮断器の省略条件

補足　条文そのものが覚えにくい場合には，規定内容を図示化して覚えるのも一つの方法といえる。

令和
4
(202

令和
3
(202

令和
2
(202

令和
元
(201

平成
30
(2018

平成
29
(2017

平成
28
(2016

平成
27
(2015

平成
26
(2014

平成
25
(2013

平成
24
(2012

平成
23
(2011

平成
22
(2010)

平成
21
(2009)

平成
20
(2008)

問7　出題分野＜電技解釈＞ 難易度 ★★☆ 重要度 ★★★

次の文章は，「電気設備技術基準の解釈」における，地中電線路の施設に関する記述の一部である。

a. 地中電線路を暗きょ式により施設する場合は，暗きょにはこれに加わる車両その他の重量物の圧力に耐えるものを使用し，かつ，地中電線に ［　(ア)　］ を施し，又は暗きょ内に ［　(イ)　］ を施設すること。

b. 地中電線路を直接埋設式により施設する場合は，地中電線は車両その他の重量物の圧力を受けるおそれがある場所においては ［　(ウ)　］ 以上，その他の場所においては ［　(エ)　］ 以上の土冠で施設すること。ただし，使用するケーブルの種類，施設条件等を考慮し，これに加わる圧力に耐えるように施設する場合はこの限りでない。

上記の記述中の空白箇所(ア)，(イ)，(ウ)及び(エ)に当てはまる語句又は数値として，正しいものを組み合わせたのは次のうちどれか。

	(ア)	(イ)	(ウ)	(エ)
（1）	堅ろうな覆い	換気装置	60[cm]	30[cm]
（2）	耐燃措置	自動消火設備	1.2[m]	60[cm]
（3）	耐熱措置	換気装置	1.2[m]	30[cm]
（4）	耐燃措置	換気装置	1.2[m]	60[cm]
（5）	堅ろうな覆い	自動消火設備	60[cm]	30[cm]

問8　出題分野＜電技解釈＞ 難易度 ★★☆ 重要度 ★★★

次の文章は，「電気設備技術基準の解釈」に基づく，特別高圧の電路の絶縁耐力試験に関する記述である。

公称電圧22 000[V]，三相3線式電線路のケーブル部分の心線と大地との間の絶縁耐力試験を行う場合，試験電圧と連続加圧時間の記述として，正しいのは次のうちどれか。

（1） 交流23 000[V]の試験電圧を10分間加圧する。

（2） 直流23 000[V]の試験電圧を10分間加圧する。

（3） 交流28 750[V]の試験電圧を1分間加圧する。

（4） 直流46 000[V]の試験電圧を10分間加圧する。

（5） 直流57 500[V]の試験電圧を10分間加圧する。

問7の解答　出題項目＜120条＞

電技解釈第120条（地中電線路の施設）からの出題である。

第1項　地中電線路は，電線にケーブルを使用し，かつ，**管路式**，**暗きょ式**又は**直接埋設式**により施設すること。なお，管路式には電線共同溝（C.C.BOX）方式を，暗きょ式にはキャブ（電力，通信等のケーブルを収納するために道路下に設けるふた掛け式のU字構造物）によるものを，それぞれ含むものとする。

第3項　地中電線路を**暗きょ式**により**施設**する場合は，次の各号によること。

一　暗きょは，車両その他の重量物の圧力に耐えるものであること。

二　次のいずれかにより，防火措置を施すこと。

イ　地中電線に**耐燃措置**を施すこと。

ロ　暗きょ内に**自動消火設備**を施設すること。

第4項　地中電線路を**直接埋設式**により**施設**する場合は，次の各号によること。

一　地中電線の埋設深さは，車両その他の重量物の圧力を受けるおそれがある場所においては

1.2 m 以上，その他の場所においては **0.6 m** 以上であること。ただし，使用するケーブルの種類，施設条件等を考慮し，これに加わる圧力に耐えるよう施設する場合はこの限りでない。

補足　管路式，暗きょ式，直接埋設式の施設の概念は，**図7-1** のとおりである。

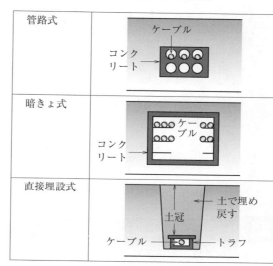

管路式	ケーブル コンクリート
暗きょ式	ケーブル コンクリート
直接埋設式	土で埋め戻す 土冠 ケーブル　　トラフ

図7-1　地中電線路の布設方式

問8の解答　出題項目＜15条＞

電技解釈第15条（高圧又は特別高圧の電路の絶縁性能）からの出題である。

（1）　誤。交流試験は 28 750 V で，試験時間は連続10分間である。

（2）　誤。直流試験は 57 500 V で，試験時間は連続10分間である。

（3）　誤。交流試験は 28 750 V で，試験時間は連続10分間である。

（4）　誤。直流試験は 57 500 V で，試験時間は連続10分間である。

（5）　正。直流試験は 57 500 V で，試験時間は連続10分間である。

解説

●試験電圧と試験時間

交流試験電圧＝最大使用電圧×1.25

$$＝\left(公称電圧×\frac{1.15}{1.1}\right)×1.25$$

$$＝22\,000×\frac{1.15}{1.1}×1.25$$

$$＝28\,750\,[V]$$

直流試験電圧＝交流試験電圧×2

$$＝28\,750×2＝57\,500\,[V]$$

試験時間は連続**10分間**で，これに耐えればよい。

補足　ケーブル電路では，交流試験のほか直流試験が認められている。これは，ケーブルではこう長が長くなると静電容量のため充電容量が大きくなり，試験装置が大型になるためである。

令和4（202）／令和3（202）／令和2（2020）／令和元（2019）／平成30（2018）／平成29（2017）／平成28（2016）／平成27（2015）／平成26（2014）／平成25（2013）／平成24（2012）／平成23（2011）／平成22（2010）／平成21（2009）／平成20（2008）

問 9　　出題分野＜電技解釈＞　　　　　　　難易度 ★★★　　重要度 ★★★

「電気設備技術基準の解釈」に基づく，金属管工事による低圧屋内配線に関する記述として，誤っているのは次のうちどれか。

(1)　絶縁電線相互を接続し，接続部分をその電線の絶縁物と同等以上の絶縁効力のあるもので十分被覆した上で，接続部分を金属管内に収めた。

(2)　使用電圧が 200[V]で，施設場所が乾燥しており金属管の長さが 3[m]であったので，管に施す D 種接地工事を省略した。

(3)　コンクリートに埋め込む部分は，厚さ 1.2[mm]の電線管を使用した。

(4)　電線は，600 V ビニル絶縁電線のより線を使用した。

(5)　湿気の多い場所に施設したので，金属管及びボックスその他の附属品に防湿装置を施した。

問 10　　出題分野＜電気施設管理＞　　　　　難易度 ★★★　　重要度 ★★★

次の文章は，配電系統の高調波についての記述である。不適切なものは次のうちどれか。

(1)　高調波電流を多く含んだ程度に応じて電圧ひずみが大きくなる。

(2)　高調波発生機器を設置していない高圧需要家であっても直列リアクトルを付けないコンデンサ設備が存在する場合，電圧ひずみを増大させることがある。

(3)　低圧側の第 3 次高調波は，零相（各相が同相）となるため高圧側にあまり現れない。

(4)　高調波電流流出抑制対策のコンデンサ設備は，高調波発生源が変圧器の低圧側にある場合，高圧側に設置した方が高調波電流流出抑制の効果が大きい。

(5)　高調波電流流出抑制対策設備に，高調波電流を吸収する受動フィルタと高調波電流の逆極性の電流を発生する能動フィルタがある。

問 9 の解答　　出題項目＜159 条＞

電技解釈第 159 条（金属管工事）からの出題である。

（1）　誤。金属管内では，電線に**接続点を設けないこと**。（第 1 項第三号）

（2）　正。低圧屋内配線の**使用電圧が 300 V 以下**の場合は，管には，**D 種接地工事**を施すこと。

ただし，**管の長さが 4 m 以下**のものを**乾燥した場所**に施設する場合は，この限りでない。（第 3 項第四号イ）

（3）　正。管の厚さは，コンクリートに埋め込むものは，**1.2 mm 以上**であること。（第 2 項第二号イ）

（4）　正。金属管工事による低圧屋内配線の電線は，**絶縁電線（屋外用ビニル絶縁電線を除く。）**であること。（第 1 項第一号）

（5）　正。金属管工事に使用する金属管及び

ボックスその他の附属品は，**湿気の多い場所又は水気のある場所**に施設する場合は，**防湿装置**を施すこと。（第 3 項第三号）

解説

金属管内に接続部分を設けると，接続点での短絡や地絡事故の可能性が大きくなってしまうことから，管内での接続を禁止している（図 9-1）。

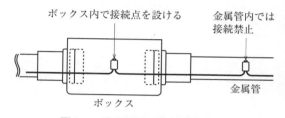

図 9-1　金属管内での接続の禁止

問 10 の解答　　出題項目＜高調波＞

年々増加傾向にある，配電系統の高調波に関する出題である。

（1）　正。配電線の電流に高調波電流が含まれていると，線路のインピーダンスとの積で決まる電圧降下によって，電圧ひずみを生じる。

（2）　正。夜間などの軽負荷時に直列リアクトルのないコンデンサによって，配電線の高調波電圧ひずみが大きくなる。

（3）　正。低圧用進相コンデンサは，低圧側の高調波電流を吸収し，低圧側の第 3 高調波は高圧側にあまり現れない。

（4）　誤。低圧側に高調波電流の発生源があるので，流出抑制対策としてコンデンサ設備は低圧側に設置した方が効果的である。

（5）　正。高調波電流流出抑制対策設備には，高調波電流を吸収する LC による受動フィルタと高調波電流を逆極性の電流で打ち消す働きをする能動フィルタ（アクティブフィルタ）がある。

解説

高圧変圧器，系統電源側，直列リアクトル，コンデンサのそれぞれの基本波のリアクタンスを

X_T，X_S，X_L，X_C とし，高調波発生源の電流を I_n，電源側に流出する n 次高調波電流を I_{sn} として，コンデンサ設備を低圧側に設置した場合と高圧側に設置した場合の等価回路を示すと**図 10-1** のようになる。

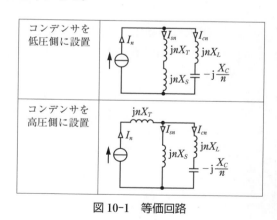

図 10-1　等価回路

電源側に流出する高調波電流 I_{sn} は，コンデンサ設備を高圧側に設備を設置した場合（$nX_S < (nX_T + nX_S)$ となる）の方が大きくなり，低圧側に設置した方が抑制効果を大きくできる。

令和
4
(2022)

令和
3
(2021)

令和
2
(2020)

令和
元
(2019)

平成
30
(2018)

平成
29
(2017)

平成
28
(2016)

平成
27
(2015)

平成
26
(2014)

平成
25
(2013)

平成
24
(2012)

平成
23
(2011)

平成
22
(2010)

平成
21
(2009)

平成
20
(2008)

B 問 題

（問11及び問12の配点は1問題当たり(a)6点，(b)7点，計13点，問13の配点は(a)7点，(b)7点，計14点）

問11 　出題分野＜電気施設管理＞ 　難易度 ★★★ 　重要度 ★★★

図のような自家用電気施設の供給系統において，変電室変圧器二次側（210[V]）で三相短絡事故が発生した場合，次の（a）及び（b）に答えよ。

ただし，受電電圧6 600[V]，三相短絡事故電流 I_s＝7[kA]とし，変流器CT-3の変流比は，75A/5Aとする。

（a）事故時における変流器CT-3の二次電流[A]の値として，最も近いのは次のうちどれか。

　（1）　5.6　　　（2）　7.5　　　（3）　11.2　　　（4）　14.9　　　（5）　23

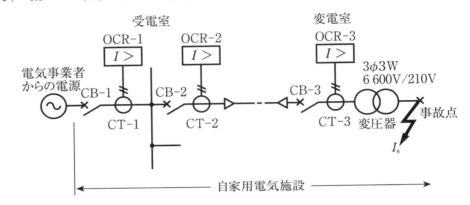

（b）この事故における保護協調において，施設内の過電流継電器の中で最も早い動作が求められる過電流継電器（以下，OCR-3という）の動作時間[秒]の値として，最も近いのは次のうちどれか。

ただし，OCR-3の動作時間演算式は $T=\dfrac{80}{(N^2-1)}\times\dfrac{D}{10}$ [秒]とする。この演算式における T はOCR-3の動作時間[秒]，N はOCR-3の電流整定値に対する入力電流値の倍数を示し，D はダイヤル（時限）整定値である。

また，CT-3に接続されたOCR-3の整定値は次のとおりとする。

OCR名称	電流整定値[A]	ダイヤル（時限）整定値
OCR-3	3	2

　（1）　0.4　　　（2）　0.7　　　（3）　1.2　　　（4）　1.7　　　（5）　3.4

問 11 （a）の解答　出題項目＜短絡電流＞

問題図のうち，計算に必要な部分を拡大した回路を図 11-1 に示す。OCR に流れる電流 I_{R3} は，変圧器と変流器(CT-3)の 2 つの変成器により変成される短絡電流 I_S である。

CT-3 の一次側電流 I_{S3} および OCR-3 の電流 I_{R3} を計算する。磁気飽和の影響を無視し，題意の数値から，

$$I_{S3}=\frac{210}{6\,600}\cdot I_S=\frac{210}{6\,600}\times 7\,000=222.73[\text{A}]$$

$$I_{R3}=\frac{5}{75}\cdot I_{S3}=\frac{5}{75}\times 222.73=14.85\fallingdotseq 14.9[\text{A}]$$

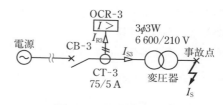

図 11-1　問題図(拡大)

問 11 （b）の解答　出題項目＜短絡電流＞

短絡電流 $I_S=7\,000[\text{A}]$ の事故による保護リレー(OCR-3)の動作時間を計算する。

OCR-3 の動作時間演算式は，題意より，

$$T=\frac{80}{(N^2-1)}\times\frac{D}{10}[\text{s}]\qquad\qquad ①$$

である。N は，電流整定値(3 A)に対する OCR-3 への入力電流値(小問(a)により 14.9 A)の倍数であるから，

$$N=\frac{14.9}{3}=4.967$$

となる。D は，題意から 2 である。①式に数値を代入し，T を求めると，

$$T=\frac{80}{(4.967^2-1)}\times\frac{2}{10}=0.676\fallingdotseq 0.7[\text{s}]$$

解説

問題文のとおり，事故点に最も近い OCR-3 の動作時間を最も早くすることで，上位側の OCR-1，2 および遮断器 CB-1，2 を動作させることなく事故電流を遮断できる。これを保護協調を取るという。

保護協調を解説するため，OCR を設けた供給系統を図 11-2 に示す。事故点 A は問題の図と同じ箇所の事故である。事故点 A の事故は CB-3 が最も早く動作するよう OCR-3 の(b)の問題文中の表のとおり限時要素を整定する。このときの 6 600 V 側の短絡電流 I_{S3} は，問題と同じ $I_{S3}=222.7[\text{A}]$ とする。

次に，6 600 V の受電室側のケーブル端末部で短絡が起きた場合(事故点 B)を考える。このときの短絡電流 I_{S2} は，次式で表される。

$$I_{S2}=\frac{100}{\%Z}\cdot I_n[\text{A}]\qquad\qquad ②$$

$\%Z$ は，電源から事故点 B までの百分率インピーダンスであり，図 11-2 から，

$$\%Z=\%Z_G=2.5[\%]$$

である。また，基準電流 I_n は図 11-2 の基準容量 S_n，基準電圧 V_n により，

$$I_n=\frac{S_n}{\sqrt{3}\,V_n}=\frac{1\,000\times10^3}{\sqrt{3}\times6\,600}=87.477[\text{A}]$$

である。これらの数値を②式に代入すると，

$$I_{S2}=\frac{100}{2.5}\times87.477=3\,500[\text{A}]$$

となり，これは，末端の $I_{S3}\fallingdotseq 222.7$ A で動作の遅い限時要素としている CB-1 および CB-2 は，$I_{S2}=3\,500$ A での動作が遅いことを意味している。

この問題を回避するため，OCR-1，2 には瞬時要素を設けて，自らの保護範囲の短絡電流では瞬時に動作させる。

Point 変圧比，CT 比から OCR(CT 二次側)の電流を求める。

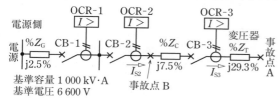

図 11-2　解説図

令和 4 (202

令和 3 (202

令和 2 (2020

令和 元 (2019

平成 30 (2018

平成 29 (2017

平成 28 (2016

平成 27 (2015

平成 26 (2014

平成 25 (2013

平成 24 (2012

平成 23 (2011

平成 22 (2010

平成 21 (2009

平成 20 (2008

問 12　　出題分野＜電技解釈＞　　難易度 ★☆★　重要度 ★★★

　変圧器によって高圧電路に結合されている低圧電路に施設された使用電圧 100[V] の金属製外箱を有する空調機がある。この変圧器の B 種接地抵抗値及びその低圧電路に施設された空調機の金属製外箱の D 種接地抵抗値に関して，次の（a）及び（b）に答えよ。

　ただし，次の条件によるものとする。

　　（ア）　変圧器の高圧側の電路の 1 線地絡電流は 5[A] で，B 種接地工事の接地抵抗値は「電気設備技術基準の解釈」で許容されている最高限度の $\frac{1}{3}$ に維持されている。

　　（イ）　変圧器の高圧側の電路と低圧側の電路との混触時に低圧電路の対地電圧が 150[V] を超えた場合に，0.8 秒で高圧電路を自動的に遮断する装置が設けられている。

（a）　変圧器の低圧側に施された B 種接地工事の接地抵抗値[Ω]の値として，最も近いのは次のうちどれか。

　　（1）　10　　　　（2）　20　　　　（3）　30　　　　（4）　40　　　　（5）　50

（b）　空調機に地絡事故が発生した場合，空調機の金属製外箱に触れた人体に流れる電流を 10[mA] 以下としたい。このための空調機の金属製外箱に施す D 種接地工事の接地抵抗値[Ω]の上限値として，最も近いのは次のうちどれか。

　　ただし，人体の電気抵抗値は 6 000[Ω]とする。

　　（1）　10　　　　（2）　15　　　　（3）　20　　　　（4）　30　　　　（5）　60

問12 （a）の解答　出題項目＜17条＞

電技解釈第17条(接地工事の種類及び施設方法)では，B種接地抵抗値 R_B は，対地電圧が150V を超えた場合に，1秒以下(本問では0.8秒)で高圧電路を自動的に遮断する装置を設ける場合，$\dfrac{600}{I_g}[\Omega]$以下の抵抗値(I_g：1線地絡電流[A])と

することを規定している。

本問では，1線地絡電流 $I_g=5[A]$，規定値(許容値)の1/3であるため，

$$R_B=\frac{1}{3}\cdot\frac{600}{I}=\frac{1}{3}\cdot\frac{600}{5}=40[\Omega]$$

問12 （b）の解答　出題項目＜17条＞

空調機の金属製外箱の接地抵抗値を $R_D[\Omega]$，人体抵抗を $R_h[\Omega]$，B種接地抵抗値を $R_B[\Omega]$ とする。題意から，電圧は100 V，$R_h=6\,000[\Omega]$，人体に流れる電流 $I_h=10[mA]$ とする。

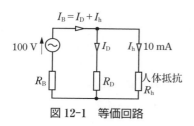

図12-1　等価回路

図12-1 より R_h および R_D に加わる電圧は，

$$R_h I_h=6\,000\times10\times10^{-3}=60[V]$$

電源が100 V であるため，R_B に加わる電圧は，

$$R_B I_B=100-60=40[V]$$

R_B の電流 I_B は，上式より，

$$I_B=\frac{40}{R_B}=\frac{40}{40}=1.0[A]$$

図12-1 より，R_D の電流 I_D は，

$$I_D=I_B-I_h=1.0-10\times10^{-3}=0.99[A]$$

R_D に加わる電圧は60 V であるため，R_D は，

$$R_D=\frac{60}{0.99}=60.61[\Omega]$$

R_D は，上記の値より大きくなると人体に流れる電流も10 mA より大きくなるため，60.61 Ω以下($\fallingdotseq60$ Ω)とする必要がある。

解説

電技解釈第17条(接地工事の種類及び施設方法)では，B種接地抵抗値は，高圧電路を自動的に遮断する時間に応じて，次のように規定されて

いる。

2秒を超える場合：$\dfrac{150}{I_g}[\Omega]$以下

1秒を超え2秒以下：$\dfrac{300}{I_g}[\Omega]$以下

1秒以下：$\dfrac{600}{I_g}[\Omega]$以下

I_g：当該変圧器の高圧または特別高圧側の電路の1線地絡電流[A]

補足　R_D が60.61 Ω より大きくなった場合の I_h を計算する。図12-1 より，

$$I_h=\frac{100}{R_B+\dfrac{R_D\cdot R_h}{R_D+R_h}}\cdot\frac{R_D}{R_D+R_h}$$

$$=\frac{100R_D}{R_B(R_D+R_h)+R_D\cdot R_h}$$

R_B, R_h の値を代入して，

$$=\frac{100R_D}{40(R_D+6\,000)+R_D\cdot6\,000}$$

$$=\frac{100}{\dfrac{2.4\times10^5}{R_D}+6\,040}$$

となる。上式に $R_D=61[\Omega]$ を代入すると，

$$I_h=\frac{100}{\dfrac{2.4\times10^5}{61}+6\,040}=10.03\times10^{-3}[A]$$

となり，10 mA を超えてしまう。

Point　B種接地抵抗値を求め，等価回路によりD種接地抵抗値の上限を求める。

令和4(202
令和3(202
令和2(2020)
令和元(2019
平成30(2018
平成29(2017
平成28(2016
平成27(2015
平成26(2014
平成25(2013
平成24(2012
平成23(2011)
平成22(2010)
平成21(2009)
平成20(2008)

問13　出題分野＜電技解釈＞　難易度 ★★★　重要度 ★★★

氷雪の多い地方のうち，海岸地その他の低温季に最大風圧を生ずる地方以外の地方において，電線に断面積150[mm²]（19本/3.2[mm]）の硬銅より線を使用する特別高圧架空電線路がある。この電線1条，長さ1[m]当たりに加わる水平風圧荷重について，「電気設備技術基準の解釈」に基づき，次の（a）及び（b）に答えよ。

ただし，電線は図のようなより線構成とする。

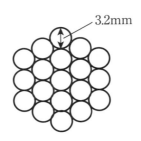

3.2mm

（a）　高温季における風圧荷重[N]の値として，最も近いのは次のうちどれか。
（1）　6.8　　　　（2）　7.8　　　　（3）　9.4　　　　（4）　10.6　　　　（5）　15.7

（b）　低温季における風圧荷重[N]の値として，最も近いのは次のうちどれか。
（1）　12.6　　　　（2）　13.7　　　　（3）　18.5　　　　（4）　21.6　　　　（5）　27.4

令和 4 (202

令和 3 (202

令和 2 (2020

令和 元 (2019

平成 30 (2018

平成 29 (2017

平成 28 (2016

平成 27 (2015

平成 26 (2014

平成 25 (2013

平成 24 (2012

平成 23 (2011

平成 22 (2010

平成 21 (2009

平成 20 (2008

問13（a）の解答　出題項目＜58条＞

答え　(5)

電技解釈第 58 条（架空電線路の強度検討に用いる荷重）より，高温季は甲種風圧荷重を採用する。ここで，水平風圧荷重 F_1 は，より合わせた線の幅 l_1 に 1 m を掛けて長方形の面積を求め，これに 980 Pa（$= \mathrm{N/m^2}$）の風圧荷重を掛けた値である（**図 13-1**）。

$$l_1 = 5 \times 3.2 = 16\,[\mathrm{mm}] = 16 \times 10^{-3}\,[\mathrm{m}]$$
$$F_1 = l_1 \times 1.0 \times 980 = 16 \times 10^{-3} \times 1.0 \times 980$$
$$= 15.68 \fallingdotseq 15.7\,[\mathrm{N}]$$

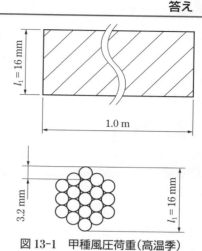

図 13-1　甲種風圧荷重（高温季）

問13（b）の解答　出題項目＜58条＞

答え　(2)

電技解釈第 58 条より，低温季は乙種風圧荷重を採用する。ここで，水平風圧荷重 F_2 は，より合わせた線の幅に氷雪の厚さを加えた値 l_2 に，1 m を掛けて長方形の面積を求め，これに 0.5×980 Pa（$= \mathrm{N/m^2}$）の風圧荷重を掛けた値である（**図 13-2**）。

$$l_2 = 2 \times 6 + 16 = 28\,[\mathrm{mm}]$$
$$F_2 = 28 \times 10^{-3} \times 1.0 \times 0.5 \times 980 \fallingdotseq 13.7\,[\mathrm{N}]$$

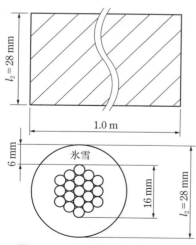

図 13-2　乙種風圧荷重（低温季）

解 説

本問のように，海岸地その他の低温季に最大風圧を生じる地方以外の地方の場合，高温季は甲種風圧荷重，低温季は乙種風圧荷重を採用する（**表 13-1**）。

また，海岸地その他の低温季に最大風圧を生じる地方の場合，甲種又は乙種風圧荷重のいずれか大きいものを採用する。

甲種風圧荷重で電線の垂直投影面に加わる圧力は，電技解釈第 58 条の 58-1 表中の架渉線のその他（多導体以外）で 980 Pa を使用する。乙種風圧荷重は，架渉線の周囲に厚さ 6 mm，比重 0.9 の氷雪が付着した状態で，甲種風圧荷重の 0.5 倍の圧力で計算する。

表 13-1　風圧荷重の適用（58-2 表）

季節	地方		適用する風圧荷重
高温季	全ての地方		甲種風圧荷重
低温季	氷雪の多い地方	海岸地その他の低温季に最大風圧を生じる地方	甲種風圧荷重又は乙種風圧荷重のいずれか大きいもの
		上記以外の地方	乙種風圧荷重
	氷雪の多い地方以外の地方		丙種風圧荷重

Point 風圧荷重の考え方を理解する。

法　規 | 平成21年度（2009年度）

注1　問題文中に「電気設備技術基準」とあるのは，「電気設備に関する技術基準を定める省令」の略である。

注2　問題文中に「電気設備技術基準の解釈」とあるのは，電気事業法に基づく経済産業大臣の処分に係る審査基準等のうちの「電気設備の技術基準の解釈について」の略である。

A 問 題　（配点は1問題当たり6点）

問1　出題分野＜電気事業法＞　難易度 ★★★　重要度 ★★★

次の文章は，「電気事業法」の目的についての記述である。

この法律は，電気事業の運営を適正かつ合理的ならしめることによって，電気の使用者の利益を保護し，及び電気事業の健全な発達を図るとともに，電気工作物の工事，維持及び運用を　(ア)　することによって，　(イ)　の安全を確保し，及び　(ウ)　の保全を図ることを目的とする。

上記の記述中の空白箇所(ア)，(イ)及び(ウ)に当てはまる語句として，正しいものを組み合わせたのは次のうちどれか。

	(ア)	(イ)	(ウ)
(1)	規 定	公 共	電気工作物
(2)	規 制	電 気	電気工作物
(3)	規 制	公 共	環 境
(4)	規 定	電 気	電気工作物
(5)	規 定	電 気	環 境

問2　出題分野＜電気事業法・施行規則＞　難易度 ★★★　重要度 ★★★

「電気事業法」に基づく，一般用電気工作物に該当するものは次のうちどれか。なお，(1)～(5)の電気工作物は，その受電のための電線路以外の電線路により，その構内以外の場所にある電気工作物と電気的に接続されていないものとする。

(1)　受電電圧6.6[kV]，受電電力60[kW]の店舗の電気工作物

(2)　受電電圧200[V]，受電電力30[kW]で，別に発電電圧200[V]，出力15[kW]の内燃力による非常用予備発電装置を有する病院の電気工作物

(3)　受電電圧6.6[kV]，受電電力45[kW]の事務所の電気工作物

(4)　受電電圧200[V]，受電電力35[kW]で，別に発電電圧100[V]，出力5[kW]の太陽電池発電設備を有する事務所の電気工作物

(5)　受電電圧200[V]，受電電力30[kW]で，別に発電電圧100[V]，出力7[kW]の太陽電池発電設備と，発電電圧100[V]，出力25[kW]の風力発電設備を有する公民館の電気工作物

(一部改題)

問1の解答　出題項目<1条>

答え　（3）

電気事業法第1条（目的）からの出題である。

第1条　この法律は，電気事業の運営を適正かつ合理的ならしめることによって，電気の使用者の利益を保護し，及び電気事業の健全な発達を図るとともに，**電気工作物の工事，維持及び運用を規制**することによって，**公共の安全を確保**し，及び**環境の保全**を図ることを目的とする。

解説

電気事業法の目的は大別して二つあり，**事業規制と保安規制**である。条文の前半部分は事業規制について，後半部分は保安規制についての内容となっている。

補足

事業規制と保安規制の内容を整理すると，**図1-1**のようになる。

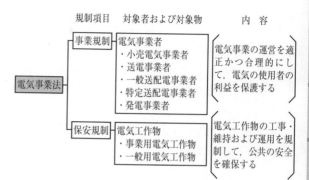

図 1-1　事業規制と保安規制

問2の解答　出題項目<法38条，規則48条>

答え　（4）

電気事業法第38条（定義）および同法施行規則第48条（一般用電気工作物の範囲）からの出題である。

（1）誤。一般用電気工作物に該当するのは**600 V**以下であり，**6.6 kV**の高圧受電は自家用電気工作物となる。

（2）誤。内燃力による非常用予備発電装置の出力が**10 kW**未満であれば，小出力発電設備となって一般用電気工作物となるが，15 kWはこの範囲を超えているので自家用電気工作物となる。

（3）誤。一般用電気工作物に該当するのは**600 V**以下であり，**6.6 kV**の高圧受電は自家用電気工作物となる。

（4）正。**受電電圧が600 V以下で，太陽電池発電所が50 kW未満**であるので一般用電気工作物となる。

（5）誤。小出力発電設備となる風力発電設備は**20 kW**未満であり，25 kWであるので自家用電気工作物となる。種類の異なる小出力発電設備が存在する場合，**小出力発電設備の合計出力が50 kW未満**であれば一般用電気工作物となる。

解説

このタイプの問題を解く場合には，一般用電気工作物と自家用電気工作物の違いとともに，小出力発電設備に該当するか否かの判断が確実にできるようにしておかなければならない。

問題中にある，受電電力の値は関係しない。

補足

小出力発電設備の種類と適用範囲は，**表2-1**のとおりである。

表 2-1　小出力発電設備

発電設備の種類	適用範囲
太陽電池発電設備	出力 50 kW 未満のもの
風力発電設備	出力 20 kW 未満のもの
水力発電設備	出力 20 kW 未満，かつダム・堰を有さない，かつ最大使用水量 1 m³/s 未満のもの
内燃力発電設備	出力 10 kW 未満の内燃力を原動力とする火力発電設備
燃料電池発電設備	出力 10 kW 未満のもの*
スターリング発電設備	出力 10 kW 未満のもの
上記の組合せ	合計出力 50 kW 未満のもの

＊①固体高分子型又は固体酸化物型のものであって，燃料・改質系統設備の最高使用圧力が 0.1 MPa（液体燃料を通ずる部分にあっては，1.0 MPa）未満のもの。②燃料電池自動車で出力 10 kW 未満のもの。

令4(20)
令3(20)
令2(20)
令元(201)
平成30(201)
平成29(2017)
平成28(2016)
平成27(2015)
平成26(2014)
平成25(2013)
平成24(2012)
平成23(2011)
平成22(2010)
平成21(2009)
平成20(2008)

問3　出題分野＜電気事業法施行規則＞　難易度 ★★★　重要度 ★★★

次の文章は，「電気事業法施行規則」における，保安規程において定めるべき事項の記述の一部である。

a. 事業用電気工作物の工事，維持又は運用に関する業務を管理する者の　(ア)　及び組織に関すること。

b. 事業用電気工作物の工事，維持又は運用に従事する者に対する　(イ)　に関すること。

c. 事業用電気工作物の工事，維持及び運用に関する保安のための巡視，点検及び検査に関すること。

d. 事業用電気工作物の工事，維持及び運用に関する保安についての　(ウ)　に関すること。

e. 災害その他非常の場合に採るべき措置に関すること。

上記の記述中の空白箇所(ア)，(イ)及び(ウ)に当てはまる語句として，正しいものを組み合わせたのは次のうちどれか。

	(ア)	(イ)	(ウ)
(1)	職　務	保安教育	記　録
(2)	職　務	指　導	監　視
(3)	資　格	訓　練	記　録
(4)	資　格	保安教育	監　視
(5)	職　務	訓　練	記　録

問4　出題分野＜電技，電気関係報告規則＞　難易度 ★★★　重要度 ★★★

次の文章は，「電気設備技術基準」の公害等の防止について及び「電気関係報告規則」のポリ塩化ビフェニル含有電気工作物に関する届出についての記述の一部である。

a. 　(ア)　に接続する変圧器を設置する箇所には，　(イ)　の構外への流出及び地下への浸透を防止するための措置が施されていなければならない。

b. ポリ塩化ビフェニル含有電気工作物を現に設置している又は予備として有している者は，ポリ塩化ビフェニル含有　(ウ)　の破損その他の事故が発生し，ポリ塩化ビフェニルを含有する　(イ)　が構内以外に排出された，又は地下に浸透した場合には，事故の発生後可能な限り速やかに事故の状況及び講じた措置の概要を当該ポリ塩化ビフェニル含有　(ウ)　の設置の場所を管轄する産業保安監督部長へ届け出なければならない。

上記の記述中の空白箇所(ア)，(イ)及び(ウ)に当てはまる語句として，正しいものを組み合わせたのは次のうちどれか。

	(ア)	(イ)	(ウ)
(1)	中性点非接地式電路	絶縁油	変圧器
(2)	中性点直接接地式電路	廃　液	貯油施設
(3)	中性点非接地式電路	廃　液	変圧器
(4)	送電線路	絶縁油	電気工作物
(5)	中性点直接接地式電路	絶縁油	電気工作物

(一部改題)

問3の解答　　出題項目＜50条＞　　　　　答え　（1）

　電気事業法施行規則第50条（保安規程）からの出題である。

　第3項　一般送配電事業，送電事業，配電事業又は発電事業の用に供するもの以外の事業用電気工作物を設置する者は，保安規程において，次の各号に掲げる事項を定めるものとする。

　一　事業用電気工作物の工事，維持又は運用に関する業務を管理する者の**職務及び組織**に関すること。

　二　事業用電気工作物の工事，維持又は運用に従事する者に対する**保安教育**に関すること。

　三　事業用電気工作物の工事，維持及び運用に関する保安のための**巡視，点検及び検査**に関すること。

　四　事業用電気工作物の**運転又は操作**に関すること。

　五　発電所の運転を相当期間停止する場合における**保全の方法**に関すること。

　六　**災害その他非常の場合に採るべき措置**に関すること。

　七　事業用電気工作物の工事，維持及び運用に関する**保安についての記録**に関すること。

　八　事業用電気工作物の**法定事業者検査又は使用前自主確認に係る実施体制及び記録の保存**に関すること。

　九　**その他**事業用電気工作物の工事，維持及び運用に関する保安に関し必要な事項

解説

・電気事業法第42条（保安規程）

　第1項　事業用電気工作物を設置する者は，事業用電気工作物の工事，維持及び運用に関する保安を確保するため，主務省令で定めるところにより，保安を一体的に確保することが必要な**事業用電気工作物の組織ごとに保安規程**を定め，当該組織における事業用電気工作物の**使用の開始前に，主務大臣に届け出**なければならない。

　第2項　事業用電気工作物を設置する者は，**保安規程を変更**したときは，**遅滞なく**，変更した事項を主務大臣に届け出なければならない。

　第3項　**主務大臣**は，事業用電気工作物の工事，維持及び運用に関する保安を確保するため必要があると認めるときは，事業用電気工作物を設置する者に対し，**保安規程を変更すべきことを命**ずることができる。

　第4項　事業用電気工作物を設置する者及びその従業者は，保安規程を守らなければならない。

問4の解答　　出題項目＜電技19条，規則4条の2＞　　答え　（5）

　電技第19条（公害等の防止）および電気関係報告規則第4条の2（ポリ塩化ビフェニル含有電気工作物に関する届出）からの出題である。

・電技第19条

　第10項　**中性点直接接地式電路**に接続する変圧器を設置する箇所には，**絶縁油**の構外への流出及び地下への浸透を防止するための措置が施されていなければならない。

・電気関係報告規則第4条の2（第四号）

　ポリ塩化ビフェニル含有電気工作物を現に設置している又は予備として有している者は，ポリ塩化ビフェニル含有**電気工作物**の破損その他の事故が発生し，ポリ塩化ビフェニルを含有する**絶縁油**が構内以外に排出された，又は地下に浸透した場合には，事故の発生後可能な限り速やかに，事故の状況及び講じた措置の概要を当該ポリ塩化ビフェニル含有**電気工作物**の設置の場所を管轄する**産業保安監督部長**へ届け出なければならない。

解説

　中性点直接接地式電路に接続する変圧器は，**超高圧変圧器で大容量**であるため，絶縁油の保有量も大きい。このため，事故時に大量の絶縁油が構外へ流出したり，地下へ浸透したりするのを防止するための措置として，油流出防止装置の施設を義務づけている。

令和
4
(202

令和
3
(202

令和
2
(202

令和
元
(201

平成
30
(201

平成
29
(201

平成
28
(2016

平成
27
(2015

平成
26
(2014

平成
25
(2013

平成
24
(2012

平成
23
(2011

平成
22
(2010

平成
21
(2009

平成
20
(2008

問5　出題分野＜電技解釈＞　　難易度 ★★★　重要度 ★★★

　次の文章は，「電気設備技術基準の解釈」に基づく，低圧電路に使用する配線用遮断器の規格に関する記述の一部である。

　過電流遮断器として低圧電路に使用する定格電流30[A]以下の配線用遮断器(電気用品安全法の適用を受けるもの及び電動機の過負荷保護装置と短絡保護専用遮断器又は短絡保護専用ヒューズを組み合わせた装置を除く。)は，次の各号に適合するものであること。
　一　定格電流の　(ア)　倍の電流で自動的に動作しないこと。
　二　定格電流の　(イ)　倍の電流を通じた場合において60分以内に，また2倍の電流を通じた場合に　(ウ)　分以内に自動的に動作すること。

　上記の記述中の空白箇所(ア)，(イ)及び(ウ)に当てはまる数値として，正しいものを組み合わせたのは次のうちどれか。

	(ア)	(イ)	(ウ)
(1)	1	1.6	2
(2)	1.1	1.6	4
(3)	1	1.25	2
(4)	1.1	1.25	3
(5)	1	2	2

問6　出題分野＜電技解釈＞　　難易度 ★★★　重要度 ★★★

　「電気設備技術基準の解釈」に基づく，高圧用の機械器具(これに附属する高圧の電気で充電する電線であってケーブル以外のものを含む。)の施設について，発電所又は変電所，開閉所若しくはこれらに準ずる場所以外の場所において，高圧用の機械器具を施設することができる場合として，誤っているのは次のうちどれか。
　(1)　機械器具の周囲に人が触れるおそれがないように適当なさく，へい等を設け，さく，へい等との高さとさく，へい等から充電部分までの距離との和を5[m]以上とし，かつ，危険である旨の表示をする場合。
　(2)　工場等の構内において，機械器具の周囲に高圧用機械器具である旨の表示をする場合。
　(3)　機械器具を屋内の取扱者以外の者が出入りできないように設備した場所に施設する場合。
　(4)　機械器具をコンクリート製の箱又はD種接地工事を施した金属製の箱に収め，かつ，充電部分が露出しないように施設する場合。
　(5)　充電部分が露出しない機械器具を，簡易接触防護措置を施して施設する場合。

問5の解答　出題項目＜33条＞

電技解釈第33条(低圧電路に施設する過電流遮断器の性能等)からの出題である。

第3項　過電流遮断器として低圧電路に施設する配線用遮断器(電気用品安全法の適用を受けるもの及び次項に規定するものを除く。)は，次の各号に適合するものであること。

一　定格電流の**1**倍の電流で**自動的に動作**しないこと。

二　表に掲げる定格電流の区分に応じ，定格電流の1.25倍及び2倍の電流を通じた場合において，それぞれ，表に掲げる時間内に自動的に動作すること。

（定格電流30 A 以下を表から抜粋）

・定格電流の**1.25**倍の電流を通じた場合の自動動作時間：**60分以内**

・定格電流の**2**倍の電流を通じた場合の自動動作時間：**2分以内**

解説

電技第14条(過電流からの電線及び電気機械器具の保護対策)では，「電路の必要な箇所には，過電流による過熱焼損から電線及び電気機械器具を保護し，かつ，火災の発生を防止できるよう，過電流遮断器を施設しなければならない。」と定められており，この内容を解釈では具体的に数値化して規定している。

補足　配線用遮断器(MCCB：ブレーカ)の動作特性(電流―時間特性)の例は，**図5-1**のようになっており，**保護協調**をとるためには電流が大きくなるほど動作時間が短くなるようになっていなければならない。

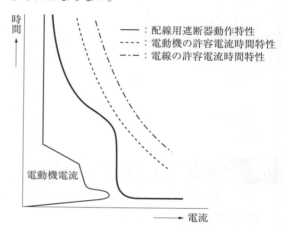

図 5-1　配線用遮断器の動作特性

問6の解答　出題項目＜21条＞

電技解釈第21条(高圧の機械器具の施設)からの出題である。

（1）　正。第二号の規定内容は，「人が触れるおそれがないように，機械器具の周囲に適当なさく，へい等」を設け，「さく，へい等の高さと，当該さく，へい等から機械器具の充電部分までの距離との和を**5 m 以上**」とし，「**危険である旨の表示をすること。**」である。

（2）　誤。第二号の規定内容は，工場等の構内において，「人が触れるおそれがないよう，機械器具の周囲に適当なさく，へい等を設けること。」とされ，**機械器具の周囲に高圧用機器である旨の表示だけでは不十分**である。

（3）　正。第一号の規定内容は，「屋内であって，**取扱者以外の者が出入りできないように措置した場所に施設すること。**」である。

（4）　正。第四号の規定内容は，「機械器具を**コンクリート製の箱又は D 種接地工事を施した金属製の箱**に収め，かつ，**充電部分が露出しない**ように施設すること。」である。

（5）　正。第五号の規定内容は，「充電部分が露出しない機械器具を，次のいずれかにより施設すること。

イ　**簡易接触防護措置**を施すこと。

ロ　温度上昇により，又は故障の際に，その近傍の大地との間に生じる電位差により，人若しくは家畜又は他の工作物に危険のおそれがないように施設すること。」である。

問7　出題分野＜電技解釈＞　難易度 ★★★　重要度 ★★★

次の文章は，「電気設備技術基準の解釈」における，第1次接近状態及び第2次接近状態に関する記述である。

1. 「第1次接近状態」とは，架空電線が他の工作物と接近（併行する場合を含み，交さする場合及び同一支持物に施設される場合を除く。以下同じ。）する場合において，当該架空電線が他の工作物の上方又は側方において水平距離で架空電線路の支持物の地表上の高さに相当する距離以内に施設されること（水平距離で　(ア)　[m]未満に施設されることを除く。）により，架空電線路の電線の　(イ)　，支持物の　(ウ)　等の際に，当該電線が他の工作物　(エ)　おそれがある状態をいう。

2. 「第2次接近状態」とは，架空電線が他の工作物と接近する場合において，当該架空電線が他の工作物の上方又は側方において水平距離で　(ア)　[m]未満に施設される状態をいう。

上記の記述中の空白箇所(ア)，(イ)，(ウ)及び(エ)に当てはまる語句又は数値として，正しいものを組み合わせたのは次のうちどれか。

	(ア)	(イ)	(ウ)	(エ)
(1)	1.2	振動	傾斜	を損壊させる
(2)	2	振動	倒壊	に接触する
(3)	3	切断	倒壊	を損壊させる
(4)	3	切断	倒壊	に接触する
(5)	1.2	振動	傾斜	に接触する

問8　出題分野＜電技解釈＞　難易度 ★★★　重要度 ★★★

次の文章は，「電気設備技術基準の解釈」に基づく，太陽電池発電所に施設する太陽電池モジュール等に関する記述の一部である。

1. 　(ア)　が露出しないように施設すること。

2. 太陽電池モジュールに接続する負荷側の電路（複数の太陽電池モジュールを施設した場合にあっては，その集合体に接続する負荷側の電路）には，その接続点に近接して　(イ)　その他これに類する器具（負荷電流を開閉できるものに限る。）を施設すること。

3. 太陽電池モジュールを並列に接続する電路には，その電路に　(ウ)　を生じた場合に電路を保護する過電流遮断器その他の器具を施設すること。
   ただし，当該電路が　(ウ)　電流に耐えるものである場合は，この限りでない。

4. 電線を屋内に施設する場合にあっては，　(エ)　，金属管工事，可とう電線管工事又はケーブル工事により施設すること。

上記の記述中の空白箇所(ア)，(イ)，(ウ)及び(エ)に当てはまる語句として，正しいものを組み合わせたのは次のうちどれか。

	(ア)	(イ)	(ウ)	(エ)
(1)	充電部分	開閉器	短絡	合成樹脂管工事
(2)	充電部分	遮断器	過負荷	合成樹脂管工事
(3)	接続部分	遮断器	短絡	金属ダクト工事
(4)	充電部分	開閉器	短絡	金属ダクト工事
(5)	接続部分	開閉器	過負荷	合成樹脂管工事

問7の解答　出題項目＜49条＞

電技解釈第49条(電線路に係る用語の定義)からの出題である。

　九　**第1次接近状態**　架空電線が，他の工作物と接近する場合において，当該架空電線が他の工作物の上方又は側方において，**水平距離で3m以上**，かつ，架空電線路の支持物の地表上の高さに相当する距離以内に施設されることにより，架空電線路の**電線の切断**，**支持物の倒壊**等の際に，当該電線が他の工作物に**接触する**おそれがある状態

　十　**第2次接近状態**　架空電線が他の工作物と接近する場合において，当該架空電線が他の工作物の上方又は側方において**水平距離で3m未満**に施設される状態

　十一　**接近状態**　第1次接近状態及び第2次接近状態

解説

　接近状態は，図7-1に示すAおよびBの部分を指し，架空電線が他の工作物の上方または側方において接近する場合の接近の限界を規定したものである。接近状態内に他の工作物が入るような場合には，施設の強化を図るため，**保安工事**としなければならない。

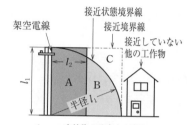

l_1　：支持物の地表上の高さ
$l_2 = 3\,\mathrm{m}$：水平距離
Aの部分：第二次接近状態
Bの部分：第一次接近状態
Cの部分：接近しても制限されない範囲

図7-1　接近状態

補足
他の工作物の下方に接近する場合は，接近状態には含まれない。

問8の解答　出題項目＜200条＞

電技解釈第200条(小出力発電設備の施設)からの出題である。

　第2項　小出力発電設備である太陽電池発電設備は，次の各号により施設すること。

　一　太陽電池モジュール，電線及び開閉器その他の器具は，次の各号によること。

　イ　**充電部分が露出**しないように施設すること。

　ロ　太陽電池モジュールに接続する**負荷側の電路**(複数の太陽電池モジュールを施設する場合にあっては，その集合体に接続する負荷側の電路)には，その接続点に近接して**開閉器**その他これに類する器具(負荷電流を開閉できるものに限る。)を施設すること。

　ハ　太陽電池モジュールを並列に接続する電路には，その電路に**短絡**を生じた場合に電路を保護する過電流遮断器その他の器具を施設すること。ただし，当該電路が**短絡電流**に耐えるものである場合は，この限りでない。

　ニ　**電線**は，次によること。ただし，機械器具の構造上その内部に安全に施設できる場合は，この限りでない。

　(イ)　電線は，**直径1.6mm**の軟銅線又はこれと同等以上の強さ及び太さのものであること。

　(ロ)　次のいずれかにより施設すること。

　(1)　**合成樹脂管工事**により，施設すること。

　(2)　**金属管工事**により，施設すること。

　(3)　**金属可とう電線管工事**により，施設すること。

　(4)　**ケーブル工事**により，施設すること。

令和4 (202
令和3 (202
令和2 (202
令和元 (201
平成30 (201
平成29 (201
平成28 (2016
平成27 (2015
平成26 (2014
平成25 (2013
平成24 (2012
平成23 (2011
平成22 (2010
平成21 (2009
平成20 (2008

問9　出題分野＜電気施設管理＞　　難易度 ★★★　重要度 ★★★

次の文章は，工場等における電気設備の運用管理に関する記述である。

電気機器は適正な電圧で使用することにより，効率的な運用を図ることができる。このため電気管理者にとって，　(ア)　の検討を行うことは重要である。

また，電力損失の抑制対策として，次のように幾つかの例が挙げられる。

① 電気機器と並列にコンデンサ設備を設置し，　(イ)　をすることにより電力損失の低減を図る。

② 変圧器は，適正な　(ウ)　を維持するように，機器の稼働台数の調整及び負荷の適正配分を行う。

上記の記述中の空白箇所(ア)，(イ)及び(ウ)に当てはまる語句として，正しいものを組み合わせたのは次のうちどれか。

	(ア)	(イ)	(ウ)
(1)	短絡保護協調	力率改善	需要率
(2)	電圧降下	電圧維持	負荷率
(3)	地絡保護協調	力率改善	不等率
(4)	電圧降下	力率改善	需要率
(5)	短絡保護協調	電圧維持	需要率

問10　出題分野＜電気事業法・施行規則＞　　難易度 ★★★　重要度 ★★★

次の文章は，「電気事業法」及び「電気事業法施行規則」の電圧及び周波数の値についての説明である。

1. 一般送配電事業者は，その供給する電気の電圧の値を標準電圧が100[V]では，　(ア)　を超えない値に維持するように努めなければならない。

2. 電気事業者は，その供給する電気の電圧の値を標準電圧が200[V]では，　(イ)　を超えない値に維持するように努めなければならない。

3. 電気事業者は，その者が供給する電気の標準周波数　(ウ)　値に維持するよう努めなければならない。

上記の記述中の空白箇所(ア)，(イ)及び(ウ)に当てはまる語句として，正しいものを組み合わせたのは次のうちどれか。

	(ア)	(イ)	(ウ)
(1)	100[V]の上下4[V]	200[V]の上下8[V]	に等しい
(2)	100[V]の上下4[V]	200[V]の上下12[V]	の上下0.2[Hz]を超えない
(3)	100[V]の上下6[V]	200[V]の上下12[V]	に等しい
(4)	101[V]の上下6[V]	202[V]の上下12[V]	の上下0.2[Hz]を超えない
(5)	101[V]の上下6[V]	202[V]の上下20[V]	に等しい

問9の解答　　出題項目＜需要率・不等率，進相コンデンサ，電圧降下＞　　答え　(4)

工場等における電気設備の運用管理について，電気管理者が行うべき効率的な運用に関する出題である。

電気機器は適正な電圧で使用することにより，効率的な運用を図ることができる。このため電気管理者にとって，**電圧降下**の検討を行うことは重要である。また，**電力損失の抑制対策**として，次のように幾つかの例が挙げられる。

①　**電気機器と並列にコンデンサ設備**を設置し，**力率改善**をすることにより電力損失の低減を図る。

②　**変圧器**は，適正な**需要率**を維持するように，機器の**稼働台数の調整**及び**負荷の適正配分**を行う。

解説

電気管理者にとって，電圧管理や電力損失の抑制による省エネルギーを図ることは重要な業務である。

（1）　電圧の維持

電気機器は，一般に定格電圧値で最も効率的な運用ができるよう設計されている。

この電圧値より低すぎると電動機の効率低下や停止，照明の照度低下などを招き，逆に高すぎると寿命の短縮や過励磁による温度上昇などを招くことになる。

（2）　電力損失の低減

線路の電力損失は，RI^2 で皮相電流の2乗に比例する。無効電流を小さくすると皮相電流も小さくなるので，負荷が遅れ力率の場合には，負荷と並列に電力用コンデンサを接続する。

変圧器は，鉄損＝銅損のとき最も効率が高くなるので，適正な需要率*を維持するように台数制御や負荷の適正配分をする。

$$*需要率 = \frac{最大需要電力[kW]}{設備容量[kW]} \times 100[\%]$$

問10の解答　　出題項目＜法26条，規則38条＞　　答え　(5)

電気事業法第26条（電圧及び周波数）および同法施行規則第38条（電圧及び周波数の値）からの出題である。

・法第26条

第1項　一般送配電事業者は，その供給する電気の電圧及び周波数の値を経済産業省令で定める値に維持するように努めなければならない。

・規則第38条

第1項　経済産業省令で定める電圧の値は，その電気を供給する場所において，標準電圧が100Vの場合は**101±6V**を超えない値，標準電圧が200Vの場合は**202V±20V**を超えない値に維持するよう定められている。

第2項　経済産業省令で定める周波数の値は，その者が供給する電気の**標準周波数に等しい値**とする。

解説

電気事業法と同法施行規則では，電気の使用者である需要家の保護のため，電圧の維持値は定められているが，周波数については標準周波数（50Hzまたは60Hz）に等しい値として許容幅を定めていない。実際には，電気事業者で周波数偏差目標を定め，運用している。

図10-1のように，発電と消費のバランスが崩れると周波数の上昇や低下を招くため，常に，周波数制御などによって標準周波数に近づける努力がなされている。

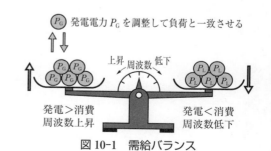

図 10-1　需給バランス

B 問 題

（問 11 及び問 12 の配点は 1 問題当たり（a）6 点，（b）7 点，計 13 点，問 13 の配点は（a）7 点，（b）7 点，計 14 点）

問 11　出題分野＜電気施設管理＞　　難易度 ★★★　重要度 ★☆☆

　図に示すような，相電圧 E[V]，周波数 f[Hz]の対称三相 3 線式低圧電路があり，変圧器の中性点に B 種接地工事が施されている。B 種接地工事の接地抵抗値を R_B[Ω]，電路の一相当たりの対地静電容量を C[F]とする。

　この電路の絶縁抵抗が劣化により，電路の一相のみが絶縁抵抗値 R_G[Ω]に低下した。このとき，次の（a）及び（b）に答えよ。

　ただし，上記以外のインピーダンスは無視するものとする。

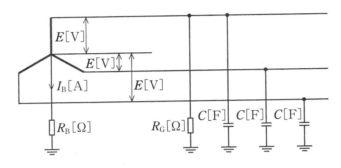

（a）　劣化により一相のみが絶縁抵抗値 R_G[Ω]に低下したとき，B 種接地工事の接地線に流れる電流の大きさを I_B[A]とする。この I_B を表す式として，正しいのは次のうちどれか。

　　ただし，他の相の対地コンダクタンスは無視するものとする。

（1）　$\dfrac{E}{\sqrt{R_B{}^2+36\pi^2f^2C^2R_B{}^2R_G{}^2}}$　　　　（2）　$\dfrac{3E}{\sqrt{(R_G+R_B)^2+4\pi^2f^2C^2R_B{}^2R_G{}^2}}$

（3）　$\dfrac{E}{\sqrt{(R_G+R_B)^2+4\pi^2f^2C^2R_B{}^2R_G{}^2}}$　　　　（4）　$\dfrac{E}{\sqrt{R_G{}^2+36\pi^2f^2C^2R_B{}^2R_G{}^2}}$

（5）　$\dfrac{E}{\sqrt{(R_G+R_B)^2+36\pi^2f^2C^2R_B{}^2R_G{}^2}}$

（b）　相電圧 E を 100[V]，周波数 f を 50[Hz]，対地静電容量 C を 0.1[μF]，絶縁抵抗値 R_G を 100[Ω]，接地抵抗値 R_B を 15[Ω]とするとき，上記（a）の I_B の値として，最も近いのは次のうちどれか。

（1）　0.87　　　（2）　0.99　　　（3）　1.74　　　（4）　2.61　　　（5）　6.67

問11（a）の解答　　出題項目<接地抵抗電流>　　答え（5）

問題図においてテブナンの定理を適用する。**図11-1**のように、R_G両端に仮想スイッチSWを設け、SWの開放電圧を$\dot{V}_{ab}$とする。地絡電流$\dot{I}_G$[A]を求めると、**図11-2**の等価回路図より、

$$\dot{V}_{ab} = E \,[\text{V}]$$

$$\dot{Z}_o = \frac{R_B \cdot \dfrac{1}{\text{j}3\omega C}}{R_B + \dfrac{1}{\text{j}3\omega C}}\,[\Omega]$$

$$\dot{I}_G = \frac{\dot{V}_{ab}}{\dot{Z}_o + R_G} = \frac{E}{\dfrac{R_B \cdot \dfrac{1}{\text{j}3\omega C}}{R_B + \dfrac{1}{\text{j}3\omega C}} + R_G}\,[\text{A}]$$

となる。なお、$\dot{Z}_o$は、図11-2の等価回路においてR_Gから左側を見たインピーダンスである。$\dot{I}_G$から$\dot{I}_B$を計算すると、

$$\dot{I}_B = \dot{I}_G \cdot \frac{\dfrac{1}{\text{j}3\omega C}}{R_B + \dfrac{1}{\text{j}3\omega C}} = \frac{E}{\dfrac{R_B \cdot \dfrac{1}{\text{j}3\omega C}}{R_B + \dfrac{1}{\text{j}3\omega C}} + R_G} \cdot \frac{\dfrac{1}{\text{j}3\omega C}}{R_B + \dfrac{1}{\text{j}3\omega C}}$$

$$= \frac{E}{R_B + R_G \cdot \dfrac{R_B + \dfrac{1}{\text{j}3\omega C}}{\dfrac{1}{\text{j}3\omega C}}} = \frac{E}{R_B + R_G \cdot \dfrac{\text{j}3\omega C R_B + 1}{1}}$$

$$= \frac{E}{R_B + R_G + \text{j}3\omega C R_B R_G}\,[\text{A}]$$

となる。絶対値I_Bは、

$$I_B = \frac{E}{\sqrt{(R_B + R_G)^2 + (3\omega C R_B R_G)^2}} \qquad ①$$

$$= \frac{E}{\sqrt{(R_B + R_G)^2 + 9 \times 4(\pi f C R_B R_G)^2}}$$

$$= \frac{E}{\sqrt{(R_B + R_G)^2 + 36\pi^2 f^2 C^2 R_B{}^2 R_G{}^2}}\,[\text{A}] \qquad ②$$

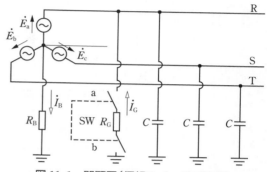

図11-1　問題図（仮想スイッチの追加）

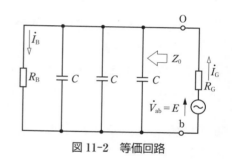

図11-2　等価回路

問11（b）の解答　　出題項目<接地抵抗電流>　　答え（1）

上記（a）で求めた①式に題意の数値を代入してI_Bを求める。$E = 100\,[\text{V}]$、$f = 50\,[\text{Hz}]$、$C = 0.1\,[\mu\text{F}]$、$R_G = 100\,[\Omega]$、$R_B = 15\,[\Omega]$より、

$$I_B = \frac{100}{\sqrt{(15+100)^2 + (3 \times 2\pi \times 50 \times 0.1 \times 10^{-6} \times 15 \times 100)^2}}$$

$$= \frac{100}{\sqrt{13\,225 + 0.01999}} \fallingdotseq \frac{100}{115} \fallingdotseq 0.87\,[\text{A}]$$

解説

本問（b）において計算に使用した式は上記（a）の②式ではなく、一つ前の①式を使用して、計算の手間を省いた。また、分母の根号内の第2項は第1項に比べて数が極めて小さいため、省略することも可能である。

Point テブナンの定理により地絡電流を求める。

図のように，高圧架空電線路中で水平角度が60[°]の電線路となる部分の支持物（A種鉄筋コンクリート柱）に下記の条件で電気設備技術基準の解釈に適合する支線を設けるものとする。

(ア) 高圧架空電線の取り付け高さを10[m]，支線の支持物への取り付け高さを8[m]，この支持物の地表面の中心点と支線の地表面までの距離を6[m]とする。

(イ) 高圧架空電線と支線の水平角度を120[°]，高圧架空電線の想定最大水平張力を9.8[kN]とする。

(ウ) 支線には亜鉛めっき鋼より線を用いる。その素線は，直径2.6[mm]，引張強さ1.23[kN/mm²]である。素線のより合わせによる引張荷重の減少係数を0.92とし，支線の安全率を1.5とする。

このとき，次の(a)及び(b)に答えよ。

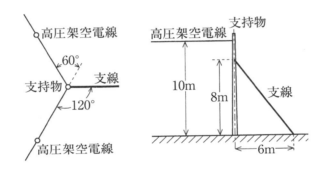

(a) 支線に働く想定最大荷重[kN]の値として，最も近いのは次のうちどれか。
   (1) 10.2　　(2) 12.3　　(3) 20.4　　(4) 24.5　　(5) 40.1

(b) 支線の素線の最少の条数として，正しいのは次のうちどれか。
   (1) 3　　(2) 7　　(3) 9　　(4) 13　　(5) 19

令和
4
(202

令和
3
(202

令和
2
(2020

令和
元
(2019

平成
30
(2018

平成
29
(2017

平成
28
(2016

平成
27
(2015

平成
26
(2014

平成
25
(2013

平成
24
(2012

平成
23
(2011

平成
22
(2010

平成
21
(2009)

平成
20
(2008)

問12（a）の解答　出題項目＜電線張力・最少条数＞　答え　（3）

各高圧架空電線の想定最大水平張力は 9.8 kN であるから，支持物に対する水平力 T_1 は，図12-1 より，

$$T_1 = (9.8 \times \sin 60°) \times 2 \,[\text{kN}]$$

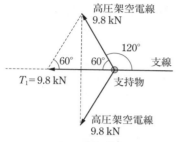

図 12-1　高圧架空電線の水平張力合成

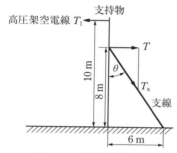

図 12-2　引張荷重 T_x

$$= 9.8 \times \frac{1}{2} \times 2 = 9.8 \,[\text{kN}]$$

である。

一方，T_1 が支持物を左へ倒そうとするモーメント（取り付け高さ×水平力）は，支線の水平力 T のモーメントとは均衡しているため，図12-2 より，次の式で表される。

$$10 \times T_1 = 8 \times T \,[\text{kN·m}] \qquad ①$$

①式を変形して，

$$T = \frac{10}{8} \cdot T_1 = \frac{10}{8} \times 9.8 = 12.25 \,[\text{kN}]$$

となる。

支線が水平でないため，支線に加わる力 T_x は，T を1辺とし，角度 θ の三角形の斜辺に相当する。図12-2 より，この三角形は支持物と支線の作る三角形と相似なため，

$$\frac{T_x}{T} = \frac{T_x}{9.8} = \frac{\sqrt{6^2 + 8^2}}{6} = \frac{10}{6}$$

の関係が成立する。よって，

$$T_x = \frac{10}{6} \times 12.25 ≒ 20.4 \,[\text{kN}]$$

となる。

問12（b）の解答　出題項目＜電線張力・最少条数＞　答え　（2）

題意より，支線の安全率を 1.5，素線のより合わせによる引張荷重の減少係数を 0.92 とすると，支線の亜鉛めっき鋼線が N[本]で分担する荷重（次式の左辺）は，支線に生じる引張荷重 T_x（次式の右辺）よりも大きいため，

$$\frac{1}{1.5} \times 0.92 \times 1.23 \times \pi \cdot \left(\frac{2.6}{2}\right)^2 \times N \geqq 20.4 \,[\text{kN}]$$

$$4.005\,3 \times N \geqq 20.4$$

となる。上式より，

$$N \geqq \frac{20.4}{4.005\,3} = 5.093 \quad \rightarrow \quad 7\,\text{本}$$

となる。

解説

支線の素線は計算上5本を超えていれば6本でもよい。しかし，選択肢にある7本が5本を超える最少本数の答となる。

本間の高圧架空電線，A種鉄筋コンクリート柱支線の安全率は電技解釈第61条（支線の施設方法及び支柱による代用）から，1.5 である。

Point 架空電線と，支線の高さが違う場合の考え方（①式）を理解する。

問 13　　出題分野＜電気施設管理＞　　　難易度 ★★★　　重要度 ★★★

　図は，三相 210[V] 低圧幹線の計画図の一部である。図の低圧配電盤から分電盤に至る低圧幹線に施設する配線用遮断器に関して，次の（a）及び（b）に答えよ。

　ただし，基準容量 200[kV・A]・基準電圧 210[V] として，変圧器及びケーブルの各百分率インピーダンスは次のとおりとし，変圧器より電源側及びその他記載の無いインピーダンスは無視するものとする。

　変圧器の百分率抵抗降下 1.4[%] 及び百分率リアクタンス降下 2.0[%]

　ケーブルの百分率抵抗降下 8.8[%] 及び百分率リアクタンス降下 2.8[%]

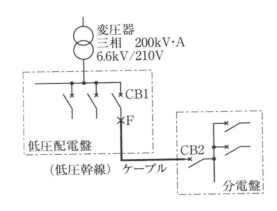

（a）　F 点における三相短絡電流[kA]の値として，最も近いのは次のうちどれか。
　　（1）　20　　　　（2）　23　　　　（3）　26　　　　（4）　31　　　　（5）　35

（b）　配線用遮断器 CB1 及び CB2 の遮断容量[kA]の値として，最も適切な組み合わせは次のうちどれか。
　　　ただし，CB1 と CB2 は，三相短絡電流の値の直近上位の遮断容量[kA]の配線用遮断器を選択するものとする。

	CB1 の遮断容量[kA]	CB2 の遮断容量[kA]
（1）	5	2.5
（2）	10	2.5
（3）	22	5
（4）	25	5
（5）	35	10

問13（a）の解答　出題項目＜短絡電流＞　　答え（2）

本問の低圧電路のインピーダンスマップを図 13-1 に示す。

題意より，諸量の数値は，

基準容量：$S_B = 200\,[\text{kV}\cdot\text{A}]$
基準電圧：$V_B = 210\,[\text{V}]$
電源百分率インピーダンス降下：$\%Z_S = 0\,[\%]$
変圧器百分率抵抗降下：$\%r_t = 1.4\,[\%]$
変圧器百分率リアクタンス降下：$\%x_t = 2.0\,[\%]$
ケーブル百分率抵抗降下：$\%r_c = 8.8\,[\%]$
ケーブル百分率リアクタンス降下：$\%x_c = 2.8\,[\%]$

S_B と V_B により，基準電流 I_B（210 V 側）を計算すると，

$$I_B = \frac{S_B}{\sqrt{3}\cdot V_B} = \frac{200\times10^3}{\sqrt{3}\times210} = 549.86\,[\text{A}] \quad ①$$

となる。電源から故障点 F 点に至るまでの短絡インピーダンスを $\%Z_F$ とすると，題意から変圧器のインピーダンスのみを考慮して，

$$\%Z_F = \sqrt{1.4^2 + 2.0^2} = 2.441\,[\%]$$

F 点の三相短絡電流 I_F は，

$$I_F = \frac{100}{\%Z_F}\cdot I_B \quad ②$$
$$= \frac{100}{2.441}\times549.86 = 22\,526\,[\text{A}] \fallingdotseq 23\,[\text{kA}]$$

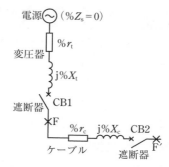

図 13-1　インピーダンスマップ

問13（b）の解答　出題項目＜短絡電流＞　　答え（4）

上記（a）の短絡電流の計算結果により，**CB1 の遮断容量は 23 kA 以上**のものを選択する必要がある。CB2 は，図 13-1 の故障点 F′ の短絡電流 $I_{F'}$ により決定される。

電源から故障点 F′ 点に至るまでの短絡インピーダンス $\%Z_{F'}$ は，$\%Z_F$ にケーブルのインピーダンス分を加えて計算して，

$$\%Z_{F'} = \sqrt{(1.4+8.8)^2 + (2.0+2.8)^2} = 11.273\,[\%]$$

F′ 点の三相短絡電流 $I_{F'}$ は，題意より，

$$I_{F'} = \frac{100}{\%Z_{F'}}\cdot I_B = \frac{100}{11.273}\times549.86 = 4\,878\,[\text{A}]$$
$$\fallingdotseq 5\,[\text{kA}]$$

よって，**CB2 の遮断容量は 5 kA 以上**のものを選択する必要がある。

解説

パーセント（%）インピーダンス法による三相短絡電流の計算と適切な遮断器の遮断容量を選定する問題である。百分率抵抗降下を $\%r$，百分率リアクタンス降下を $\%x$ とすると，百分率インピーダンス $\%Z$ は，

$$\%Z = \sqrt{\%r^2 + \%x^2}$$

三相短絡電流により遮断容量を検討する。図 13-1 において故障点 F の三相短絡電流は遮断器 CB1 で遮断する。また，故障点 F′ の三相短絡電流は遮断器 CB2 で遮断する。

遮断器には定格遮断容量が決まっており，遮断容量が大きいものほど高価でサイズも大きい。遮断容量の選定は，計算した三相短絡電流よりも大きい定格遮断容量をもつ遮断器とする。この場合，単に大きいものを選択するのではなく，三相短絡電流を遮断可能な最小の定格遮断容量を選択する。これを直近上位の選択とも呼んでいる。

Point 三相短絡電流をインピーダンスマップにより計算する。

令和4 令和3 令和2 令和元 平成30 平成29 平成28 平成27 平成26 平成25 平成24 平成23 平成22 平成21 平成20

法規 | 平成 20 年度（2008 年度）

注 1　問題文中に「電気設備技術基準」とあるのは，「電気設備に関する技術基準を定める省令」の略である。

注 2　問題文中に「電気設備技術基準の解釈」とあるのは，電気事業法に基づく経済産業大臣の処分に係る審査基準等のうちの「電気設備の技術基準の解釈について」の略である。

A 問題 （配点は 1 問題当たり 6 点）

問 1　出題分野＜電気用品安全法＞　難易度 ★★☆　重要度 ★★★

次の文章は，「電気用品安全法」についての記述であるが，不適切なものはどれか。

(1)　この法律は，電気用品による危険及び障害の発生を防止することを目的としている。

(2)　一般用電気工作物の部分となる器具には電気用品となるものがある。

(3)　携帯用発電機には電気用品となるものがある。

(4)　特定電気用品とは，危険又は障害の発生するおそれの少ない電気用品である。

(5)　◇PSE◇ は，特定電気用品に表示する記号である。

問 2　出題分野＜電気関係報告規則＞　難易度 ★★☆　重要度 ★★★

次の文章は，「電気関係報告規則」の事故報告についての記述の一部である。

1.　電気事業者は，電気事業の用に供する電気工作物（原子力発電工作物を除く。）に関して，次の事故が発生したときは，報告しなければならない。

　　　（ア）　又は電気工作物の破損若しくは電気工作物の誤操作若しくは電気工作物を操作しないことにより人が死傷した事故（死亡又は病院若しくは診療所に治療のため入院した場合に限る。）

2.　上記の規定による報告は，事故の発生を知った時から　（イ）　時間以内可能な限り速やかに事故の発生の日時及び場所，事故が発生した電気工作物並びに事故の概要について，電話等の方法により行うとともに，事故の発生を知った日から起算して　（ウ）　日以内に様式第 13 の報告書を提出して行わなければならない。

上記の記述中の空白箇所（ア），（イ）及び（ウ）に当てはまる語句又は数値として，正しいものを組み合わせたのは次のうちどれか。

	（ア）	（イ）	（ウ）
(1)	感　電	24	30
(2)	火　災	48	30
(3)	感　電	48	14
(4)	火　災	48	14
(5)	火　災	24	14

（一部改題）

問1の解答　出題項目＜1，2，10条＞

電気用品安全法第1条（目的），第2条（定義），第10条（表示）からの出題である。

（1）正。電気用品安全法の目的は，「電気用品の製造，販売等を規制するとともに，電気用品の安全性の確保につき民間事業者の自主的な活動を促進することにより，電気用品による**危険及び障害の発生を防止**すること」である。

（2）正。「**一般用電気工作物**（中略）**の部分となり，又はこれに接続して用いられる機械，器具又は材料**であって，政令で定めるもの」は電気用品となる。

（3）正。**携帯発電機や蓄電池**であって，政令で定めるものは電気用品となる。

（4）誤。「「特定電気用品」とは，構造又は使用方法その他の使用状況からみて**特に危険又は障害の発生するおそれが多い電気用品**であって，政令で定めるもの」である。

（5）正。特定電気用品や特定電気用品以外の電気用品への表示記号は，次表のとおりである。

| 特定電気用品 | ◇PSE |
| 特定電気用品以外の電気用品 | ○PSE |

解説

電気事業法と電気用品安全法の適用範囲の違いは，**図1-1**のとおりである。

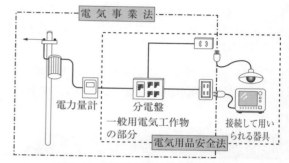

図1-1　電気用品安全法の適用範囲

補足　PSE：PS は Product Safety，E は Electrical Appliances & Materials の略

問2の解答　出題項目＜3条＞

電気関係報告規則第3条（事故報告）からの出題である。

第1項　電気事業者又は自家用電気工作物を設置する者は，電気事業者にあっては電気事業の用に供する電気工作物に関して，自家用電気工作物を設置する者にあっては自家用電気工作物に関して，次の事故が発生したときは，報告しなければならない。

一　**感電**又は**電気工作物の破損**若しくは電気工作物の誤操作若しくは電気工作物を操作しないことにより**人が死傷した事故**（死亡又は病院若しくは診療所に入院した場合に限る。）

二　**電気火災事故**（工作物にあっては，その半焼以上の場合に限る。）

三　**電気工作物の破損又は電気工作物の誤操作**若しくは電気工作物を操作しないことにより，他の物件に損傷を与え，又はその機能の全部又は一部を損なわせた事故

第2項　前項の規定による報告は，事故の発生を知った時から**24時間以内**可能な限り速やかに事故の発生の日時及び場所，事故が発生した電気工作物並びに事故の概要について，電話等の方法により行うとともに，事故の発生を知った日から起算して**30日以内**に様式第13の報告書を提出して行わなければならない。

令和4（202
令和3（202
令和2（202
令和元（201
平成30（2018
平成29（2017
平成28（2016
平成27（2015
平成26（2014
平成25（2013
平成24（2012
平成23（2011
平成22（2010
平成21（2009
平成20（2008）

問 3　出題分野＜電気工事士法・施行規則＞　　難易度 ★★★　　重要度 ★★★

「電気工事士法」においては，電気工事の作業内容に応じて必要な資格を定めているが，作業者の資格とその電気工事の作業に関する記述として，不適切なものは次のうちどれか。

（1）　第一種電気工事士は，自家用電気工作物であって最大電力 250[kW]の需要設備の電気工事の作業に従事できる。

（2）　第一種電気工事士は，最大電力 250[kW]の自家用電気工作物に設置される出力 50[kW]の非常用予備発電装置の発電機に係る電気工事の作業に従事できる。

（3）　第二種電気工事士は，一般用電気工作物に設置される出力 3[kW]の太陽電池発電設備の設置のための電気工事の作業に従事できる。

（4）　第二種電気工事士は，一般用電気工作物に設置されるネオン用分電盤の電気工事の作業に従事できる。

（5）　認定電気工事従事者は，自家用電気工作物であって最大電力 250[kW]の需要設備のうち 200[V]の電動機の接地工事の作業に従事できる。

問 4　出題分野＜電気事業法＞　　難易度 ★★★　　重要度 ★★★

次の文章は，受電電圧 6.6[kV]，受電設備容量 2 500[kV·A]の需要設備である自家用電気工作物（一の産業保安監督部の管轄区域内のみにあるものとする。）を設置する場合の，保安規程についての記述である。

1.　自家用電気工作物を設置する者は，自家用電気工作物の工事，維持及び運用に関する　(ア)　を確保するため，経済産業省令で定めるところにより，　(ア)　を一体的に確保することが必要な自家用電気工作物の組織ごとに保安規程を定め，当該組織における自家用電気工作物の使用の　(イ)　に，電気工作物の設置の場所を管轄する産業保安監督部長（那覇産業保安監督事務所長を含む。以下同じ。）(ウ)　なければならない。

2.　自家用電気工作物を設置する者は，保安規程を変更したときは，　(エ)　，変更した事項を電気工作物の設置の場所を管轄する産業保安監督部長に届け出なければならない。

3.　自家用電気工作物を設置する者及びその従業者は，保安規程を守らなければならない。

上記の記述中の空白箇所(ア)，(イ)，(ウ)及び(エ)に当てはまる語句として，正しいものを組み合わせたのは次のうちどれか。

	（ア）	（イ）	（ウ）	（エ）
（1）	安　全	直　後	の認可を受け	30 日以内に
（2）	保　安	開始前	に届け出	遅滞なく
（3）	保　安	開始前	の認可を受け	遅滞なく
（4）	保　安	直　後	に届け出	30 日以内に
（5）	安　全	直　後	に届け出	30 日以内に

問 3 の解答　　出題項目＜法 3 条，規則 2 条の 2＞

答え　（2）

電気工事士法第 3 条（電気工事等），同法施行規則第 2 条の 2（特殊電気工事）からの出題である。

（1）　正。第一種電気工事士は，自家用電気工作物の **500 kW 未満**の需要設備の電気工事の作業に従事できる。

（2）　誤。**非常用予備発電装置**に係る電気工事の作業に従事するには，**特種電気工事資格者**でなければならない。

（3）　正。第二種電気工事士は，一般用電気工作物に設置される**出力 50 kW 未満の太陽電池発電設備**の設置のための作業に従事できる。

（4）　正。第二種電気工事士は，一般用電気工作物に設置される**ネオン用分電盤の電気工事の作業**に従事できる。なお，一般用電気工作物でなく，自家用電気工作物であれば，ネオン用分電盤の電気工事の作業には従事できない。

（5）　正。認定電気工事従事者は，自家用電気工作物であって **500 kW 未満**であれば，**600 V 以下**の需要設備の電気工事の作業に従事できる。

解説

電気工事に必要な資格と作業可能範囲は，**図 3-1** のとおりである。

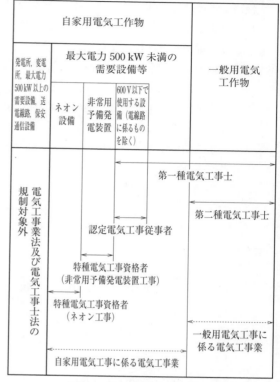

図 3-1　電気工事と必要資格

問 4 の解答　　出題項目＜42 条＞

答え　（2）

電気事業法第 42 条（保安規程）からの出題である。

第 42 条　事業用電気工作物を設置する者は，事業用電気工作物の工事，維持及び運用に関する**保安を確保**するため，主務省令で定めるところにより，**保安を一体的に確保**することが必要な事業用電気工作物の組織ごとに保安規程を定め，当該組織における事業用電気工作物の**使用**（中略）の**開始前**に，主務大臣に**届け出**なければならない。

2　事業用電気工作物を設置する者は，保安規程を変更したときは，**遅滞なく**，変更した事項を主務大臣に届け出なければならない。

4　事業用電気工作物を設置する者及びその従業者は，保安規程を守らなければならない。

解説

第 3 項では，保安規程の変更について，次のように規定している。

3　主務大臣は，事業用電気工作物の工事，維持及び運用に関する**保安を確保するため必要がある**と認めるときは，事業用電気工作物を設置する者に対し，**保安規程を変更すべきことを命ずる**ことができる。

補足

保安規程の内容は，大きく次の二つに分けられる。

①　電気主任技術者を中心とする電気工作物の保安業務分掌，指揮命令系統などの保安管理体制

②　その組織を通じて行う具体的な保安業務の基本内容

問5 出題分野＜電気事業法＞ 難易度 ★★★ 重要度 ★★★

次の文章は，「電気事業法」における事業用電気工作物の維持に関する記述である。

1. 事業用電気工作物を設置する者は，事業用電気工作物を主務省令で定める （ア） に適合するように維持しなければならない。

2. 前項の主務省令は，次に掲げるところによらなければならない。

一　事業用電気工作物は，人体に危害を及ぼし，又は （イ） に損傷を与えないようにすること。

二　事業用電気工作物は，他の電気設備その他の （イ） の機能に電気的又は （ウ） な障害を与えないようにすること。

三　事業用電気工作物の損壊により一般送配電事業者又は配電事業者の電気の供給に著しい支障を及ぼさないようにすること。

四　事業用電気工作物が （エ） の用に供される場合にあっては，その事業用電気工作物の損壊によりその （エ） に係る電気の供給に著しい支障を生じないようにすること。

上記の記述中の空白箇所（ア），（イ），（ウ）及び（エ）に当てはまる語句として，正しいものを組み合わせたのは次のうちどれか。

	（ア）	（イ）	（ウ）	（エ）
（1）	電気事業法施行規則	物　件	磁気的	小売電気事業又は売電事業
（2）	技術基準	公共施設	熱　的	一般送配電事業又は配電事業
（3）	技術基準	物　件	機械的	小売電気事業又は売電事業
（4）	技術基準	物　件	磁気的	一般送配電事業又は配電事業
（5）	電気事業法施行規則	公共施設	機械的	小売電気事業又は売電事業

（一部改題）

問6 出題分野＜風力電技＞ 難易度 ★★☆ 重要度 ★★☆

次の文章は，「発電用風力設備に関する技術基準を定める省令」の風車に関する記述の一部である。

1. 負荷を遮断したときの最大速度に対し， （ア） であること。

2. 風圧に対して （ア） であること。

3. 運転中に風車に損傷を与えるような （イ） がないように施設すること。

4. 通常想定される最大風速においても取扱者の意図に反して風車が起動することのないように施設すること。

5. 運転中に他の工作物，植物等に （ウ） しないように施設すること。

上記の記述中の空白箇所（ア），（イ）及び（ウ）に当てはまる語句として，正しいものを組み合わせたのは次のうちどれか。

	（ア）	（イ）	（ウ）
（1）	安　定	変　形	影　響
（2）	構造上安全	変　形	接　触
（3）	安　定	振　動	影　響
（4）	構造上安全	振　動	接　触
（5）	安　定	変　形	接　触

問5の解答　　出題項目＜39条＞

答え　（4）

電気事業法第39条（事業用電気工作物の維持）からの出題である。

第39条　事業用電気工作物を設置する者は，事業用電気工作物を主務省令で定める**技術基準**に適合するように維持しなければならない。

2　前項の主務省令は，次に掲げるところによらなければならない。

一　事業用電気工作物は，人体に危害を及ぼし，又は**物件**に損傷を与えないようにすること。

二　事業用電気工作物は，他の電気的設備その他の**物件の機能**に**電気的**又は**磁気的な障害**を与えないようにすること。

三　事業用電気工作物の損壊により一般送配電事業者又は配電事業者の電気の供給に著しい支障を及ぼさないようにすること。

四　事業用電気工作物が**一般送配電事業又は配電事業**の用に供される場合にあっては，その事業用電気工作物の損壊によりその**一般送配電事業又は配電事業**に係る電気の供給に著しい支障を生じないようにすること。

解説

事業用電気工作物を設置する者や電気工事を行う者には技術基準の適合が義務づけられている。

① 事業用電気工作物を設置する者への義務づけ

事業用電気工作物を設置する者は，事業用電気工作物を主務省令で定める技術基準に適合するように維持しなければならない。

② 電気工事士等への義務づけ

電気工事士，特種電気工事資格者又は認定電気工事従事者は，一般用電気工作物に係る電気工事の作業に従事するときや自家用電気工作物に係る電気工事の作業に従事するときは主務省令で定める技術基準に適合するようにその作業をしなければならない。（電気工事士法第5条第1項）

問6の解答　　出題項目＜4条＞

答え　（4）

発電用風力設備に関する技術基準を定める省令第4条（風車）からの出題である。

風車は，次の各号により施設しなければならない。

一　負荷を遮断したときの**最大速度**に対し，**構造上安全**であること。

二　**風圧**に対して**構造上安全**であること。

三　運転中に風車に損傷を与えるような**振動**がないように施設すること。

四　通常想定される最大風速においても取扱者の意図に反して風車が起動することのないように施設すること。

五　運転中に他の工作物，植物等に**接触**しないように施設すること。

解説

① 負荷を遮断したときの最大速度

非常調速装置が作動した時点より風車がさらに昇速した場合の回転速度が含まれる。

② 風圧

発電用風力設備を設置する場所の風車ハブ高さにおける現地風条件による風圧が考慮されたものである。ただし，風力用発電設備が一般用電気工作物である場合には，風車の制御方法に応じて風車の受風面の垂直投影面積が最大となる状態において，風車が受ける最大風圧を含むものをいう。

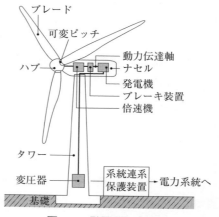

図6-1　発電用風力設備

令和4 (202
令和3 (202
令和2 (202
令和元 (2019
平成30 (2018
平成29 (2017
平成28 (2016
平成27 (2015
平成26 (2014
平成25 (2013
平成24 (2012
平成23 (2011
平成22 (2010
平成21 (2009
平成20 (2008)

問7 出題分野＜電技解釈＞ 難易度 ★★★ 重要度 ★★★

次の文章は，「電気設備技術基準の解釈」に基づく，電線にケーブルを使用する交流の電路の絶縁耐力試験に関する記述の一部である。

電線にケーブルを使用する高圧及び特別高圧の交流の電路は，下表の左欄に掲げる電路の種類に応じ，それぞれ同表の右欄に掲げる交流の試験電圧を電路と大地との間(多心ケーブルにあっては，心線相互間及び心線と大地との間)に連続して　(ア)　分間加えて絶縁耐力を試験したとき，これに耐えること。

ただし，表の左欄に掲げる電路の種類に応じ，それぞれ同表の右欄に掲げる試験電圧の　(イ)　倍の直流電圧を電路と大地との間(多心ケーブルにあっては，心線相互間及び心線と大地との間)に連続して　(ア)　分間加えて絶縁耐力を試験したときこれに耐えるものについては，この限りでない。

ケーブル電路の種類	試 験 電 圧
最大使用電圧が7 000[V]以下の電路	最大使用電圧の　(ウ)　倍の電圧
最大使用電圧が7 000[V]を超え，15 000[V]以下の中性点接地式電路(中性線を有するものであって，その中性線に多重接地するものに限る。)	最大使用電圧の0.92倍の電圧
最大使用電圧が7 000[V]を超え，60 000[V]以下の電路(上欄に掲げるものを除く。)	最大使用電圧の　(エ)　倍の電圧(10 500[V]未満となる場合は10 500[V])

上記の記述中の空白箇所(ア)，(イ)，(ウ)及び(エ)に当てはまる数値として，正しいものを組み合わせたのは次のうちどれか。

	(ア)	(イ)	(ウ)	(エ)
(1)	5	1.5	2	1.25
(2)	10	2	1.5	1.25
(3)	5	2.5	2	1.5
(4)	10	2	1.5	1.5
(5)	10	1.5	1.5	1.5

問8 出題分野＜電技，電気関係報告規則＞ 難易度 ★★★ 重要度 ★★★

次の文章は，「電気設備技術基準」及び「電気関係報告規則」に基づくポリ塩化ビフェニル(以下「PCB」という)を含有する絶縁油を使用する電気機械器具(以下「PCB電気工作物」という。)の取扱いに関する記述である。

1. PCB電気工作物を新しく電路に施設することは　(ア)　されている。
2. PCB電気工作物に関しては，次の報告が義務付けられている。
   ① PCB電気工作物であることが判明した場合の報告
   ② 上記①の報告内容が変更になった場合の報告
   ③ PCB電気工作物を　(イ)　した場合の報告
3. 上記2の報告の対象となるPCB電気工作物には，　(ウ)　がある。

上記の記述中の空白箇所(ア)，(イ)及び(ウ)に当てはまる語句として，正しいものを組み合わせたのは次のうちどれか。

	(ア)	(イ)	(ウ)
(1)	禁 止	廃 止	CVケーブル
(2)	制 約	廃 止	電力用コンデンサ
(3)	制 約	転 用	電力用コンデンサ
(4)	制 約	転 用	CVケーブル
(5)	禁 止	廃 止	電力用コンデンサ

問7の解答　　出題項目＜15条＞　　　　答え　(2)

電技解釈第15条（高圧又は特別高圧の電路の絶縁性能）からの出題である。

第1項　高圧又は特別高圧の電路は，次の各号のいずれかに適合する絶縁性能を有すること。

一　表に規定する試験電圧を電路と大地との間（多心ケーブルにあっては，心線相互間及び心線と大地との間）に**連続して10分間**加えたとき，これに耐える性能を有すること。

二　電線にケーブルを使用する交流の電路においては，表に規定する**試験電圧の2倍の直流電圧**を電路と大地との間（多心ケーブルにあっては，心線相互間及び心線と大地との間）に**連続して10分間**加えたとき，これに耐える性能を有すること。

（表の抜粋）**ケーブル電路の種類と試験電圧**

①　最大使用電圧が7 000 V以下の電路の試験電圧

最大使用電圧の**1.5**倍の電圧

②　最大使用電圧が7 000 Vを超え，60 000 V以下の電路の試験電圧

最大使用電圧の1.25倍の電圧（10 500 V未満となる場合は10 500 V）

解説

絶縁耐力試験は，一般に交流で行うが，電線にケーブルを使用する交流の電路においては，試験電圧を2倍とした直流での試験が認められている。これは，交流では静電容量による充電電流が大きくなる結果，試験装置が大容量となるため，交流試験と等価な直流試験を認めている。

補足　使用電圧の区分が1 000 Vを超え500 000 V未満である場合において，公称電圧が与えられているときの最大使用電圧は，次式で算出したものを用いる。

$$最大使用電圧 = 公称電圧 \times \frac{1.15}{1.1}$$

問8の解答　　出題項目＜電技19条，規則4条の2＞　　答え　(5)

電技第19条（公害等の防止）および電気関係報告規則第4条の2（ポリ塩化ビフェニル含有電気工作物に関する届出）からの出題である。

電技第19条第14項　ポリ塩化ビフェニル（PCB）を含有する絶縁油を使用する電気機械器具及び電線は，**電路に施設してはならない。**

電気関係報告規則第4条の2　PCB含有電気工作物を現に設置している又は予備として有している者（PCB含有電気工作物設置者等）は，表に掲げる場合には，同表に掲げる様式，期限までに，その場所を管轄する産業保安監督部長（管轄産業保安監督部長）へ届け出なければならない。

（表の抜粋）

一　現に設置している又は予備として有していることが**新たに判明した場合**

二　PCB含有電気工作物設置者等の氏名若しくは住所（法人にあっては事業場の名称又は所在地）に**変更があった場合**又は当該PCB含有電気工作物の設置若しくは予備の別に**変更があった場合**

三　PCB含有電気工作物を**廃止した場合**

PCBの報告対象となる電気工作物は，変圧器，電力用コンデンサ，計器用変成器，リアクトル，放電コイル，電圧調整器，整流器，開閉器，遮断器，中性点抵抗器，避雷器，OFケーブルである。

補足　**管轄産業保安監督部長**への届出期限は，次のように規定されている。

①　PCB電気工作物であることが判明した場合　→　**判明した後遅滞なく**

②　上記①の報告内容が変更になった場合
→　**変更の後遅滞なく**

③　PCB電気工作物を廃止した場合
→　**廃止の後遅滞なく**

問 9 出題分野＜電技解釈＞ 難易度 ★☆☆ 重要度 ★★★

「電気設備技術基準の解釈」に基づく B 種接地工事を施す主たる目的として，正しいのは次のうちどれか。

(1) 低圧電路の漏電事故時の危険を防止する。

(2) 高圧電路の過電流保護継電器の動作を確実にする。

(3) 高圧電路又は特別高圧電路と低圧電路との混触時の，低圧電路の電位上昇の危険を防止する。

(4) 高圧電路の変圧器の焼損を防止する。

(5) 避雷器の動作を確実にする。

問 10 出題分野＜電技解釈＞ 難易度 ★★☆ 重要度 ★★☆

次の文章は，「電気設備技術基準の解釈」における，発電機の保護装置に関する記述の一部である。

発電機には，次の場合に，自動的に発電機を電路から遮断する装置を施設すること。

a. 発電機に (ア) を生じた場合。

b. 容量が 100[kV・A]以上の発電機を駆動する風車の圧油装置の油圧，圧縮空気装置の空気圧又は電動式ブレード制御装置の電源電圧が著しく (イ) した場合。

c. 容量が 2 000[kV・A]以上の (ウ) 発電機のスラスト軸受の温度が著しく上昇した場合。

d. 容量が 10 000[kV・A]以上の発電機の (エ) に故障を生じた場合。

上記の記述中の空白箇所(ア)，(イ)，(ウ)及び(エ)に当てはまる語句として，正しいものを組み合わせたのは次のうちどれか。

	(ア)	(イ)	(ウ)	(エ)
(1)	過電流	低 下	水 車	内 部
(2)	過電流	変 動	水 車	原動機
(3)	過電圧	低 下	水 車	内 部
(4)	過電圧	低 下	ガスタービン	原動機
(5)	過電圧	変 動	ガスタービン	内 部

(一部改題)

問9の解答　　出題項目＜24条＞

答え　（3）

電技解釈第24条(高圧又は特別高圧と低圧との混触による危険防止施設)からの出題である。

（1）　誤。低圧電路の漏電事故時の危険を防止するのは，地絡遮断器の施設やC種・D種接地工事である。

（2）　誤。高圧電路の過電流保護継電器の動作を確実にするのは，適切な電流タップとタイムレバーの整定である。また，配電用変電所と高圧需要家間では，適正な保護協調をとっておかなければならない。

（3）　正。B種接地工事の目的は，変圧器の内部故障や電線の断線事故の際に，**高圧または特別高圧電路と低圧電路とが混触**を起こし，低圧電路側に高圧または特別高圧が侵入して**低圧機器の破壊や焼損するのを防止**するものである。

（4）　誤。雷などの異常電圧が侵入した際に，高圧電路の変圧器の焼損を防止する目的で施設されるのは避雷器である。

（5）　誤。避雷器の動作を確実にさせるために施す接地工事は，A種接地工事である。

解説

電技解釈第24条では，高圧電路または特別高圧電路と低圧電路とを結合する変圧器には，**次のいずれかの箇所にB種接地工事**を施すことを規定している。(第一号)

　イ　**低圧側の中性点**

　ロ　低圧電路の使用電圧が300V以下の場合において，接地工事を低圧側の中性点に施し難いときは，**低圧側の1端子**

　ハ　低圧電路が非接地である場合においては，高圧巻線又は特別高圧巻線と低圧巻線との間に設けた金属製の**混触防止板**

補足　B種接地工事の目的は，勘違いしやすいが，ズバリその目的は混触による低圧機器の破壊や焼損の防止である。

問10の解答　　出題項目＜42条＞

答え　（1）

電技解釈第42条(発電機の保護装置)からの出題である。

第42条　発電機には，次の各号に掲げる場合に，発電機を自動的に電路から遮断する装置を施設すること。

　一　発電機に**過電流**を生じた場合

　二　容量が500kV・A以上の発電機を駆動する水車の圧油装置の油圧又は電動式ガイドベーン制御装置，電動式ニードル制御装置若しくは電動式デフレクタ制御装置の電源電圧が著しく低下した場合

　三　容量が100kV・A以上の発電機を駆動する風車の圧油装置の油圧，圧縮空気装置の空気圧又は電動式ブレード制御装置の**電源電圧が著しく低下**した場合

　四　容量が2000kV・A以上の**水車発電機**のスラスト軸受の温度が著しく上昇した場合

　五　容量が10000kV・A以上の発電機の**内部**に故障を生じた場合

　六　定格出力が10000kWを超える蒸気タービンにあっては，そのスラスト軸受が著しく摩耗し，又はその温度が著しく上昇した場合

解説

本条は，発電機またはこれを駆動する原動機に事故が生じた場合に，発電機を自動的に電路から遮断することを義務づけている。

補足　第三号では，**風車発電機の対象が100kV・A以上**となっていることに注意しておくこと。

令和4(202)
令和3(202)
令和2(2020)
令和元(2019)
平成30(2018)
平成29(2017)
平成28(2016)
平成27(2015)
平成26(2014)
平成25(2013)
平成24(2012)
平成23(2011)
平成22(2010)
平成21(2009)
平成20(2008)

B 問 題

（問11及び問12の配点は1問題当たり（a）6点，（b）7点，計13点，問13の配点は（a）7点，（b）7点，計14点）

問 11　出題分野＜電気施設管理＞　　難易度 ★★★　重要度 ★★★

　高圧架空電線に硬銅線を使用して，高低差のない場所に架設する場合，電線の設計に伴う許容引張荷重と弛度（たるみ）に関して，次の（a）及び（b）に答えよ。

　ただし，径間250[m]，電線の引張強さ58.9[kN]，電線の重量と水平風圧の合成荷重が20.67[N/m]，安全率は2.2とする。

　（a）　この電線の許容引張荷重[kN]の値として，最も近いのは次のうちどれか。

　　（1）　23.56　　　（2）　26.77　　　（3）　29.45　　　（4）　129.6　　　（5）　147.3

　（a）　電線の弛度[m]の値として，最も近いのは次のうちどれか。

　　（1）　4.11　　　（2）　6.04　　　（3）　6.85　　　（4）　12.02　　　（5）　13.71

問11（a）の解答　　出題項目＜電線張力・最少条数＞　　　　答え　（2）

電線の許容引張荷重 T_a[kN]は,

$$T_a=\frac{T_P}{\alpha}[\mathrm{kN}] \qquad ①$$

で求められる。

題意より，電線の引張強さ $T_P=58.9$[kN]，安

全率 $\alpha=2.2$ を①式に代入すると,

$$T_a=\frac{58.9}{2.2}≒26.77[\mathrm{kN}]$$

となる。

問11（b）の解答　　出題項目＜たるみ（弛度）＞　　　　答え　（2）

電線のたるみ D[m]は,

$$D=\frac{wS^2}{8T}[\mathrm{m}] \qquad ②$$

で求められる。

題意より，径間 $S=250$[m]，電線の重量と水平風圧の合成荷重 $w=20.67$[N/m]，電線の引張荷重 $T=T_P=26.77$[kN]（$=26.77×10^3$[N]）を②式に代入すると,

$$D=\frac{wS^2}{8T}=\frac{20.67×250^2}{8×26.77×10^3}≒6.03[\mathrm{m}]$$

となる。

解説

電線のたるみを**図 11-1** に示す。電線を施設する際，水平張力（電線に加わる引張荷重）を小さくすると，たるみが大きくなり，径間の中間で建物や人に接近しすぎるおそれがある。水平張力を大きくすると，たるみが小さくなり，建物や人への接触の問題はなくなるものの，電線に加わる引張荷重が大きくなり，電線が断線するおそれがある。

電技解釈第 66 条（低高圧架空電線の引張強さに対する安全率）では，高圧架空電線は，ケーブルである場合を除き，電線の安全率が次の値以上となるよう，たるみ（弛度）によって施設することが規定されている。

硬銅線または耐熱銅合金線：2.2

その他の電線：2.5

たるみと水平張力の関係をまとめると,

・たるみが大きい→水平張力（電線荷重）が小さい

・たるみが小さい→水平張力（電線荷重）が大きい

補足　電線のたるみの計算に使用した②式の他に，電線の実長 L を求める式を次に示す。

$$L=S+\frac{8D^2}{3S}[\mathrm{m}] \qquad ③$$

③式から，たるみが小さくなると電線の実長は短くなることがわかる。

電線は温度により収縮し，冬季には電線の実長が短くなることでたるみが小さくなり，電線の引張荷重が大きくなる。そのため，平均温度の場合と合わせて最低温度における計算が必要となる。

Point ②式，③式の公式は暗記しておくこと。

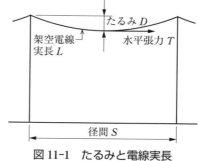

図 11-1　たるみと電線実長

問12　出題分野＜電気施設管理＞　　難易度 ★★★　重要度 ★★★

　ある変電所から供給される下表に示す需要家 A，B 及び C がある。各需要家間の負荷の不等率を1.2とするとき，次の（a）及び（b）に答えよ。

需要家	負荷の設備容量 [kV・A]	力　率	需要率 [%]	負荷率 [%]
A	500	0.90	40	50
B	200	0.85	60	60
C	600	0.80	60	30

（a）　需要家 A の平均電力 [kW] の値として，最も近いのは次のうちどれか。

　　（1）　61.2　　　（2）　86.4　　　（3）　90　　　（4）　180　　　（5）　225

（b）　変電所からみた合成最大需要電力 [kW] の値として，最も近いのは次のうちどれか。

　　（1）　198　　　（2）　285　　　（3）　325　　　（4）　475　　　（5）　684

問12（a）の解答　出題項目＜需要率・不等率＞　答え（3）

需要率および負荷率の定義式を示す。

$$需要率 = \frac{最大需要電力[kW]}{総負荷設備容量[kW]} \times 100[\%] \quad ①$$

$$負荷率 = \frac{平均需要電力[kW]}{最大需要電力[kW]} \times 100[\%] \quad ②$$

需要家 A の最大需要電力 P_{MA} および平均（需要）電力 $P_{aA}[kW]$ を，題意の表の数値を基にして計算する。また，総負荷設備容量[kW]は，与えられた負荷の設備容量[kV·A]に力率を掛けて求めることに注意する。

まず，①式を変形して，

$$P_{MA} = \frac{需要率}{100} \times 総負荷設備容量$$

$$= \frac{40}{100} \times 500 \times 0.90 = 180[kW]$$

次に，②式を変形して，

$$P_{aA} = \frac{負荷率}{100} \times 最大需要電力$$

$$= \frac{0.5}{100} \times 180 = 90[kW]$$

問12（b）の解答　出題項目＜需要率・不等率＞　答え（4）

不等率の定義式を示す。

$$不等率 = \frac{最大需要電力の総和}{合成最大需要電力} \quad ③$$

合成最大需要電力は，③式を変形して，

$$合成最大需要電力 = \frac{最大需要電力の総和}{不等率} \quad ④$$

需要家 B，C の最大需要電力 P_{MB}，P_{MC} は，

$$P_{MB} = \frac{60}{100} \times 200 \times 0.85 = 102[kW]$$

$$P_{MC} = \frac{60}{100} \times 600 \times 0.80 = 288[kW]$$

最大需要電力の総和 ΣP_M は，

$$\Sigma P_M = P_{MA} + P_{MB} + P_{MC}$$

$$= 180 + 102 + 288 = 570[kW]$$

よって，合成最大需要電力は，④式に題意の数値および $\Sigma P_M = 570[kW]$ を代入して，

$$合成最大需要電力 = \frac{570}{1.2} = 475[kW]$$

解説 ▶

本問は，需要家の需要率，負荷率および不等率の定義式に関する問題である。

①式の需要率は，ある工場等の需要家の最大需要電力と設備容量の比（百分率）を表したものである。例えば，工場をフル稼働しても実際は全ての設備が定格出力で運転するのではなく，台数の余裕または出力の余裕がある。よって，最大需要電力は設備容量よりも小さく，需要率は 100% 以下となる。

②式の負荷率は，ある工場等の需要家の平均需要電力と最大需要電力の比（百分率）を表したものである。多くの工場は 24 時間，一定の需要電力で稼働せず，ピークの最大需要電力が存在する。そのため，ある期間の平均需要電力はその期間の最大需要電力よりも小さく，負荷率は 100% 以下となる。

③式の不等率は，本問のように，複数の需要家を考えた場合に必要となる。図 12-1 は各需要家 A，B，C の需要曲線例（本問と関係ない）であり，各ピークが同時刻に重なることはなく，通常，時間にずれがある。そのため，各需要家の最大需要電力の総和は，合成した需要電力よりも大きく，不等率は 1 より大きくなる。

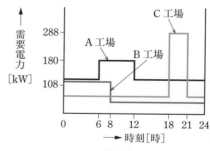

図 12-1　需要曲線例

Point 需要率，負荷率および不等率の式を暗記すること。

令和4 (2022)
令和3 (2021)
令和2 (2020)
令和元 (2019)
平成30 (2018)
平成29 (2017)
平成28 (2016)
平成27 (2015)
平成26 (2014)
平成25 (2013)
平成24 (2012)
平成23 (2011)
平成22 (2010)
平成21 (2009)
平成20 (2008)

問 13 出題分野＜電気施設管理＞ 　難易度 ★★★ 　重要度 ★★★

　自家用水力発電所を有し，電力系統（電力会社）と常時系統連系（逆潮流ができるものとする）している工場がある。この工場のある一日の負荷は，図のように変化した。

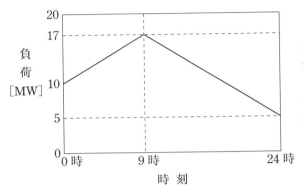

0時 10〔MW〕〜9時 17〔MW〕
まで直線的な増加

9時 17〔MW〕〜24時 5〔MW〕
まで直線的な減少

　この日の水力発電所の出力は10〔MW〕一定であった。次の（a）及び（b）に答えよ。

　ただし，水力発電所の所内電力は無視できるもとのする。

（a）　この日の電力系統からの受電電力量〔MW・h〕の値として，最も近いのは次のうちどれか。

　（1）　45.4　　　　（2）　58.6　　　　（3）　62.1　　　　（4）　65.6　　　　（5）　70.7

（b）　この日の受電電力量〔MW・h〕（A）に対して送電電力量〔MW・h〕（B）の比率$\left(\dfrac{B}{A}\right)$として，最も近いのは次のうちどれか。

　（1）　0.20　　　　（2）　0.22　　　　（3）　0.23　　　　（4）　0.25　　　　（5）　0.28

問 13 （ a ）の解答　出題項目＜水力発電，系統連系＞　　答え　（3）

工場の負荷曲線を**図 13-1** に示す。工場の負荷は，水力発電所の発電電力を主に使用する。

工場の負荷が水力発電所の出力（10 MW 一定）より大きくなると，超過した分だけ電力系統から受電し，負荷が 10 MW より小さくなると，少ない分を電力系統へ送電する。

電力系統からの受電電力は（負荷電力）＞（発電電力）となる 0〜t_x 時の間に発生する。受電電力量 W_R は，図 13-1 中の点 10-a-b で囲まれた三角形の面積に等しい。

（負荷電力）＝（発電電力）となる時刻 t_x を求める。図 13-1 から，次の式が成り立つ。

$$\frac{t_x-9}{24-9}=\frac{17-10}{17-5}, \quad \frac{t_x-9}{15}=\frac{7}{12}$$

$$t_x=\frac{7}{12}\times15+9=17.75 \text{ 時}$$

よって，受電電力量 W_R は，

$$W_R=\frac{1}{2}(t_x-0)\times(17-10)$$

$$=\frac{1}{2}\times17.75\times7=62.125$$

$$\fallingdotseq62.1[\text{MW}\cdot\text{h}] \qquad ①$$

となる。

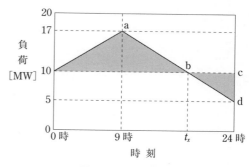

図 13-1　負荷曲線

問 13 （ b ）の解答　出題項目＜水力発電，系統連系＞　　答え　（4）

電力系統への送電電力は（負荷電力）＜（発電電力）となる t_x（＝17.75 時）〜24 時の間に発生する。送電電力量 W_S は，図 13-1 中の点 b-c-d で囲まれた三角形の面積に等しい。

よって，送電電力量 W_S は，

$$W_R=\frac{1}{2}(24-17.75)\times(10-5)$$

$$=15.625[\text{MW}\cdot\text{h}] \qquad ②$$

となる。受電電力量 W_R（＝A）に対する送電電力量 W_S（＝B）の比率は，①，②式より，

$$\frac{B}{A}=\frac{W_S}{W_R}=\frac{15.625}{62.125}=0.2515\fallingdotseq0.25$$

となる。

解 説

（負荷電力）＝（発電電力）となる時刻 t_x を求めるため，直線の比例関係を利用した。負荷曲線は図 13-1 の 9〜24 時の間，直線である。よって，9〜24 時の間に変化する電力（17−5[MW]）と時間の比（傾き）は，9〜t_x 時の間に変化する電力（17−10[MW]）と時間の比（傾き）と同じである。よって，同じ次元の比同士を等しいとおいて計算した。

電力量の単位は[W・h]であり，単位の次元は電力×時間である。電力量は，図 13-1 のように時間-電力の曲線の面積として計算する。

三角形の面積 S_Δ は，

$$S_\Delta=\frac{1}{2}\times\text{底辺}\times\text{高さ}$$

である。本問の場合，底辺を時間，高さを電力としている。

調整池または貯水機能を持った水力発電所であれば，夜間などに余剰発電電力量を蓄えておき，受電電力を少なくすることも可能である。

Point 負荷曲線と，発電曲線（直線）に囲まれた面積を求める。

令和4 (202)
令和3 (202)
令和2 (202)
令和元 (2019)
平成30 (2018)
平成29 (2017)
平成28 (2016)
平成27 (2015)
平成26 (2014)
平成25 (2013)
平成24 (2012)
平成23 (2011)
平成22 (2010)
平成21 (2009)
平成20 (2008)

執筆者（五十音順）

木越　保聡（電験一種）
田沼　和夫（電験一種）
不動　弘幸（電験一種）
村山　慎一（電験一種）

協力者（五十音順）

北爪　　清（電験一種）
郷　　冨夫（電験一種）

電験三種　法規の過去問題集

2022 年 12 月 9 日　　第 1 版第 1 刷発行

編　　者　オーム社
発 行 者　村 上 和 夫
発 行 所　株式会社 オーム社
　　　　　郵便番号　101-8460
　　　　　東京都千代田区神田錦町 3-1
　　　　　電話　03(3233)0641(代表)
　　　　　URL https://www.ohmsha.co.jp/

© オーム社 2022

印刷・製本　三美印刷
ISBN978-4-274-22979-4　Printed in Japan

本書の感想募集 https://www.ohmsha.co.jp/kansou/
本書をお読みになった感想を上記サイトまでお寄せください．
お寄せいただいた方には，抽選でプレゼントを差し上げます．

電験三種　やさしく学ぶ 理論　改訂 2 版

早川　義晴　著　　■A5 判・398 頁　　■定価（本体 2,200 円【税別】）

主要目次

1 章　直流回路を学ぶ／2 章　交流回路を学ぶ／3 章　三相交流回路を学ぶ／4 章　静電気とコンデンサを学ぶ／5 章　静磁気と磁界，電流の磁気作用を学ぶ／6 章　電子工学を学ぶ／7 章　電気・電子計測を学ぶ

電験三種　やさしく学ぶ 電力　改訂 2 版

早川　義晴・中谷　清司　共著

■A5 判・304 頁　　■定価（本体 2,200 円【税別】）

主要目次

1 章　水力発電を学ぶ／2 章　火力発電を学ぶ／3 章　原子力発電および地熱，太陽光，風力，燃料電池発電を学ぶ／4 章　変電所を学ぶ／5 章　送電，配電系統を学ぶ／6 章　配電線路と設備の運用，低圧配電を学ぶ／7 章　電気材料を学ぶ

電験三種　やさしく学ぶ 機械　改訂 2 版

オーム社　編　　■A5 判・416 頁　　■定価（本体 2,200 円【税別】）

主要目次

1 章　直流機を学ぶ／2 章　同期機を学ぶ／3 章　誘導機を学ぶ／4 章　変圧器を学ぶ／5 章　パワーエレクトロニクスを学ぶ／6 章　電動機応用を学ぶ／7 章　照明を学ぶ／8 章　電熱と電気加工を学ぶ／9 章　電気化学を学ぶ／10 章　自動制御を学ぶ／11 章　電子計算機を学ぶ

電験三種　やさしく学ぶ 法規　改訂 2 版

中辻　哲夫　著　　■A5 判・344 頁　　■定価（本体 2,200 円【税別】）

主要目次

1 章　電気関係法規を学ぶ／2 章　電気設備の技術基準・解釈を学ぶ／3 章　電気施設管理を学ぶ